Jan Wöpking

Raum und Wissen

Berlin Studies in Knowledge Research

Edited by
Günter Abel and James Conant

Volume 8

Jan Wöpking

Raum und Wissen

Elemente einer Theorie epistemischen
Diagrammgebrauchs

DE GRUYTER

Series Editors
Prof. Dr. Günter Abel
Technische Universität Berlin
Institut für Philosophie
Straße des 17. Juni 135
10623 Berlin
Germany
e-mail: abel@tu-berlin.de

Prof. Dr. James Conant
The University of Chicago
Dept. of Philosophy
1115 E. 58th Street
Chicago IL 60637
USA
e-mail: jconant@uchicago.edu

ISBN 978-3-11-044166-6
e-ISBN (PDF) 978-3-11-043419-4
e-ISBN (EPUB) 978-3-11-043335-7

Library of Congress Cataloging-in-Publication Data
A CIP catalog record for this book has been applied for at the Library of Congress.

Bibliographic information published by the Deutsche Nationalbibliothek
The Deutsche Nationalbibliothek lists this publication in the Deutsche Nationalbibliografie; detailed bibliographic data are available on the Internet at http://dnb.dnb.de.

Printing and binding: Hubert und Co. GmbH & Co. KG, Göttingen
♾ Printing on acid free paper
Printed in Germany

www.degruyter.com.

Inhalt

Abbildungsverzeichnis

Schema: Nummer, Titel, Quelle

Kapitel 1

Kapitel 2

Kapitel 3

Einleitung

Diese Studie untersucht die Verwendung von Diagrammen zu Erkenntniszwecken. Unter Diagrammen sollen dabei in erster Näherung materielle zweidimensionale Inskriptionen verstanden werden. Leitende Überzeugung dieser Arbeit ist, dass Diagramme nicht nur zur Darstellung, sondern auch zur Gewinnung von Wissen verwendet werden können.[1] Sie tun mehr, als nur bereits bestehendes, in anderen Medien erzeugtes Wissen abzubilden. Sie üben selber konstitutive epistemische Funktionen aus. Die Studie möchte Bausteine einer Theorie darüber vorlegen, wie Diagramme das tun und damit zum weiteren Aufbau einer systematischen, argumentativ gesicherten Diagrammatik beitragen. Damit leistet sie Grundlagenarbeit, primär in systematischer, aber durchaus auch in historischer Hinsicht. Grundlagenarbeit findet trotz der steigenden Zahl von Arbeiten zur Diagrammatik immer noch in zu geringem Maße statt. Die meisten Studien konzentrieren sich auf einzelne historische Episoden oder Merkmale, zielen aber kaum auf eine umfassende Analyse epistemischen Diagrammgebrauchs. In diesem Sinne möchte meine Arbeit einen Beitrag zur fachlichen Debatte leisten, indem sie eine neue Systematik und eine unbekannte historische Schlüsselepisode diskutiert. Ich hoffe zugleich, dass die Ergebnisse dieser Arbeit über die engere fachliche Debatte hinaus interessieren können. Denn Diagramme sind und waren in der Geschichte keine Randphänomene, sondern allgegenwärtige Gebrauchsgegenstände vieler, wenn nicht sogar aller Kulturen. Zu Recht wird ihr Nutzen in Alltag und Wissenschaft, Pädagogik und Kunst hervorgehoben. Die Theorie wird in drei Kapiteln mit jeweils einer leitenden Fragestellung entwickelt: (1) Auf welchen Darstellungsprinzipien basieren Diagramme? (2) Wie kann man mit Diagrammen Wissen über Raum, d. h. geometrisches Wissen, gewinnen? (3) Wie können Diagramme als Modelle verwendet werden, d. h., wie kann man mit ihnen Erkenntnisse über nicht räumliche Dinge gewinnen?

Grundlagen. Räumliche Merkmale von Diagrammen (Kapitel 1)

Räumlichkeit ist wiederholt als herausragendes, sogar als definierendes Merkmal diagrammatischer Darstellungen genannt worden (Wilharm 1992, S. 127; Mersch 2006a, S. 105; Krämer 2010, S. 28 – 29). Zurecht. Tatsächlich werden in Diagram-

1 Wissensproduktion ist natürlich nicht der einzige Zweck, zu dem Diagramme eingesetzt werden können. Ein anderer, sehr wichtiger Zweck ist, zur Anleitung von Handlungen zu dienen, etwa in Bauplänen. Hier haben Diagramme primär pragmatische, keine epistemischen Zwecke.

men räumliche Relationen zur Darstellung und Analyse anderer Sachverhalte genutzt. Von kulturhistorischer Relevanz sind dabei insbesondere Fälle, in denen die dargestellten Sachverhalte selbst nicht räumlicher Art sind, in denen also eine Verräumlichung stattfindet. Ausgangspunkt des Kapitels ist die Behauptung, dass es nicht eine dominierende, sondern verschiedene Formen von Räumlichkeit gibt, die auf sehr unterschiedliche Weise Einfluss auf das Denken mit Diagrammen haben. Diagramme sind mithin multispatial. These des Kapitels ist, dass erst Summe und Zusammenwirken dieser Formen der Raumnutzung die spezifische Funktionsweise von Diagrammen verstehen lassen. Ziel des Kapitels ist die Systematisierung und zugleich Integration dieser Formen von Räumlichkeit. Eine solche Systematisierung liegt bisher erst in Ansätzen (Shimojima 2001; Chandrasekaran 2011) vor. Ich unterscheide dazu vier Dimensionen von diagrammatischer Räumlichkeit:

1. Die *Exteriorität* bzw. Äußerlichkeit von Diagrammen, also die Tatsache, dass es sich bei Diagrammen um stabile, transportierbare, manipulierbare, öffentlich einsehbare Zeicheninskriptionen im Sinne der *immutable mobiles* von Latour (1990) handelt.
2. *Raumbasierte Strukturähnlichkeit:* Diagramme funktionieren oftmals, indem sie eine raumbasierte strukturelle Ähnlichkeit zu dem, was sie darstellen, aufweisen: „Many diagrams resemble their objects not at all in looks; it is only in respect to the relations of their parts that their likeness consists" (Peirce, CP 2.282).
3. *Raumbasierte Direktheit:* Diagramme lassen sich als besonders *direkte* Darstellungsformate charakterisieren (Palmer 1978; Rehkämper 1995; Stenning 2000). So zeigen sie Relationen beispielsweise *direkt* durch ihre Raumrelationen, während symbolische Darstellungen Beschreibungen von Relationen geben (Russell 1988): eine Karte zeigt das topographische Verhältnis von München und Berlin *als* Relation, während ein Text dieses nur beschrieben kann. Ich diskutiere verschiedene Faktoren diagrammatischer Direktheit.
4. *Raumbasierte Intervention:* Ein konstruiertes Diagramm weist im Allgemeinen mehr räumliche Sachverhalte auf als man zu seiner Konstruktion aufwenden muss (u. a. Larkin / Simon 1987; Lindsay 1988; Shimojima 2001). Daraus folgt die wichtige Konsequenz: „[O]ne can read off a diagram more than was put into it" (Macbeth 2009, S. 375). Ein Beispiel: Hat man in einem Euler-Diagramm die Prämissen eingetragen, ist zugleich die Konklusion vorhanden und ablesbar (Bernhard 2001). Solche Überschüsse an räumlicher Struktur spielen in Beweisen euklidischer Geometrie eine zentrale und in ihrer Legitimität historisch heftig umkämpfte Rolle (Manders 2008b). Die Kritik an der (vermeintlichen) begrifflichen Unfundiertheit dieser Überschüsse ist ein Schlüsselfaktor in der Entstehung moderner axiomatischer Geometrie (Pasch 1882).

Ergebnis des ersten Kapitels wird ein systematisches Modell der Dimensionen sein, in denen diagrammatische Darstellungen Räumlichkeit nutzen. Es wird eine Arbeitsdefinition formuliert, die Diagramme als Strukturdarstellungen bestimmt, die auf direkte und komplexe Weise Raum zur Darstellung, Manipulation und selbständigen Generation von Informationen zu epistemischen Zwecken nutzen.

Normen und Anschauungen. Epistemischer Gebrauch von Diagrammen in der Geometrie (Kapitel 2)

Aufbauend auf dem ersten Kapitel, insbesondere auf der Erläuterung des informativen Überschusses, den Diagramme generieren können, wird im zweiten Kapitel der philosophisch umstrittenste Einsatzort von Diagrammen diskutiert: die euklidische Geometrie. Kant ist für seine Aussage berühmt und berüchtigt, dass geometrische Begriffe stets in partikularen Anschauungen konstruiert werden müssen, um zu synthetischen, d. h. echten Erkenntnissen zu gelangen (Kant KrV, A712-A738). Doch spätestens seit Paschs und Hilberts Axiomatisierungsprogrammen lautet die philosophische Mehrheitsmeinung, dass Diagrammen innerhalb der Geometrie bestenfalls eine heuristische, aber keine genuin epistemische, wissenserzeugende oder -legitimierende Funktion mehr zukommt. Russell bringt diese Auffassung auf den Punkt: „Formerly, it was held by philosophers and mathematicians alike that the proofs in Geometry depended on the figure; nowadays, this is known to be false. In the best books there are no figures at all" (Russell 1954, S. 72).

Diese Diagrammskepsis ist berechtigt, wo sie die Behauptung einer empirischen Begründung mathematischer Erkenntnis zurückweist. Geometrie ist tatsächlich keine Sache des Denkens mit dem Auge. Sie ist nicht empirisch, sondern normativ, hängt mithin nicht von visuellen Einsichten, sondern vom Befolgen unstrittiger Regeln ab. Hilfreich ist hier der Hinweis, dass diagrammatische Beweise, so überhaupt, auch mit schlecht gezeichneten Diagrammen möglich sein müssen, wie etwa Wittgenstein herausstellt: „Die Zeichnung eines Euklidischen Beweises kann ungenau sein, in dem Sinne, daß die Geraden nicht gerade sind, die Kreisbögen nicht genau kreisförmig etc. etc. und dabei ist die Zeichnung doch ein exakter Beweis" (Wittgenstein BGM, III-1). Plausibel ist daher zunächst, Diagramme als Projektionen oder Modelle begrifflicher Strukturen zu verstehen: „Wir nehmen die Erkenntnis nicht aus ihr [der geometrischen Zeichnung, J. W.] heraus, wir legen sie in sie hinein" (Reichenbach 1928, S. 53). Diese Auffassung wird in der ersten Hälfte des Kapitels rekonstruiert. Folgt man ihr, bleibt allerdings das Urteil bestehen, demzufolge Diagramme zwar durchaus bedeutenden psychologischen, aber eben keinen epistemischen Nutzen haben. Doch diese These steht im Widerspruch zur Beweispraxis euklidischer Geometrie, in der Wahrnehmungen räumlicher Verhältnisse eben eine unverzichtbare Rolle spielen. Mit Hilfe jüngerer und jüngster Theorien euklidischer Geometrie soll daher gezeigt werden, dass Euklids *Elemente* von impliziten Normen durchzogen sind, die regeln, wann und welche Eigenschaften aus der Figur, die zu einem Beweis gehört, abgelesen werden können (die Argumentation basiert u.a. auf Manders 2008b, Macbeth 2009 und Sherry 2009). Euklidische Geometrie wird als System rekonstruiert, das auf einer epistemischen Arbeitsteilung zwischen diagrammatischen und textuellen Notationen beruht. Grob gesagt besteht die Idee darin, dass die Figur für unstrittig erkennbare, daher eher grobe Sachverhalte verantwortlich ist, während der dem Diagramm zur Seite gestellte Text all jene Größen verhandelt, die präzise und exakt sein müssen (exakte Winkelgrößen, Seitenverhältnisse usw.). Insgesamt wird dadurch eine Bestimmung von euklidischer Geometrie als einer informalen regelgeleiteten mathematischen Praxis möglich, in der Beweise sich sowohl auf Figuren als auch auf Text stützen, ohne dabei aber an Strenge und Eindeutigkeit zu verlieren. Ich werde argumentieren, dass Diagramme in dem skizzierten Sinne eine konstitutive und legitime epistemische Funktion für euklidische Geometrie ausüben. Anschließend diskutiere ich, wie diese Rolle tatsächlich ausgeübt wird. Dabei konzentriere ich mich vor allem auf eine Theorie geometrischen Aspektsehens, die ich in Analogie, allerdings mit bedeutenden Differenzen, zu Wittgensteins Theorie des Aspektsehens entwickele. Das Kapitel schließt mit Überlegungen dazu, inwieweit sich die an der Geometrie gewonnenen Ergebnisse auf andere Diagrammformen übertragen lassen.

Instrumente. Oresmes Konfigurationsdoktrin und die surrogative Revolution der Geometrie (Kapitel 3)

Im letzten Kapitel untersuche ich eine Schlüsselepisode abendländischer Diagrammatik: Die Konfigurationsdoktrin des spätmittelalterlichen Universalgelehrten Nicole Oresme. In seinem *Tractatus de configurationibus qualitatum et motuum* (zirka 1350) leistet Oresme (1968) eine der frühesten Darstellungen der Kulturtechnik des zweidimensionalen Graphen, mit der er Natur quantitativ erfassbar machen will. Drei Gründe sprechen für eine genaue Untersuchung von Oresmes Überlegungen. Erstens ist Oresmes Arbeit bereits für sich selbst genommen interessant: Es ist eine Sternstunde abendländischer Diagrammatik, die allerdings bisher – außerhalb spezialisierter historischer Diskurse – kaum wahrgenommen worden ist. Zweitens können an ihr Topoi und Probleme aufgezeigt werden, die auch noch heutige diagrammatische Theorien betreffen. Und drittens erlaubt sie, die Frage nach der Begründung von Diagrammatik überhaupt zu stellen: Warum ist es überhaupt möglich, mit räumlichen Formen über nicht räumliche Dinge (erfolgreich) nachzudenken? Was heute als grundlegende, unhinterfragte Kulturtechnik erscheint, ist tatsächlich Ergebnis komplexer erkenntnistheoretischer und naturphilosophischer Überlegungen.

Zunächst rekonstruiere ich Oresmes Technik, zweidimensionale geometrische Figuren für die Darstellung qualitativer Naturprozesse zu verwenden. Für Oresme ist es dabei nicht nur *möglich*, sondern sogar *notwendig*, auf Geometrie zurückzugreifen, wenn man qualitative Naturvorgänge quantitativ erfassbar machen möchte. Das Darstellungsprinzip, auf dem sein System beruht, ist die Annahme einer Strukturanalogie zwischen Intensitäten und Strecken. Dieses System verdient aus vielerlei Gründen Beachtung, von denen aber ein Grund besonders heraussticht: Oresme ist ein früher, wenn nicht der früheste Vertreter einer surrogativen Revolution der Geometrie. Darunter soll die Entdeckung und Befürwortung der Möglichkeit verstanden werden, geometrische Figuren zur Darstellung und Analyse nicht geometrischer Sachverhalte zu verwenden. Ich werde diese Idee an Oresmes verdientermaßen berühmtem Beweis der Merton Rule diskutieren. Dabei wird sich zeigen, dass Oresme Geometrie hier zu einem universalen, formalen Instrument der Analyse von Phänomenen macht.

Methodik

Fragen und Argumentation meiner Arbeit sind primär systematisch. Allerdings werden die systematischen Punkte oft – vor allem im zweiten und dritten Kapitel – an historischen Fallstudien, genauer, an euklidischer Geometrie und Oresmes spätmittelalterlicher Physik diskutiert. Dies hat den Vorteil, einerseits die Theorie in Auseinandersetzung mit der Komplexität, Vielschichtigkeit und Widerspenstigkeit realer diagrammatischer Systeme zu entwickeln, andererseits kann dadurch zugleich eine Deutung von zwei der wichtigsten abendländischen diagrammatischen Systeme überhaupt angeboten werden. Da Diagramme, zumal geometrische und physikalische, oft in mathematischem Kontext stehen, werde ich teilweise formale, mathematische oder logische Betrachtungen in meine Argumentation einbauen. Dies ist unerlässlich, will man die epistemische Rolle insbesondere wissenschaftlicher Diagramme verstehen. Allerdings habe ich mich dabei bemüht, so einfache Beispiele wie möglich zu finden, damit der philosophische Gedanke nicht in einem Aggregat mathematischer Zeichen untergeht.

Diese Arbeit weist einige blinde Flecken auf. Diejenigen, die ich am meisten bedaure, seien kurz genannt. Zunächst leiste ich keine Analyse der rhetorischen Kraft von Diagrammen, wie sie etwa Latour (1990) fordert, wenn er Diagramme als Überredungswaffen im Kampf um wissenschaftliche Verbündete begreift. Ich betreibe auch keine ästhetische oder phänomenologische Analyse (dazu Wöpking 2014). Dies scheint mir zumindest teilweise vertretbar, da es hier um epistemischen Diagrammgebrauch geht und in dieser Verwendungsweise Diagramme höchstens den Status von Gebrauchs-, nicht aber von Kunst- oder Betrachtungsbildern haben (Majetschak 2005). Diese Arbeit betreibt weiterhin keine Untersuchung des kreativen Diagrammgebrauchs, wie er etwa in Skizzen oder Gestaltungsprozessen vorkommt. Stattdessen konzentriere ich mich auf die Untersuchung formaler, wissenschaftlicher, zu deduktiven Zwecken gebrauchter Systeme, insbesondere geometrischer Figuren. Schließlich bleiben auch die provokativen anti-epistemischen Diagrammbegriffe französischer Provenienz von Deleuze, Foucault, Serres oder Châtelet bis auf wenige Ausnahmen weitgehend unbeachtet (dazu insbesondere Bauer / Ernst 2010, S. 306–319; Reichert 2013).

Stand der Forschung

Allgemein fragt Diagrammatik nach der Rolle, die graphische Darstellungen von Strukturen in kreativen und epistemischen Prozessen in Wissenschaft, Technik, Kunst und Alltag spielen. Die heutige Diagrammatik ist eine relativ junge akademische Erscheinung, die allerdings in größerem Umfang auf deutlich ältere, traditionelle Fragestellungen zurückgreift. Man kann die einzelnen Beiträge entlang dreier Dimensionen klassifizieren: (i) dem *Fach:* haben wir es mit *geisteswissenschaftlichen*, d.h. philosophischen, historischen, literarischen, bildwissenschaftlichen oder mit eher *naturwissenschaftlichen*, psychologischen, kognitionswissenschaftlichen, logischen Studien zu tun; (ii) dem *Stil* der Untersuchungen: sind sie eher kontinental oder eher analytisch geprägt; (iii) der *Weite* der Untersuchung: *lokale* Untersuchungen konzentrieren sich auf einen bestimmten, oftmals historischen Typ von Diagramm, der eingehender untersucht wird, sie haben den Charakter von Fallstudien; *globale* Untersuchungen hingegen versuchen, eine allgemeine Theorie der Merkmale von Diagrammen und des Gebrauchs von Diagrammen zu epistemischen oder pragmatischen Zwecken zu geben.

Im deutschen Sprachraum wird Diagrammatik verstärkt seit den 1990ern betrieben (Gehring et al. 1992: darin insb. Wilharm 1992; Bonhoff 1993; Koch / Krämer 1997). Katalisationswirkung haben hier vor allem die Arbeiten Bogens, in denen Diagramme als dritte eigenständige Kategorie neben Schrift und Bild postuliert werden (Bogen / Thürlemann 2003; Bogen 2005). In der Debatte wurden Diagramme dabei primär im Kontext der Frage nach einer epistemischen Bildlichkeit bzw. der Erkenntnisfähigkeit von Notationen diskutiert. Schon früh wurde das zentrale Merkmal von Diagrammen in ihrer Räumlichkeit bzw. Spatialität gesehen (Wilharm 1992; Bogen / Thürlemann 2003; Stetter 2005; Mersch 2005b; Krämer 2005; Mersch 2006a; Heßler / Mersch 2009; Günzel 2009; Krämer 2009; Krämer 2010; Krämer 2014). Im angelsächsischen Sprachraum setzt das ausdrückliche Interesse an Diagrammen schon ein gutes Jahrzehnt früher ein, etwa um 1980 herum. Es lassen sich hier zwei Phasen unterscheiden. Im Vordergrund stehen zunächst kognitionswissenschaftliche, linguistische und repräsentationsphilosophische Untersuchungen, die einerseits nach den Bedingungen und Merkmalen diagrammatischer Darstellungen fragen, andererseits nach der kognitiven Effizienz von Diagrammen relativ zu anderen Darstellungsformaten, etwa Schriften (früh Goodman 1976 (zuerst 1968); Palmer 1978; Larkin / Simon 1987; Lindsay 1988; Barwise / Etchemendy 1996; Shimojima 1996, 2001; Stenning 2000; Shin 1994, 2001; aber auch Rehkämper 1995; Pribbenow 1995). Auch hier wird der entscheidende Faktor in der Räumlichkeit von Diagrammen verortet. In der zweiten Phase kommt seit den 1990ern verstärkt die Frage nach der Funktion von Diagrammen in der Mathematik, vor allem der Geometrie hinzu (Giaquinto 1993; Manders 2008b), wesentliche Arbeiten sind in diesem Bereich auch in den 2000er Jahren entstanden (exemplarisch seien genannt: Azzouni 2004, 2005; Tappenden 2005; Mumma 2006, 2010, 2012; Giaquinto 2007; Macbeth 2009, 2010, 2011; Carter 2010; Giardino 2010; Coliva 2012). Zugleich entwickelt eine Reihe von Forschern formale Diagrammsysteme (Shin 1994; Hammer 1995; Luengo 1996).

Ab etwa 2000 verbinden sich die beiden Debattenstränge zunehmend. Integrativ wirkt die verstärkt betriebene Rezeption der semiotischen Diagrammtheorie Peirces (May 1995; Stjernfelt 2000, 2006; Bogen / Thürlemann 2003; Hoffmann 2005; Pietarinen 2006; Bauer / Ernst 2010). Die grundlegende Arbeit hier ist Stjernfelts *Diagrammatology* (2007). Sie hat erheblich zur zentralen Stellung Peirces in der Diagrammdebatte beigetragen. Zugleich lässt sich eine rasante Zunahme von Fallstudien aus den Bereichen der Wissenschafts- und Kunstgeschichte sowie der Kulturwissenschaft feststellen, in denen oft einzelne historische Diagrammtypen im Vordergrund stehen (Exemplarisch seien genannt: Latour (1990) betont innerhalb seines agonistischen Modells von Wissenschaft früh die Bedeutung von Inskriptionen, um andere Wissenschaftler von seinen Positionen zu überzeugen. Andere Beispiele aus jüngerer Zeit: Evans 1980; Latour 1997; Gormans 2000; Perini 2005; Mersch 2005b, 2006a, 2009; Gooding 2006; Müller 2008; Goodwin 2009; Schmidt-Burckhardt 2009; Bender / Marrinan 2010; Schemmel 2014; Meyer-Krahmer / Halawa 2012; Meyer-Krahmer 2012; Abrahamsen/Bechtel 2015).

Diagrammatik mag akademisch gesehen eine junge Fragerichtung sein. Doch sie greift in großem Maße auf klassische Positionen und Autoren zurück. Grob gesagt kann man die ganze abendländische Philosophie der Geometrie als Diagrammatik *avant la lettre* begreifen. Dies gilt etwa für Überlegungen bei Platon, Descartes, Locke, Leibniz, Berkeley, Hume, Kant, Frege, Hilbert, Reichenbach, Cassirer oder Wittgenstein. Aber auch kunst- und zeichenphilosophische Positionen, etwa bei Lessing, sind hier wichtig. Weiterhin sind die Diskussionen um die Möglichkeiten und Grenzen der Verräumlichung von Zeit oder Bewegung, die ihre theoretische Urszene im vierten Kapitel der aristotelischen Physik haben, noch immer von großer Bedeutung. Exemplarisch wird das an der Diskussion von Oresmes *Konfigurationsdoktrin* deutlich, doch auch Galilei, Descartes, Kant, Bergson oder Derrida wären hier zu nennen. Schließlich sind natürlich die Debatten um die Entwicklung oder Erfindung diagrammatischer Systeme, etwa um Playfairs statistische Graphen, von Relevanz.

Insgesamt gibt es in den letzten Jahren eine merkliche Zunahme an Arbeiten, die sich mehr oder weniger explizit diagrammatischen Fragestellungen verschrieben haben. Schmidt-Burckhardt geht daher sogar so weit, von einem diagrammatischen „Hype" zu sprechen und gleichzeitig zu diesem beizutragen (Schmidt-Burckhardt 2009, S. 163; Schmidt-Burckhardt 2014). Das mag auf den ersten Blick auch so erscheinen. Doch der Proliferation einzelner Arbeiten steht ein deutliches Defizit an Grundlagenuntersuchungen gegenüber. Dieses Defizit hat primär zwei Gründe: Zunächst haben viele Arbeiten die Form von Fallstudien, die dem Schema „Die Verwendung des Diagramms bei Autor XY" folgen. Lüthy und Smets (2009) plädieren sogar dafür, keine allgemeinen Aussagen über Diagramme zu treffen. Die dabei gewonnenen Einsichten werden selten generalisiert, mitunter scheint dies auch gar nicht möglich. Wichtiger aber ist noch, dass es an systematischen Untersuchungen über die Grundlagen diagrammatischer Erkenntnisproduktion überhaupt fehlt. So wird in vielen Fällen zwar behauptet, dass Diagramme Wissen nicht nur illustrieren, sondern auch generieren können. Doch es wird kaum diskutiert, *wie* diese Erkentnnisproduktion geschieht. Die vorliegende Arbeit möchte dazu beitragen, diese Lücke zu schließen. Sie untersucht dazu die systematischen Bedingungen, die ein diagrammatisches System erfüllen muss, um Wissen zu produzieren; sie untersucht eine wichtige Weise des epistemischen Gebrauchs von Diagrammen (Aspektsehen); sie untersucht schließlich das historische Ereignis der epistemischen Instrumentalisierung von Geometrie zur Analyse nicht geometrischer Sachverhalte.

In Argumentation und Stil ist meine Arbeit an die jüngere und jüngste Debatte über Diagramme in der analytischen Philosophie angelehnt. Die relevanten Autoren zeigen sich, darin ganz anders als viele bekanntere klassische Arbeiten der analytischen Philosophie, überaus aufgeschlossen für die Idee, dass Diagramme – oder auch Bilder – zur Erkenntnisbildung beitragen können (auch und gerade in der Mathematik). In größerem Maße greife ich in diesem Zusammenhang auch auf kognitionswissenschaftliche und logische Arbeiten zurück. Im Gegensatz zu typischen Untersuchungen analytischer Autoren beziehe ich allerdings in ebenfalls erheblichem Umfang kontinentale und klassische philosophische Positionen ein, von Platon über Oresme, Lessing und Reichenbach bis Wittgenstein. In diesen finden sich Einsichten von größtem Wert, die es zu bergen gilt. Insgesamt erscheint, wie so oft, erst eine Kombination der verschiedenen Traditionen und Stile als geeigneter Weg, um die nötige Allgemeinheit und Systematik für eine überzeugende Grundlagendiskussion zu erreichen.

Einen erkennbaren Schwerpunkt meiner Arbeit bildet die Verwendung geometrischer Figuren, sei es, um euklidische Geometrie zu betreiben, sei es, um mit euklidischer Geometrie physikalische Sachverhalte zu analysieren. Dieser Fokus auf Geometrie kann insbesondere folgenden Einwand provozieren: Es gibt doch weitaus mehr Erscheinungsformen des Diagrammatischen als geometrische Diagramme – werden diese nicht zu sehr vernachlässigt? Dies gilt um so mehr, wenn die Bedingungen und Techniken geometrischer Erkenntnis nicht als repräsentativ für andere Diagrammtypen gewertet werden. Gelten nicht für geometrische Diagramme härtere Anforderungen an das, was als Wissen und Erkenntnis bezeichnet werden kann, als es für andere Diagramme der Fall ist? Der Einwand hat eine gewisse Berechtigung, daher soll kurz erläutert werden, warum ich mich dennoch für geometrische Diagramme als zentralen Gegenstand entschieden habe.

Erstens erlaubt die Untersuchung geometrischer (oder anderer mathematischer) Diagramme, präzise Aussagen über die Bedingungen von Erkenntnis zu treffen. Dies ist gerade dann wichtig, wenn man Grundlagenfragen stellen möchte. Zweitens gibt es keinen Fall epistemischen Diagrammgebrauchs, der stärker kritisiert und in Abrede gestellt worden ist, als Geometrie. Spätestens seit 1900, in vielen Fällen schon früher, haben Philosophen vehement bestritten, dass den Figuren der Geometrie ein epistemischer und nicht bloß heuristischer Sinn zukommt oder auch nur zukommen sollte. Gelingt es zu zeigen, dass Diagramme in den Erkenntnisprozessen der Geometrie einen Platz haben (und immer schon hatten), wird damit eines der härtesten, hartnäckigsten und wirkmächtigsten Vorurteile über epistemischen Diagrammgebrauch zurückgewiesen. Darauf aufbauend erscheint es prinzipiell ebenfalls möglich, auch anderen Fällen von Diagrammgebrauch epistemische Effektivität zuzugestehen. Drittens ist Geometrie das Urmodell aller Diagrammatik. Die einflussreiche Diagrammatik Peirces ist in weiten Teilen ein Kommentar zu Kants Philosophie der Geometrie, die ihrerseits eine Deutung der euklidischen Geometrie darstellt. Nahezu der gesamte Diagrammdiskurs der Philosophie scheint mir, ob eingestanden oder nicht, letztlich vom Paradigma der Geometrie auszugehen. Zu Recht, wie ich glaube. Denn in der Geometrie zeigen sich in verdichteter, kristallklarer Form die kritischen Eigenschaften und Probleme diagrammatischen Denkens. Die Bedingungen der Normativität (Eindeutigkeit usw.), die sich hier stellen, gelten – möglicherweise in abgeschwächter Form – auch in anderen Fällen. Es scheint mir gerade die falsche Strategie zu sein, die Anforderungen an diagrammatische Erkenntnis zu relativieren, indem man behauptet, geometrischer Diagrammgebrauch sei ein atypischer Fall und die Anforderung an diagrammbasierte Erkenntnisprozesse im

Allgemeinen deutlich schwächer. Es kommt im Gegenteil darauf an zu zeigen, dass und warum auch nicht geometrische Diagramme bei der Produktion strenger Erkenntnisse wirksam sein können. Und schließlich ist euklidische Geometrie auch historisch die einflussreichste Diagrammform. Sie ist, wie das dritte Kapitel zeigt, ein Schlüsselfaktor in der abendländischen Quantifizierung der Welt, wie sie bei Oresme stattfindet. Allein aus historischen Gründen ist es daher für eine Diagrammatik essentiell, auf Geometrie einzugehen.

1 Grundlagen. Räumliche Merkmale von Diagrammen

1.1 Einleitung

Diagramme sind zunächst und wesentlich räumliche Objekte. Es handelt sich bei ihnen um Darstellungsformate, in denen in komplexer und charakteristischer Weise Raumstrukturen für epistemische Zwecke erzeugt und genutzt werden. In diesem Kapitel möchte ich eine logische Geographie der Räumlichkeit von Diagrammen erarbeiten, die auf zwei Annahmen fußt. Erstens gibt es nicht nur eine, sondern verschiedene, koexistierende Weisen diagrammatischer Raumnutzung: Diagramme sind multispatial. Zweitens ist Räumlichkeit zwar eine charakteristische, aber nicht die einzige und allein hinreichende Komponente von Diagrammen. Diagrammatische Räumlichkeit ist immer schon normativ geregelt und symbolisch ergänzt, wodurch die Flexibilität und Tauglichkeit diagrammatischer Systeme insgesamt erhöht wird. Die These des Kapitels ist damit nicht gänzlich neu – Art und Systematik der Begründung, die sie erfährt, hingegen schon. Beginnen wir mit dem Bekannten.

Die jüngere Forschung bestimmt Diagramme als Graphismen, die in besonderem Maße auf Räumlichkeit basieren. Interessanterweise wird diese Behauptung weitgehend unabhängig voneinander sowohl in der deutschsprachigen Debatte seit den frühen 1990ern als auch in der angelsächsischen Debatte seit den späten 1970ern aufgestellt. So sind für Wilharm Diagramme zwar ebenso graphisch wie andere Darstellungsformate. Doch: „Einzigartig scheint [...] die besondere räumliche Anordnung“ (Wilharm 1992, S. 127). Und jüngst bestimmten Mersch und Heßler „Spatialität“ als Basis diagrammatischer Darstellung:

> Diagrammatische und graphematische Strukturräume fußen in diesem Sinne auf ‚spatialen Logiken‘: sie basieren auf einer Streuung von Punkten und ihren Relationen zueinander, auf Anordnungen, Häufungen, Richtungen oder metrischen Verhältnissen und dergleichen, die ihre Zusammenfassung zu Mustern und anderen räumlichen Aktionen erlauben, um auf diesem Wege neue Ordnungen sichtbar zu machen. (Heßler / Mersch 2009, S. 33)

Insgesamt bestimmt eine Reihe von Arbeiten Diagramme über ihre Räumlichkeit. Diese Studien sind im Einzelnen wertvoll. Doch ihr großes Problem ist die wechselseitige Unverbundenheit. Jede von ihnen erklärt *eine* Form der Raumnutzung zur eigentlichen und ignoriert dabei andere Formen. Die isolierten Forschungsbeiträge sollen auf den folgenden Seiten in einer systematischen Zusammenschau und kritischen Diskussion verbunden werden (ähnlich insbesondere Stenning 2000 und Shimojima 2001). Im Ergebnis werden vier Hauptkategorien von Räumlichkeit unterschieden: Exteriorität, Strukturalität, Direktheit und Interventionalität. Der Schwerpunkt liegt dabei stets auf den epistemischen Potentialen, die aus der jeweils diskutierten Dimension von Räumlichkeit folgen. Dabei zielt Exteriorität auf die materielle Äußerlichkeit empirischer Graphismen. Strukturalität meint die Nutzung eines formatierten, artikulierten Raumes insbesondere zur Darstellung und Analyse anderer nicht räumlicher Strukturen mittels einer sogenannten Strukturisomorphie. Direktheit betrifft den unterschiedlichen Grad, in dem diagrammatische Darstellungen aufgrund räumlicher Faktoren unmittelbar erfasst und interpretiert werden können. Der Begriff Interventionalität umfasst schließlich die räumlichen Ursachen dafür, dass ein konstruiertes Diagramm im Allgemeinen mehr und anderen informativen Gehalt aufweist, als in seine Konstruktion eingegangen ist.

Im Anschluss an die Analyse der vier Dimensionen diskutiere ich zwei eng damit zusammenhängende Punkte: Einerseits die Rolle, die nicht räumliche, symbolische Faktoren in Diagrammen spielen; andererseits die Frage, inwieweit die Arbeit mit Diagrammen besondere kognitive Effizienz aufweist und inwiefern diese Zuschreibung über die Räumlichkeit von Diagrammen begründet werden kann. In der abschließenden Konklusion steht die Frage im Vordergrund, was diagrammatische Darstellungen von anderen gleichfalls räumlichen Darstellungsformen, etwa von Schriften, unterscheidet.

1.2 Exteriorität

Als erstes sollten wir Räumlichkeit im Sinne von Exteriorität und Räumlichkeit im Sinne von Spatialität unterscheiden.[1] Exteriorität meint die materielle, faktische, andauernde Ausgedehntheit einer Sache in der Welt, Spatialität hingegen die Formatierung und Strukturierung eines Raumes in Orte, Objekte und Relationen. Exteriorität kommt Dingen zu, Spatialität hingegen bezieht sich immer auf Systeme von Dingen. Exteriorität ist unabhängiges factum brutum, Spatialität hingegen abhängig von einem bestimmten Gebrauch, etwa von einer Leseweise. Die Logik von Darstellungsformaten wie Schriften, Bildern oder eben Diagrammen basiert auf Spatialität. Allerdings setzt darstellungslogische Spatialität wiederum physische Exteriorität voraus, nämlich in Form der Einschreibung von Marken in einen physischen Raum, etwa durch Ritzung von Steinen, Einzeichnungen in Sand oder Schreiben auf das Papier.

---

1 Das geht zurück auf Heßler / Mersch 2009, S. 26, die von Raum als *extensum* im Gegensatz zu Raum als *spatium* sprechen.

Diagramme sind deshalb nun genauso exteriore Darstellungsformen, wie es Schriften und andere graphische Darstellungsformen auch sind. Exteriorität ist damit kein Alleinstellungsmerkmal von Diagrammen. Dennoch ist sie äußerst wichtig, hat sie doch eine Reihe inzwischen wohl diskutierter Effekte zur Folge, die eine bedeutende Rolle für das kognitive und epistemische Potential des Gebrauchs von Diagrammen spielen:

Öffentlichkeit: Exteriore Inskriptionen sind prinzipiell öffentlich zugänglich (solange sie existieren). Die Öffentlichkeit ermöglicht die Zusammenarbeit mehrerer Menschen, insbesondere indem das Objekt als gemeinsamer Bezugspunkt dient (Suthers / Giradeau / Hundhausen 2003). Die Öffentlichkeit einer Inskription kann allerdings auch zu Versuchen von „confiscation, corruption and deception" führen (Sterelny 2010, S. 474).

Stabilität: Latour (1990) hebt in seinem klassischen Aufsatz „Drawing Things Together" zwei Merkmale von Graphismen hervor: die Stabilität des Aufgezeichneten bei gleichzeitiger Mobilität des Aufzeichnungsträgers. Diagrammatisierung lässt sich, ebenso wie Verschriftlichung als „Vergegenständlichung in dem Sinne begreifen, dass ein Gegenstand der Wahrnehmung gegenübersteht, den Akt der Wahrnehmung überdauert" (Kogge 2005, S. 145). Der materielle Raum stellt ein „Vermögen zur Aufbewahrung" (Hoffmann 2008, S. 10) dar, das insbesondere eine Externalisierung von Gedächtnisleistungen erlaubt. Stabilität ermöglicht damit zugleich eine Objektivierung von Gedanken und Ideen in eine äußere wahrnehmbare Form. Damit kann es zugleich zu Verfremdungseffekten kommen: Meine ehemals eigenen Gedanken treten mir als fremdes Objekt entgegen. So wird es möglich, neue Sachverhalte in den Inskriptionen zu entdecken.

Mobilität: Inskriptionen sind vergleichsweise kostengünstig und einfach von Ort zu Ort transportierbar, sie weisen eine „umstandslose Verfügbarkeit" auf: „Die Mittel der Hand lassen sich fast jederzeit und ohne Rücksicht auf den Ort einsetzen, während technische Geräte zumeist eine permanente Energiequelle und eine lokale Infrastruktur benötigen; Gestelle, einen Wetterschutz, Standfestigkeit" (Hoffmann 2008, S. 9).

Operativität: Die operative Dimension besteht vor allem in der Möglichkeit, mit den diagrammatischen Zeichen zu hantieren, sie zu rearrangieren, um weitere Zeichen zu ergänzen, sie zu manipulieren, umzustellen.

1.3 Strukturalität

Diagramme verräumlichen. Sie verräumlichen Daten, zeitliche, kausale, funktionale oder logische Zusammenhänge genauso wie ökonomische, mathematische, physikalische, chemische, künstlerische, biologische oder geographische

Strukturen, um nur einen kleinen Ausschnitt aus der Bandbreite möglicher Bezugsobjekte zu nennen. Wie tun sie das? Die dominierende Forschungsmeinung zu dieser Frage, die in vielen unterschiedlichen Varianten, Ausarbeitungs- und Komplexitätsstufen existiert, lautet: Diagramme sind raumbasierte bzw. spatiale Strukturisomorphismen. Es wird auch oft von Strukturanalogie gesprochen, wodurch Diagramme zu analogen Zeichen werden. Gemeint ist, dass die räumliche Struktur des Diagramms ähnlich oder gar gleich der Struktur des Objekts ist, auf das sich das Diagramm bezieht. Diagramme *zeigen* die Struktur, indem sie sie räumlich verkörpern. Ich möchte diese Sicht als die Standardsicht auf Diagrammatik bezeichnen und stimme darin mit Chandrasekaran (2011, S. 70) überein: „Among the most common intuitions about diagrams is that they are characterized by homomorphisms between the representation and the target domain".

Die Standardsicht findet sich etwa in diagrammatischen Betrachtungen von Kunstgeschichte und Bildtheorie. Für Bogen beruht die „referentielle Logik des Diagramms [...] auf einer relationalen Analogie. Das Verhältnis von Formen wird in Analogie zu einer Relation von Bezugsgrößen gesetzt" (Bogen 2005, S. 162). Wiesing hält fest: „Wenn wir uns mittels des Diagramms auf etwas beziehen, dann auf etwas strukturell Ähnliches" (Wiesing 2005, S. 125). Auch in Forschungen der Logik, der Künstlichen Intelligenz und der Kognitionswissenschaft ist sie dominant, angefangen bei Larkins und Simons (1987, S. 66) klassischen Überlegungen, später dann z. B. bei Barwise und Etchemendy: „[A] good diagram is isomorphic, or at least homomorphic, to the situation it represents, at least along certain crucial dimensions" (Barwise / Etchemendy 1996, S. 24). Tversky und Bryant bestimmen Diagramme als „external graphic representations or depictions that consist of elements and the spatial relations among them. As such, they are external stimuli with their own spatial properties. In particular, relations in the represented world are mapped onto spatial relations in the graphic representation." (Bryant / Tversky 1999, S. 137). Als letztes kognitionswissenschaftliches Beispiel sei folgende Bestimmung von Gattis und Holyoak angeführt: „[E]xternal representational media as graphs, diagrams, and schematic pictures are based on mappings between nonspatial and spatial relations, which allow inferences about the former to be drawn by means of perceptual operations performed on the latter" (Gattis / Holyoak 1996, S. 231). Die Standardsicht ist auch in Wissenschafts- (Vorms 2009, S. 371) und Mathematikphilosophie (Resnik 1997, S. 224) verbreitet. Im Folgenden soll die Standardsicht genauer untersucht werden. Zunächst werde ich einige Beispiele für die raumbasierte Strukturähnlichkeit von Diagrammen geben; dann werde ich den gedanklichen Kern der Standardsicht von Diagrammen als spatiale Isomorphismen herausarbeiten; anschließend sollen die beiden Komponenten, Isomorphie und Räumlichkeit, genauer untersucht werden; schließlich nehme ich eine Kritik vor, als deren Konsequenz sich die Notwendigkeit ergibt, weitere räumliche Merkmale von Diagrammen in die Untersuchung einzubeziehen.

Es gibt eine sehr große Menge denkbarer Raumstrukturen, die Diagramme zur Darstellung von Daten und Informationen verwenden können: topologische oder metrische Beziehungen, Größen-, Lage-, Winkelrelationen, Beziehungen der Nachbarschaft, der Verbundenheit, des Angrenzens, des Umschlossenseins, der Überkreuztheit, der Getrenntheit, der Über- und Unterordnung, der Symmetrie, der Kongruenz, der Anzahl (wieviel mal ist Fläche x in Fläche y vorhanden), und so weiter (vgl. Heßler / Mersch 2009, S. 33).[2] Eine *geographische Karte* bewahrt für gewöhnlich metrische oder topologische Relationen zwischen den Dingen, die sie darstellt. Wenn die Orte a, b und c in einer bestimmten Beziehung in der Welt stehen – sagen wir, a ist näher an b als an c –, dann stehen die entsprechenden Elemente a', b' und c' in der Karte in der gleichen Relation. *Euler-Diagramme* geben Beziehungen zwischen mathematischen Mengen durch räumliche Verhältnisse von Kreisen wieder (Bernhard 2001). Kreisflächen stehen für die Extensionen von Begriffen. Punkte der Kreisflächen entsprechen Gegenständen, auf die der Begriff zutrifft. Die Punkte innerhalb der Schnittmenge zweier Kreise repräsentieren dementsprechend alle Gegenstände, auf die beide Begriffe zutreffen. Stehen zwei Kreise unverbunden nebeneinander, haben also keinen Punkt gemeinsam, dann heißt das, dass es keinen Gegenstand gibt, auf den sowohl der eine als auch der andere Begriff zutrifft. Aufbauend auf diesem Darstellungsprinzip dienen Euler-Diagramme zur Ableitung der Konklusion von Syllogismen bei gegebenen Prämissen (Bernhard 2001, S. 62–65).

Die Standardsicht ist eine Kombination zweier voneinander unabhängiger Behauptungen: Der Behauptung einer Strukturisomorphie und der Behauptung, dass die Strukturisomorphie auf Seiten des Diagramms durch ein *spatiales* Medium realisiert wird. Genauer besagt die Hauptthese der Standardsicht: Ein Diagramm ist (i) ein komplexes repräsentierendes Zeichen, das in einer Beziehung der Strukturähnlichkeit oder Strukturisomorphie zu seinem Bezugsobjekt steht, wobei (ii) gilt, dass das Zeichen die Strukturähnlichkeit mittels einer graphisch-räumlichen Struktur auf einer zweidimensionalen Oberfläche realisiert.[3] Dabei gilt aber (iii), dass jede Korrespondenz allein aufgrund von Regeln und Konventionen zustandekommen kann. Diagrammgebrauch ist normativ. Betrachten wir die drei Komponenten genauer:

2 Es kann, außer bei sehr einfachen Beispielen, eine durchaus komplexe Angelegenheit sein, die Korrespondenzen zwischen Raumstruktur und Struktur des Bezugsobjekts genau aufzuschlüsseln.

3 Die Rede vom „Objekt" ist hier in einem sehr weiten Sinne zu verstehen. Auch Prozesse, Sachverhalte usw. können in diesem Sinne das Objekt diagrammatischer Darstellungen sein.

Die erste Komponente besagt, dass Diagramme Zeichen oder Repräsentationen sind, die in einer Beziehung der Ähnlichkeit zu ihrem Bezugsobjekt stehen. Es handelt sich allerdings um eine besondere Art von Ähnlichkeit, die gerade nicht sein soll, was zunächst und zumeist unter Ähnlichkeit verstanden wird. Die naheliegende Auffassung von Ähnlichkeit ist die einer mimetischen, optischen Ähnlichkeit. Etwas ist einer anderen Sache ähnlich, wenn es so aussieht wie die andere Sache. Dieser Begriff der Ähnlichkeit ist seit jeher ein umkämpfter Begriff der Philosophie: Gibt es Ähnlichkeit? Ist sie natürlich oder konventionell begründet? Wie lässt sich Ähnlichkeit definieren (wenn überhaupt)? Diagrammatische Ähnlichkeit ist nun gerade keine Ähnlichkeit im Aussehen, in der Erscheinung, sondern eine Ähnlichkeit hinsichtlich der Struktur, die in einem Objekt verkörpert wird. Diagramme sehen zwar nicht so aus wie das, was sie darstellen, haben aber die *gleiche* oder eine *ähnliche* Struktur (Krämer 2005, S. 39; Krämer 2009, S. 107; Günzel 2009, S. 133). Ihren prägnantesten Ausdruck hat die Idee strukturaler Ähnlichkeit bei Peirce erhalten, dem Ahnherren aller Diagrammatik: „Many diagrams resemble their objects not at all *in looks*; it is only in *respect to the relations of their parts* that their likeness consists“ (Peirce, CP 2.282, Hervorhebung J. W.). Peirce unterscheidet hier eine naturalistische, mimetische, phänomenale Ähnlichkeit („in looks“) von einer strukturalen Ähnlichkeit („in respect to the relations of their parts“).

Tatsächlich sieht ein Diagramm, in dem das Funktionieren des Herzens dargestellt ist, weder aus wie ein Herz, noch weist es physische Ähnlichkeit zu einem funktionierenden Herzen auf. Ein Diagramm, das den Beschleunigungsverlauf eines fallenden Körpers zeigt, sieht ebenfalls nicht wie ein fallender Körper aus. Allerdings fällt es leichter, Beispiele zu geben, als die hier in Rede stehende *phänomenale Ähnlichkeit* begrifflich zu fassen. Es ist notorisch schwer, einen Begriff von phänomenaler Ähnlichkeit zu geben. Die Feststellung der Nichtmimetizität von Diagrammen beschränkt sich daher üblicherweise auf Intuition. Für viele Zwecke reicht das auch. Besteht man auf begrifflicher Präzision, empfiehlt es sich, statt von phänomenaler eher von physikalischer bzw. von first-order Ähnlichkeit zu sprechen (Shepard / Chipman 1970). O'Brien und Opie zufolge gilt, dass „representing vehicle and its object resemble each other at first order if they share physical properties, that is, if they are equal in some respects“ (O'Brien / Opie 2004, S. 9). Dies gilt etwa in gewissem Umfang für geographische Karten, in denen Wasserflächen blau und Grünflächen grün dargestellt sind. Allerdings sind die Gründe dafür pragmatischer, nicht logischer Natur: „We would be puzzled to find a map of London in which the parks were marked blue and the ponds green, because the other arrangement is so much easier to learn and keep in mind“ (Gombrich 1975, S. 127). Eine rudimentär mimetische Farbgebung erleichtert den kognitiven Umgang gegenüber einer anderen, möglicherweise mühsam zu erlernenden Farbverteilung, die allerdings – und das ist entscheidend – gleichfalls möglich wäre. Auch eine Karte, in der Teiche grün und Parks blau wären, wäre lesbar. Ähnlichkeit erster Ordnung ist für Diagramme also möglicherweise pragmatisch sinnvoll, aber logisch nicht notwendig. Wenden wir uns jetzt einer Ähnlichkeit hinsichtlich der Struktur zu.

Unter Struktur soll im Folgenden ein komplexes Ganzes verstanden werden, das aus einer Menge von Teilen (im Folgenden auch: Elemente), Eigenschaften der Teile und Beziehungen zwischen den Teilen besteht. Worin besteht nun strukturale Ähnlichkeit? Zwei Strukturen S_1 und S_2 sind *struktural* ähnlich, wenn (i) jedem einzelnen Element von S_1 ein Element von S_2 und (ii) jeder Beziehung zwischen Elementen von S_1 eine Beziehung zwischen Elementen von S_2 zugeordnet werden kann und zwar so, dass wenn zwei Elemente in S_1 in einer Beziehung stehen, auch die korrespondierenden Elemente in S_2 in der korrespondierenden Beziehung zueinander stehen. In der Mathematik bezeichnet man das als einen *Homomorphismus* oder sogar *Isomorphismus*, nämlich dann, wenn S_1 und S_2 die gleiche Anzahl an Elementen aufweisen, also alle Elemente des Bezugsobjekts durch das Diagramm dargestellt werden. In diesem Fall gilt die Beziehung übrigens automatisch auch umgekehrt, ist also auch S_2 zu S_1 isomorph. Ich werde im Folgenden primär von *Strukturisomorphie* sprechen, ohne dabei notwendigerweise Isomorphie im strengen mathematischen Sinne zu meinen.

Der zentrale Unterschied zwischen Ähnlichkeit erster und Ähnlichkeit zweiter Ordnung besteht darin, dass sich Ähnlichkeit erster Ordnung auf die Attribute bzw. Eigenschaften einzelner Elemente bezieht, während sich Ähnlichkeit zweiter Ordnung auf die Beziehungen *zwischen* den Elementen bezieht: „In second-order resemblance, the requirement that representing vehicles share physical properties with their represented objects can be relaxed in favour of one in which the relations among a system of representing vehicles mirror the relations among their objects“ (O'Brien / Opie 2004, S. 10). Es handelt sich um eine „Analogie zwischen den Verhältnissen der Begriffe und denen räumlicher Figuren“, wie es Schopenhauer über Euler-Diagramme bemerkt (Schopenhauer 2002[1818], S. 80 (=§ 9)). Die Elemente und ihre Verhältnisse im Diagramm stehen zueinander so wie die Elemente und Verhältnisse des Objekts. Es herrscht eine Entsprechung der Verhältnisse: a verhält sich zu b so, wie c sich zu d verhält. Wichtig ist dabei, dass diese Korrespondenz nicht vollkommen sein muss. Sie kann auch nur in Graden vorkommen.

Die Bestimmung von Diagrammen als spatialer Isomorphismen hat einen funktionalen und einen materialen Teil. Der funktionale Teil besteht in der Behauptung, dass ein Strukturisomorphismus vorliegt und sieht von der Frage ab, wie dieser materiell realisiert wird. Das ist konstitutiv für funktionale Ansätze, gehen sie doch von dem Prinzip der multiplen Realisierbarkeit aus. Einen in diesem Sinne exklusiv funktionalen Diagrammbegriff hat Peirce vorgelegt (zu Peirces Diagrammatik vgl. insbesondere Pietarinen 2006, Stjernfelt 2007, Bauer / Ernst 2010). Für ihn stellt jede Zeichenform, die einem Objekt strukturisomorph ist, ein Diagramm dar, unabhängig davon, wie die Relationen im Zeichen verwirklicht sind, ob räumlich oder anders. Peirces Ansatz lässt damit die Möglichkeit zu, dass Diagramme durch andere als räumliche Strukturen verwirklicht werden, so zählt er auch Schrift und Algebra zu den diagrammatischen Darstellungen und spekuliert sogar über akustische Diagramme.[4] Für Bauer und Ernst greift jedes „Verständnis von Diagrammatik, das nur auf ihre als ‚diagrammatisch' erkannten medialen Formate und Medien rekurriert, [...] zu kurz" (Bauer / Ernst 2010, S. 168). Ich werde in dieser Arbeit dennoch funktionale Ansätze stets durch eine materialitätsorientierte Perspektive ergänzen.[5] Zwar haben funktionale Bestimmungen unbestreitbare Vorteile, erlauben sie doch, Entitäten und Prozesse, die zunächst nicht diagrammatisch erscheinen, als Diagramme zu betrachten. Doch die Generalität funktionaler Definitionen ist zugleich ihr größtes Problem. Erstens besteht die Gefahr einer grenzenlosen Ausweitung des Diagrammbegriffs, mit der zugleich aber seine Trivialisierung und Entleerung einhergeht. Es fällt, folgt man Peirce, Bauer und Ernst, schwer, Denkprozesse zu benennen, die eindeutig *nicht* diagrammatisch sind. Zweitens ist die Position nicht ganz ehrlich: Die vorgeblich rein funktionalen Diagrammbegriffe sind fast immer am Vorbild des Denkens mit geometrischen Diagrammen gewonnen, so auch bei Peirce.[6] Drittens und vor allem muss eine rein funktionale Perspektive per Definition blind gegenüber der Frage bleiben, welchen Beitrag die jeweilige Materialität des Mediums, in dem eine Struktur realisiert wird, für die Darstellung und die auf ihr aufsetzenden Denk- und Erkenntnisprozesse leistet. Die nachfolgenden Abschnitte werden aber deutlich zeigen, dass die Realisierungsform einen erheblichen Einfluss auf die Menge an dargestellten Informationen, aber auch auf unseren Umgang mit ihr hat. Räum-

4 Peirce (CP, 3.418): „[A] diagram has got to be either auditory or visual, the parts being seperated in the one case in time, in the other in space." Vgl. dazu Shin (2002, S. 20). Eine Ausarbeitung der Peirceschen Idee findet sich in Pietarinen (2010).

5 Vor kurzem haben Bender und Marrinan ebenfalls für eine materialitätsorientierte Diagrammatik plädiert. Ihnen zufolge sind Diagramme „closer to being things than to being representations of things" (Bender / Marrinan 2010, S. 21). Chandrasekaran (2011, S. 70) fordert ebenfalls, das „physical medium" in die Analyse epistemischen Diagrammgebrauchs einzubeziehen.

6 Beide Kritiken finden sich bereits bei Stjernfelt (2006, S. 73): „One terminological issue is that the technical, Peircean notion of diagram is now extended to such a degree that the common-sense notion of diagrams vanishes in the haze and seems to constitute only a small subset of the new, enlarged category. Another, more serious problem, is that Peirce still tends to take such diagrams as prototypical diagrams in many discussions, generalizing diagram notions taken from them to the whole category of diagrams."

lichkeit ist nicht bloß eine neutrale Realisierung, sondern der entscheidende Faktor in diagrammatischem Denken. Das alles führt dazu, dass erst die Einbeziehung der materialen Grundlagen eines Diagramms es erlaubt, seine epistemische Bedeutung angemessen in den Blick zu nehmen.

Kommen wir damit zur zweiten Komponente der Standardsicht, der Räumlichkeit. Hier gilt, dass erst der Gebrauch darüber entscheidet, welche Raumstruktur einer gegebenen Inskription zugeschrieben wird. Es wird oft davon ausgegangen, dass das Erkennen einer räumlichen Struktur ein fraglos stattfindender, unproblematischer Vorgang sei. Das ist aber keineswegs so. Vielmehr legt eine Inskription gerade nicht fest, welche Raumstruktur man in ihr erkennen kann.

Aus einer materiellen Menge voller physischer Inskriptionen wird erst dann eine Raum*struktur*, wenn die Inskriptionen einer Formatierung unterzogen werden. Es müssen räumliche Elemente, die man Raumregionen, Orte oder Plätze nennen kann, und ihre Relationen identifiziert werden (Krämer 2009, S. 101–102). Mersch nennt den hier angesprochenen Vorgang eine „Formatierung des Raumes“, die darin besteht, „Orte festzulegen sowie Metriken und Skalierungen vorzunehmen, die die Inskriptionen in ein festes Bezugssystem einbinden“ (Mersch 2006a, S. 105). Für Stetter funktionieren Diagramme über die „Schematisierung pikturaler Darstellung durch den Aufbau eines parametrischen Bezugssystems“ (Stetter 2005, S. 125).

Entscheidend ist, dass es sich bei dieser Formatierung nicht um eine visuelle Klassifikation, sondern um eine Entscheidung über die Art und Weise handelt, wie eine Inskription betrachtet und gebraucht werden soll. Diese Entscheidung betrifft zwei Punkte: (i) Aus Inskriptionen werden Figuren, indem bestimmt wird, was an den Inskriptionen auf welche Weise als relevant zählen soll; (ii) zugleich sind die Raumgesetze und Operationsmöglichkeiten zu spezifieren, denen die Elemente unterliegen sollen. Man muss sagen, wie der Raum beschaffen ist, *in dem* die Figuren und Objekte sind.[7] Man muss beispielsweise sagen, dass diese Striche (i) ein mathematisches Dreieck sind und (ii) sich in einem euklidischen Raum be-

7 In diese Richtung geht auch Broads Bemerkung anlässlich seiner Diskussion von Kants Philosophie der Geometrie: „The properties of a figure do follow deductively from the concept of the figure together with the concept of the space in which the figure is supposed to be. And the latter concept just consists of the set of axioms or postulates which together express the defining properties of this space“ (Broad 1941, S. 6). Broad fasst Raum hier im modernen Verständnis als mathematische Menge an Axiomen auf. Doch auch ein anderes Raumverständnis führte nicht um die Einsicht herum, dass erst eine Figur in einem auf bestimmte Weise gedachten Raum ein Diagramm ergibt.

finden (mit entsprechenden Regeln hinsichtlich der Messung, Äquivalenz, Operativität der syntaktischen Formen).

Der entscheidende Punkt hinsichtlich des Verhältnisses zwischen einer Inskription und der darin gesehenen Raumstruktur ist, dass dieses Verhältnis letztlich kontingent ist: Es ist Ergebnis einer Entscheidung. Die Striche auf dem Papier bestimmen nicht, welche Raumstruktur man in ihnen zu sehen hat. Inskriptionen sind hinsichtlich der Raumstrukturen, die sie darstellen, unterbestimmt. Die gleiche Inskription lässt sich als ganz verschiedene Objekte verwenden (Mersch 2006a, S. 107):

> Betrachte zum Beispiel die Aspekte des Dreiecks. Das Dreieck [...] kann gesehen werden: als dreieckiges Loch, als Körper, als geometrische Zeichnung; auf seiner Grundlinie stehend, an seiner Spitze aufgehängt; als Berg, als Keil, als Pfeil oder Zeiger; als ein umgefallener Körper, der (z. B.) auf der kürzeren Kathete stehen sollte, als ein halbes Parallelogramm, und verschiedenes anderes. (Wittgenstein PU 2, S. 530).

Eine ganz ähnliche Bemerkung findet sich in Cassirers Liniengleichnis:

> Analog können wir gewisse räumliche Formen, gewisse Komplexe von Linien und Figuren, in dem einen Fall als künstlerisches Ornament, in dem anderen als geometrische Zeichnung auffassen und kraft dieser Auffassung ein und demselben Material einen ganz verschiedenen Sinn verleihen. (Cassirer 2001, S. 28).

Doch auch wenn man die möglichen Verwendungen der Figur auf kontextuell enger gefasste Bereiche, etwa auf mathematische oder noch genauer: auf geometrische Objekte einschränkt, bleiben Inskriptionen flexibel für verschiedene Gebrauchsmöglichkeiten. Hume listet eine Reihe unterschiedlicher Funktionen auf, die ein und dieselbe Figur eines gleichseitigen Dreiecks in Beweisen spielen kann:

> Thus the idea of an equilateral triangle of an inch perpendicular may serve us in talking of a figure, of a rectilineal figure, of a regular figure, of a triangle, and of an equilateral triangle. All these terms, therefore, are in this case attended with the same idea[...]. (Hume 1886[1739], S. 329 (=1.1.7).)

Ein Beispiel für die Gebrauchsabhängigkeit von Inskriptionen ist die Möglichkeit unterschiedlicher Abstandsfunktionen zwischen zwei Punkten. Mit euklidischer Geometrie vertraut, gehen wir zumeist davon aus, dass der Abstand zwischen zwei Punkten durch die gerade Linie, die zugleich die kürzeste Verbindung zwischen ihnen darstellt, gegeben ist. Doch tatsächlich ist der Abstand zweier Elemente mathematisch nicht festgelegt, sondern abhängig von der Wahl des Maßstabes, der verwendet wird. Betrachten wir als Beispiel zwei Punkte auf einem Stadtplan.

Wie weit sind diese beiden Orte voneinander entfernt? Es kommt darauf an, welche Metrik wir zugrunde legen. Eine Form ist der vertraute euklidische Abstand. Eine Alternative ist Minkowskis *taxicab-* oder *Manhattan*-Metrik (Abbildung 1; dazu Schreiber / Scriba 2010, S. 512). Es ist die Standardmetrik für alle gitternetzartigen Strukturen, bei der vier Bewegungsrichtungen zugelassen sind (oben, unten, links, rechts).

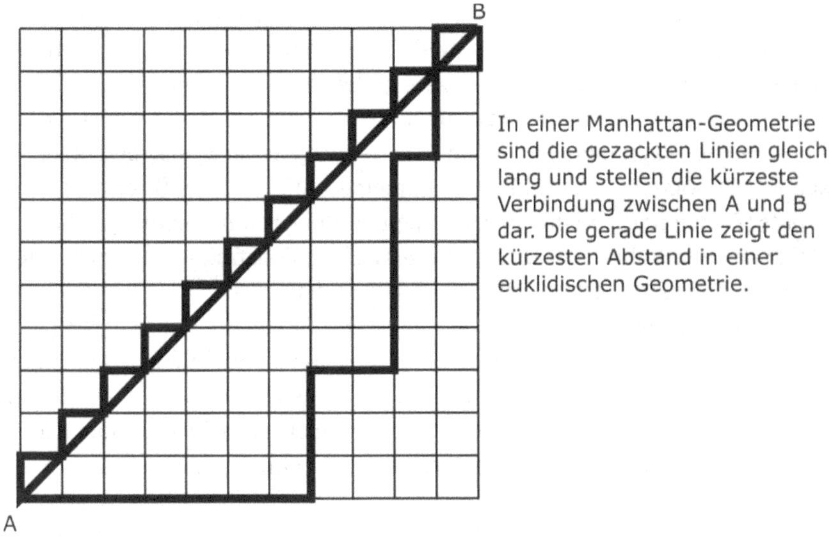

Abbildung 1: Manhattan-Metrik

In einer Manhattan-Metrik bestimmt sich der Abstand zwischen zwei Orten als Summe der vertikalen und horizontalen Abschnitte, die zurückgelegt werden, um vom Start- zum Zielpunkt zu kommen. Wie bereits der Name *taxicab-Metrik* bzw. *Manhattan*-Metrik andeutet, handelt es sich bei dieser Abstandsfunktion keineswegs um mathematische Spielerei. Sie spiegelt etwa wider, wie Taxifahrer in einer typischen gitternetzartig aufgebauten amerikanischen Stadt den Abstand zwischen Abfahrts- und Ankunftsort berechnen können. Ein euklidischer Abstand wäre für einen Taxifahrer sinnlos (es sei denn, er könnte durch Häuser fahren). Das Beispiel der Manhattan-Metrik macht damit zugleich deutlich, dass die Tauglichkeit einer bestimmten Darstellung nur relativ zum Zweck und Kontext ihres Einsatzes gegeben ist.

Konstruktionen, Manipulationen und Interpretationen von Diagrammen müssen regelbasiert erfolgen. Was ein Diagramm darstellt und was aus ihm abgelesen werden kann, wird nicht einfach durch das, was man *sieht*, bestimmt, sondern durch das, was die Regeln erlauben. Erst ein gemäß bestimmter Regeln aufgefasstes Diagramm kann Wissen darstellen und produzieren (Mersch 2006a, S. 108). Man kann dies als These der Normativität von Diagrammen bezeichnen (dazu Perini 2005, S. 259 – 260).

Man kann nun zwei wesentliche Arten von Regeln unterscheiden: *syntaktische* und *semantische*. Man könnte auch von Konstruktions- und Manipulationsregeln einerseits und Inferenzregeln andererseits sprechen. Syntaktische Regeln geben die Bedingungen an, unter denen ein Diagramm wohlgeformt, also korrekt aufgebaut ist (Hammer 1994, S. 75), d. h., welche Kombinationen der primitiven Objekte eines diagrammatischen Systems als gültig und welche als ungültig anzusehen sind. Dabei kommt es vor allem darauf an, dass die Konstruktion entsprechender Diagramme in Einklang mit den Regeln der Syntax geschieht. In euklidischer Geometrie etwa sind nur Diagramme gültig, die gemäß der ersten drei Postulate (Ziehen und Verlängern von Linien, Eintragen von Kreisen) geschehen. Syntaktische Regeln beziehen sich nicht nur auf die Konstruktion, sondern auch auf die anschließende Manipulation des Diagramms.

Semantische Regeln beziehen sich dagegen darauf, wie den diagrammatischen Sachverhalten Bedeutungen zugewiesen werden: Wie kann man aus Euler-Diagrammen logische Sachverhalte ablesen, wie aus Graphen Zusammenhänge der Physik und wie aus geometrischen Diagrammen geometrische Tatsachen? Semantische Regeln geben an, unter welchen Bedingungen man was aus einem Diagramm schließen kann.

Ein wesentliches Ziel der Normierung epistemischen Gebrauchs ist es, die Eindeutigkeit der Aussagen auf syntaktischer Ebene, d. h. auf Ebene derjenigen Sachverhalte, die das Diagramm zeigt, und auf semantischer Ebene, d. h. auf Ebene derjenigen Sachverhalte, die man qua Interpretation dem Diagramm zuweisen kann, zu sichern. Diagramme leben von Eindeutigkeit. Wissen kann es nur bei Normen geben, die gefährliche Mehrdeutigkeiten ausschließen. Von ihnen müssen klar legitime Mehrdeutigkeiten abgegrenzt werden. Es ist durchaus möglich und sogar epistemisch hoch produktiv, dass man zu einer gegebenen Zeit verschiedene Dinge in einem Diagramm erkennen kann, die gleichermaßen regelkonform sind. Dies wird im zweiten Kapitel unter dem Begriff *geometrisches Aspektsehen* näher verhandelt und als hervorstechendes Merkmal euklidischer Geometrie identifiziert.

Die Wiederholbarkeit und Eindeutigkeit von Diagrammen unterscheidet sie auch von Kunstbildern. Bereits Goodman grenzt Bilder von Diagrammen über die relativ größere *Fülle* von Bildern ab (Goodman 1976, S. 229 – 230). Fülle bezeichnet dabei die Anzahl an syntaktischen Dimensionen, die semantisch relevant sind. Goodman präsentiert seine Überlegungen anhand des Beispiels zweier graphisch identischer Artefakte. In dem einen Fall handelt es sich um ein Elektrokardiogramm, in dem anderen Fall um eine Zeichnung des Fujiyama von Hokusai. Obwohl die schwarzen Linien „may be exactly the same in the two cases“, haben wir es einmal mit einem Bild, im anderen Fall mit einem Diagramm zu tun (Goodman 1976, S. 229). Warum? Der Unterschied besteht in der Menge syntaktisch und semantisch relevanter Dimensionen:

> [T]he constitutive aspects of the diagrammatic as compared with the pictorial character are expressly and narrowly restricted. The only relevant features of the diagram are the ordinate and abscissa of each of the points the center of the line passes through. The thickness of the line, its color and intensity, the absolute size of the diagram, etc., do not matter (Goodman 1976, S. 229).

In Diagrammen sind möglichst wenige, in jedem Fall aber endlich viele Dimensionen relevant. Dies gilt aber gerade nicht für Skizzen oder Zeichnungen. Ob eine Linie dick oder dünn ist, „its color, its contrast with the background, its size, even the qualities of the paper – none of these is ruled out, none can be ignored“ (Goodman 1976, S. 229; ähnlich Bogen 2005, S. 158; Kritik bei Peacocke 1987, S. 404–406). Noch entscheidender als die größere Menge an relevanten Dimensionen ist, dass in Bildern vor allem eine Regel fehlt, die angibt, *auf welche Weise* die relevanten Dimensionen zählen. Es ist weniger die Menge an Details, die relevant ist, als die prinzipiell unaufhebbare Offenheit der Frage, *wie* die Details zählen, die in meinen Augen für eine Abgrenzung von Diagramm und Bild entscheidend ist.

Mittels der Strukturisomorphie-These lässt sich eine faszinierende Eigenschaft von Diagrammen erklären: die Vielzahl und Heterogenität der Dinge, die man mit ihnen darstellen und untersuchen kann. Diagramme können räumliche, insbesondere aber auch nicht räumliche Dinge abbilden. Manche Autoren gehen so weit, überhaupt nur dann von Diagrammen zu sprechen, wenn der Referent nicht räumlicher Natur ist. Hammer (1995, S. 6–11) spricht diesbezüglich von einer buchstäblichen (literal) Isomorphie bei Räumlichkeit des Bezugsgegenstandes und einer metaphorischen (non-literal) Isomorphie, sofern der Bezugsgegenstand nicht räumlich ist. Auch jenseits der Frage der Räumlichkeit des Bezugsobjekts ist interessant, dass Diagramme eine bemerkenswerte Liste an Objekten darstellen können: Objekte, die existieren, aber auch fiktive, imaginäre, zukünftige und immaterielle Objekte, sie können physikalische, biologische, ökonomische, chemische, mathematische, historische Sachverhalte darstellen. Wie lässt sich das erklären?

Der Theorie der Strukturisomorphie zufolge sind Diagramme räumliche Strukturen, die andere, nicht notwendigerweise selbst räumliche Strukturen abbilden können. In der gleichen Inskription können dabei durchaus verschiedene Raumstrukturen erkannt werden. Umgekehrt kann auch alles, was sich als

Struktur begreifen lässt, prinzipiell diagrammatisch dargestellt werden. Daraus folgt, dass die gleiche Raumstruktur zur Repräsentation ganz unterschiedlicher Objekte verwendet werden kann. Es gibt gerade keine natürliche, eingebaute Bezugnahme einer bestimmten Raumstruktur auf eine bestimmte andere Struktur. Deshalb ist es auch nicht verwunderlich, dass manche Figur historisch für ganz unterschiedliche Dinge verwendet worden ist und umgekehrt die gleiche Struktur durch verschiedene Diagramme dargestellt werden kann. Lüthy und Smets (2009) haben aus dieser Multireferentialität von Diagrammen die prinzipielle Unmöglichkeit eines allgemeinen Diagrammbegriffs abgeleitet und deshalb gefordert, Diagrammatik allein auf historische Fallstudien zu beschränken. Doch das scheint mir aus mehreren Gründen ein Fehlschluss. So kann man zum einen fragen, nach welchen Kriterien man die Fallstudien auswählen soll, wenn nicht nach einem bereits geformten Vorverständnis dessen, was ein Diagramm ist. Dieses ist aber umso fragwürdiger, je weniger dieses Vorverständnis befragt und begrifflich analysiert wird. Vor allem aber scheint mir die Behauptung falsch, dass ein allgemeiner Diagrammbegriff die Multireferentialität nicht erfassen könne. Das Gegenteil ist der Fall: Die raumbasierte Strukturisomorphie-These stellt einen allgemeinen Diagrammbegriff dar, der gerade leistet, was Lüthy und Smets (2009) in Abrede stellen, nämlich zu erklären, warum die gleiche Inskription (i) als unterschiedliche Raumstruktur aufgefasst werden kann und (ii) wie diese Raumstruktur dann auch noch zur Darstellung und Analyse ganz heterogener Strukturen verwendet werden kann.

Die Strukturisomorphie-These vermag darüber hinaus zentrale epistemische Funktionen, die mit Diagrammen ausgeübt werden, zu erklären. Zwei der wichtigsten dieser Funktionen sind (i) der surrogative und (ii) der identifikatorische Gebrauch von Diagrammen.

Surrogatives Schließen liegt vor, wenn „we use one sort of thing as a surrogate in our thinking about another“ (Swoyer 1991, S. 449). Diagramme funktionieren häufig als instrumentelle Surrogate. Dies ist zwar nichts, was nur Diagramme vermögen, gleichwohl ist es aber eine der wichtigsten Funktionen, die sie ausüben. Für einige Forscher ist diagrammatisches Denken sogar wesentlich surrogatives Schließen. Für Stjernfelt besteht beispielsweise der entscheidende Test für Diagrammatizität darin, ob es möglich ist, „to manipulate or develop the sign so that new information as to its object appears“ (Stjernfelt 2006, S. 72). Für Peirce besteht der Vorgang der Deduktion überhaupt im „Konstruieren eines Ikons oder Diagramms, dessen Teile sich so zueinander verhalten, dass sie in völliger Analogie zu den Teilen des Denkgegenstandes stehen, sowie im vorstellungsmäßigen Experimentieren mit diesem Bild und im Beobachten des Ergebnisses, um so die unbeobachteten und verborgenen Beziehungen zwischen den Teilen aufzudecken“ (Peirce CP, 3.363). Surrogatives Schließen kann zwar nicht alleine, aber doch sehr gut unter Verweis auf Strukturisomorphie erklärt werden. Wenn Diagramme Strukturbilder ihrer Objekte sind, dann ist unmittelbar einleuchtend, warum durch Experimente gewonnene Einsichten auf das Objekt rückübertragen werden können. Das setzt allerdings genau genommen mehr voraus als reine Strukturisomorphie. Die Annahme einer *operationalen* Isomorphie muss hinzutreten, was bedeutet, dass den Handlungen, die an einem Diagramm vorgenommen werden, Transformationen des Bezugsobjekts korrespondieren: „Nur wenn man durch den Vorgang der Abbildung das bewahrt, was wichtig ist, und man durch Manipulationen, die in dieser Abbildung vorgenommen werden, neue Erkenntnisse gewinnen kann, macht es überhaupt Sinn abzubilden" (Rehkämper 1995, S. 85).

Eine wichtige Funktion von Diagrammen, die gleichfalls auf Strukturisomorphie basiert, ist es, als deskriptive Namen zu dienen. Dies ist etwa bei chemischen Strukturformeln der Fall. Diese sind nicht nur Modelle und *paper tools* (Klein 2005), sondern werden auch als Namen für Typen chemischer Moleküle gebraucht (Goodwin 2009, S. 378). Für Goodwin sind Strukturformeln daher insofern deskriptive Namen, als sie das, was sie bezeichnen, zugleich beschreiben: „[S]tructural formulas represent or depict the characteristics that a compound would need to have in order to be appropriately named by the formula" (Goodwin 2009, S. 378). Auch Knotendiagramme in der Mathematik benennen, indem sie ein Strukturbild des Knotens zeichnen (Brown 1999, S. 79–93). Die Theorie, dass Diagramme als deskriptive Namen funktionieren, ist bereits in Goodmans am Paradigma der musikalischen Partitur entwickelter Theorie der Notation enthalten, derzufolge „every score [...] has the logically prior office of identfying a work" (Goodman 1976, S. 128). Einerseits muss es möglich sein, zu einer gegebenen Partitur eindeutig diejenigen Aufführungen zu bestimmen, die Aufführungen von dieser Partitur sind (und keine anderen Aufführungen) und andererseits muss man in der Lage sein, zu einer gegebenen Aufführung die Partitur zu reproduzieren. Symbolsysteme, die zu solcher wechselseitig eindeutigen Identifikation in der Lage sind, bezeichnet Goodman als Notationssysteme (1976, S. 127–173).

Goodmans Idee wiederum findet sich in Wittgensteins Tractatus antizipiert, wo es heißt:

> Daß es eine allgemeine Regel gibt, durch die der Musiker aus der Partitur die Symphonie entnehmen kann, durch welche man aus der Linie auf der Grammophonplatte die Symphonie und nach der ersten Regel wieder die Partitur ableiten kann, darin besteht eben die innere Ähnlichkeit dieser scheinbar so ganz verschiedenen Gebilde. Und jene Regel ist das Gesetz der Projektion, welches die Symphonie in die Notensprache projiziert. Sie ist die Regel der Übersetzung der Notensprache in die Sprache der Grammophonplatte. (Wittgenstein T, 4.0141)

Das Gesetz der Projektion ist aber nichts anderes als die Idee der Strukturbildlichkeit, das Zentrum der Bildtheorie der Sprache des frühen Wittgensteins (Mersch 2006b).

Zusammengefasst: Raumbasierte Strukturisomorphie liegt vor, wenn zwischen der Raumstruktur eines Diagramms und der Struktur eines Bezugsobjekts eine systematische Eins-zu-Eins-Beziehung besteht, dergestalt, dass die relationale Struktur des Diagramms gerade die relationale Struktur des Bezugsobjekts zeigt. Für viele Arten von Diagrammen ist dies eine angemessene Beschreibung. Zugleich kann sie, wie wir gesehen haben, zentrale Eigenarten und Funktionen diagrammatischer Darstellungen erklären. Dennoch ist sie aus zwei Gründen nicht hinreichend als alleinige Charakterisierung diagrammatischer Raumnutzung. Erstens ist sie zu grob, zu allgemein, um die *Direktheit* diagrammatischer Darstellungen zu fassen, die im nächsten Abschnitt erläutert wird. Zweitens trifft sie nicht auf alle, sondern nur auf eine Teilmenge aller diagrammatischen Darstellungen zu: nämlich auf solche, in der jede räumliche Entität *eine* uniforme Bedeutung hat. Es handelt sich, wie ich am Ende des zweiten Kapitels argumentieren werde, in dieser Hinsicht um *aspektschwache* Systeme. Nur für solche ist Strukturisomorphie überhaupt eine angemessene Beschreibung. Doch wichtige historische Diagrammsysteme, etwa Euklids Geometrie, sind *aspektstarke* Systeme, in denen räumliche Entitäten zugleich *verschiedene* Deutungen haben können.

1.4 Direktheit

1.4.1 These

Im Folgenden wird die These diskutiert, dass es Diagramme auszeichnet, nicht nur Raumstrukturen zu nutzen, sondern dies auf eine in besonderem Maße *direkte* Weise zu tun. Man hat im Umgang mit Diagrammen oft das Gefühl, dass sie intuitiver klar und transparenter hinsichtlich dessen sind, was sie darstellen, als etwa schriftliche Darstellungen. Es fällt bei Diagrammen vergleichsweise leicht zu sehen, wie Raum sich auf das Bezugsobjekt bezieht. Es fällt sogar so leicht, dass man überhaupt vergessen kann, dass man es nicht mit dem Objekt selbst, sondern nur mit einer diagrammatischen Darstellung von ihm zu tun hat. Sie werden „so completely substitutions for their objects as hardly to be distinguished from them“, wie Peirce (CP 3.362) notiert. Im weiteren Verlauf wird dann geklärt, was die angesprochene Direktheit ist und wie sie sich äußert.

Zunächst gilt es, zwei hauptsächliche Formen von Direktheit zu unterscheiden: *psychologische* und *darstellungslogische* Direktheit. Psychologische Direktheit liegt vor, wenn die Präsentation des Diagramms und seine Bezugnahme auf das Objekt in einer für den (menschlichen) kognitiven Apparat günstigen Form erfolgt, wenn wir also leicht die Raumstruktur und das, was sie darstellen soll, erfassen können. Psychologische Direktheit hängt davon ab, wie ein Nutzer die Darstellung verarbeitet. Darstellungslogische Direktheit hingegen bezieht sich auf bestimmte Formen der Korrespondenz zwischen Raum- und Bezugsobjektstruktur, die prinzipiell unabhängig davon sind, ob Nutzer sie schneller oder langsamer erfassen können. Das ändert allerdings nichts daran, dass in vielen Diagrammen darstellungslogische und psychologische Direktheit zusammenkommen: Es werden bestimmte für die menschliche Rezeption günstige Raumstrukturen gewählt, die außerdem in darstellungslogischer Hinsicht direkte Korrespondenzbeziehungen zum Bezugsobjekt aufweisen.

Nachfolgend werden drei Kriterien für Direktheit diskutiert: Zwei davon sind darstellungslogischer, eines psychologischer Natur. Dabei ist die Aufteilung in die beiden Kategorien nicht immer so eindeutig, wie es zunächst aussieht. Die *darstellungslogischen* Kriterien lauten: (i) Werden Relationen direkt durch Relationen *gezeigt* oder indirekt durch Symbole *gesagt?* (ii) Ist die Ähnlichkeit zwischen darstellender und dargestellter Struktur *intrinsisch* oder *extrinisch* begründet? Das psychologische Kriterium lautet: (iii) Wie prägnant und wie transparent sind Diagramme?

1.4.2 Darstellungslogische Direktheit

1.4.2.1 Zeigen oder Beschreiben von Relationen

Eine klare Bestimmung des ersten darstellungslogischen Kriteriums von Direktheit lässt sich in Russells (1988) Aufsatz „Vagueness“ finden.[8] Russell unterscheidet dort zwischen (i) der Repräsentation einer Relation *durch eine Relation* und (ii) der Repräsentation einer Relation *durch ein Wort* bzw. *durch ein Symbol.* In dem Satz „A liegt nördlich von B“ bedeutet „liegt nördlich von“ zwar eine Relation, ist aber keine. Mit Wörtern wird eine Relation *gesagt*, während in einer Karte eine Relation mit Hilfe einer anderen Relation *gezeigt* wird (vgl. dazu auch Stenning 2000, S. 136; Perini 2005, S. 259). Die Bedeutung eines Satzes wird also nur teilweise durch die räumliche Anordnung bestimmt und auch nur auf indirekte, nicht leicht zu durchschauende Weise. Viele Diagramme stellen die logische Beziehung der Konjunktion, also des gleichzeitigen Geltens zweier Sachverhalte, durch räumliche Nachbarschaft dar. In Peirces Alpha-Graphen stellen zwei Buchstaben,

8 Ähnliche Argumente auch bei Sloman (1971); Palmer (1978); Shin (1994, S. 163–165). Zu dem ganzen Punkt auch Shomojima (2001, S. 10–12).

die sich innerhalb der gleichen Kreisfläche befinden, innerhalb des gleichen *Cuts*, wie Peirce sagt, zwei konjunktivisch verbundene Propositionen dar. Im Falle traditioneller Logiknotationen wird die Beziehung der Konjunktion dagegen durch den gesonderten symbolischen Konnektor $\wedge$ angezeigt. Auch können Diagramme die Beziehung „y liegt zwischen x und z" zeigen, während man dies symbolisch durch eine gesonderte Relation – etwa liegt_zwischen(x,y,z) –angeben muss.

Für Stenning und Lemon ist eine diagrammatische Darstellung sogar allein über Direktheit zu definieren, nämlich als „plane structure in which representing tokens are objects whose mutual spatial and graphical relations are directly interpreted as relations in the target structure" (Stenning / Lemon 2001, S. 36). Die darin angesprochene Direktheit ist letztlich eine Variante der Idee natürlicher Zeichen, wie sie in den semiotischen Debatten des 18. Jahrhunderts, etwa bei Abbé Du Bos oder James Harris formuliert worden ist und dann in Lessings *Laokoon* ihre wirkmächtigste Fortsetzung findet. Du Bos und Harris zufolge referieren natürliche Zeichen wie Bilder oder Töne *unmittelbar* auf ihr Objekt, während arbiträre Zeichen, deren Paradigma Worte sind, dies nur indirekt tun, nämlich qua Erzeugung einer inneren Idee, die sich dann ihrerseits natürlich auf den Referenten bezieht (dazu u. a. Burwick 1999; Gyburg-Uhlmann 2009; Wellbery 1984). Lessing wiederholt das Argument im *Laokoon* und gibt ihm dabei eine entscheidende Wendung, indem er die Unmittelbarkeit von Zeichen an das Medium, in dem sie realisiert werden, bindet (Lessing 1996, S. 102–115 (= 16. und 17. Abschnitt)). Demzufolge sind *räumliche* Zeichen *natürlich*, *zeitliche* Zeichen hingegen *arbiträr*. Der gleiche Gedanke, verbunden mit der gleichen Differenz zwischen Schrift und Bild, allerdings nicht mehr in mimetischen, sondern in strukturalen Begriffen, tritt in Russells Differenz des Darstellens von Relationen durch Relationen und des Darstellens von Relationen durch Symbole auf. Für Russell liegt in der Darstellung einer Relation durch eine Relation ein Vorteil:

> In this respect a map, for instance, is superior to language, since the fact that one place is to the west of another is represented by the fact that the corresponding place on the map is to the left of the other; that is to say, a relation is represented by a relation. But in language this is not the case. (Russell 1988, S. 152)

Der gleiche Gedanke, nur in anderer Form, ist übrigens auch in Playfairs Einleitung zu seinem berühmtem *Statistical Atlas* von 1786, dem Geburtsort statistischer Graphiken, präsent. Dort schreibt Playfair:

> Figures and letters may express with accuracy, but they never can *represent* either number or space. A map of the river Thames, or of a large town, expressed in figures, would give but a very imperfect notion of either, though they might be perfectly exact in every dimension; most

men would prefer *representations*, though very indifferent ones, to such a mode of painting. (Playfair 1786, S. viii)

Allerdings geben weder Playfair noch Russell genauer an, worin dieser Vorteil besteht. Er könnte pragmatisch oder metaphysisch begründet sein: Man kann einerseits sagen, dass es leichter fällt, eine Relation durch eine Relation zu erkennen, andererseits, dass es metaphysisch angemessener ist, eine Relation durch eine Relation auszudrücken. Letzteres Motiv finden wir in Peirces Konzept einer *optimalen Ikonizität* (Begriff und die folgende Darstellung nach Stjernfelt 2006). Peirce bestimmt Diagramme, wie wir gesehen haben, allgemein als Strukturanalogien, mittels derer man Neues über den Referenten lernen kann. Er unterscheidet auf dieser allgemeinen Ebene nicht danach, wie diese Strukturähnlichkeit im Diagramm verwirklicht ist. Deswegen können auch nicht räumliche Dinge Diagramme sein, ebenso Sprache oder algebraische Schrift. Das Problem an dieser Bestimmung ist, wie wir weiter oben schon gesehen haben, dass sie leicht zu einem diagrammatischen Universalismus führen kann. Allerdings diskutiert Peirce auch eine Form von Ikonizität, in der die Art und Weise der Realisierung der Ikonizität sehr wohl eine Rolle spielt. Stjernfelt nennt sie optimale Ikonizität. Der Grundgedanke kommt in folgender Bemerkung Peirces zum Ausdruck: „A diagram ought to be as iconic as possible, that is, it should represent relations by visible relations analogous to them“ (Peirce, CP 4.432). Zwei Dinge fallen auf: Erstens bindet Peirce hier, anders als in seinem allgemeinen Diagrammbegriff, Diagrammatizität und Visualität eng aneinander. Zweitens und noch bemerkenswerter ist, dass er dabei zugleich die Idee einer *Skala* von Ikonizität ins Spiel bringt, derzufolge ein Diagramm mehr oder weniger ikonisch sein kann, abhängig davon, *wie* die Objektrelationen im Diagramm dargestellt werden. Ein Diagramm ist umso ikonischer, je analoger die Darstellung dem Dargestellten ist. Und sie ist umso analoger, je stärker Relationen durch Relationen dargestellt und nicht durch Beschreibungen von Relationen gesagt werden.

1.4.2.2 Intrinsische Ähnlichkeit

Wir haben Diagramme als raumbasierte strukturanaloge Darstellungen charakterisiert. Die Strukturanalogie kann dabei zwei Formen annehmen: Sie kann *intrinsisch* oder *extrinsisch* sein (Palmer 1978; Diskussion und Beispiel im Folgenden ebenfalls nach Palmer 1978). Bei einer intrinsischen Strukturähnlichkeit haben die darstellende und die dargestellte Relation ‚natürlicherweise' die gleichen Eigenschaften. Bei einer extrinsischen Strukturähnlichkeit ist das nicht der Fall. Die Differenz zwischen den beiden Formen liegt, wie ich argumentieren werde, in unterschiedlichen Strategien der Raumnutzung. Bei intrinsischer Ähnlichkeit wird die Relationsstruktur der Darstellung teilweise durch den Raum getragen, bei extrinsischer Ähnlichkeit wird sie allein durch Setzungen des Benutzers erzeugt. Dieser Unterschied hat erhebliche Folgen für die jeweilige Ökonomie der Darstellung, wie wir sehen werden. Die Differenz zwischen intrinsischer und extrinsischer Strukturähnlichkeit soll an einem Beispiel entwickelt werden.

Angenommen, wir wollen die Struktur, die aus der Menge der vier natürlichen Zahlen {2, 3, 5, 7} sowie der Relation ‚kleiner als' besteht, abbilden. Die Relation ‚kleiner als' hinsichtlich natürlicher Zahlen ist *asymmetrisch* (wenn a größer ist als b, ist b kleiner als a) und *transitiv* (wenn a größer ist als b und b größer ist als c, dann ist a auch größer als c). Betrachten wir jetzt zwei verschiedene Weisen, diese Struktur graphisch darzustellen (Abbildung 2).

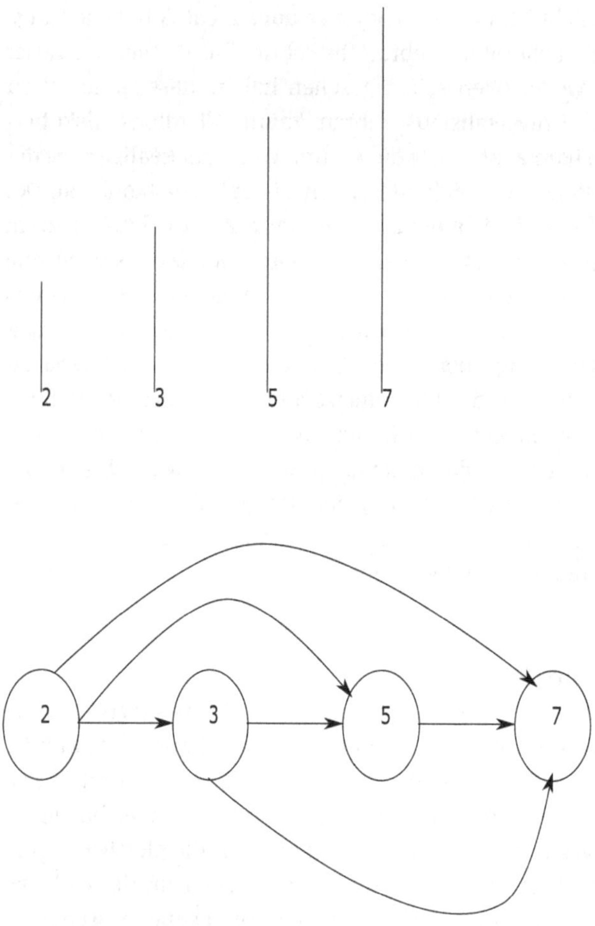

Abbildung 2: Intrinsische und extrinsische Darstellungen

Die Repräsentation R_E bedient sich eines gerichteten Graphen („E" steht für *extrinsisch*, „I" für *intrinsisch*). Hier gilt, dass zwei Knoten x und y dann durch einen gerichteten Pfeil verbunden sind, wenn die x und y korrespondierenden Zahlen in dem Verhältnis ‚kleiner als' stehen. Außerdem haben wir eine Repräsentation R_I. In ihr werden die vier Zahlen durch Striche unterschiedlicher Länge repräsentiert. Für zwei Striche x und y gilt, dass x dann kürzer ist als y, wenn die x korrespondierende Zahl kleiner ist als die y korrespondierende Zahl.

Beide Repräsentationen sind raumbasierte Isomorphismen derselben Zahlenstruktur. Doch erneut scheint hier eine Repräsentation in einer bestimmten Weise *ähnlicher* als die andere, obwohl beide doch Isomorphismen der gleichen Struktur sind. R_I leuchtet unmittelbar ein, wirkt natürlicher, transparenter, anschaulicher. Dieser gefühlte Unterschied ist nicht nur optischer Natur, sondern die beiden Darstellungen gehorchen tatsächlich verschiedenen Darstellungslogiken. R_E stellt jede einzelne Relation symbolisch dar, bei R_I hingegen werden die relationalen Verhältnisse weitgehend durch die verwendete Raumstruktur gegeben (dazu Rehkämper 2005, S. 89). Das soll im Folgenden erläutert werden.

In R_E wird jede Relation zwischen zwei Elementen durch ein eigenes graphisches Symbol angezeigt: durch einen gerichteten Pfeil. Alle Information über die relationale Struktur steckt in diesen gerichteten Kanten. Das ist in R_I anders. Hier sind die Beziehungen zwischen den einzelnen Elementen bereits implizit durch die Raumstruktur gegeben, ohne dass sie explizit angegeben werden müssten. Die unterschiedlich langen Striche stehen bei Verwendung einer geeigneten Metrik automatisch in dem Verhältnis ‚kleiner als'. Die unterschiedliche Länge der Striche enthält bereits eine relationale ‚kürzer als' Struktur, ohne dass diese gesondert eingetragen werden müsste. Die Darstellung der Elemente und die Darstellung ihrer Relationen geschieht hier simultan, durch die gleichen Inskriptionen. Elemente und Relationen lassen sich nicht voneinander trennen. Die relationale Struktur verschmilzt hier mit dem Raum, in dem sie stattfindet. Mit Palmer sei der Unterschied als Gegensatz von einer *intrinsischen* zu einer *extrinsischen* Form der Strukturähnlichkeit bezeichnet. Bei einer intrinsischen Form der Darstellung ist die relationale Struktur *durch* den Raum gegeben, bei einer extrinsischen Form hingegen durch symbolische Setzungen.

Der tiefere Grund dafür, dass R_I eine intrinsische und R_E eine extrinsische Darstellung ist, gründet in der Beziehung zwischen der diagrammatischen Relation ‚kürzer als' und der Relation ‚kleiner als' im Objekt. Darunter ist zu verstehen, dass im Falle von R_I die darstellende Repräsentation bereits *automatisch* die gleichen Eigenschaften aufweist wie die dargestellte Relation, was im Falle von R_E nicht so ist (Rehkämper 2005, S. 89; Freksa 1988, S. 156–159; Gurr / Lee / Stenning 1998, S. 538–539; Shimojima 2001, S. 17–20). Unter logischen Eigenschaften sind dabei Merkmale wie ‚Asymmetrie' oder ‚Transitivität' einer Relation zu verstehen. Die Relation ‚kleiner als' ist, wie erwähnt, asymmetrisch und transitiv. Im Falle von R_I hat die repräsentierende Relation ‚kürzer als' genau die gleichen Eigenschaften. Auch sie ist asymmetrisch und transitiv. Wir wollen das mit Palmer so ausdrücken, dass die geometrische Relation ‚kürzer als' *intrinsisch* die gleichen Eigenschaften aufweist wie die numerische Relation ‚kleiner als'.[9] Wiederum ist es die Raumstruktur, welche die Asymmetrie und Transitivität der Relation garantiert. Palmer schreibt R_I daher eine „natürliche Ähnlichkeit" zum Bezugsobjekt zu, weil die Relation hier auf natürliche, intrinsische Weise die gleichen Eigenschaften besitzt (Palmer 1978). Wir haben es hier mit einer Form von Ähnlichkeit zu tun, aber nicht mit einer Ähnlichkeit auf Ebene der Eigenschaften der Elemente (erste Ordnung) oder der Relationen zwischen den Elementen (zweite Ordnung), sondern zwischen den Eigenschaften der Relationen (Transitivität, Asymmetrie). Man kann von einer Ähnlichkeit *dritter Ordnung* sprechen (Palmer 1978). Dabei kommt es darauf an, ob die Relation die Eigenschaften von sich aus hat (intrinsisch) oder ob sie ihr von außen zugeschrieben werden (extrinisch).

Die unterschiedlichen Darstellungslogiken führen nun zu unterschiedlichen Eigentümlichkeiten im Gebrauch. Vier Punkte seien hier genannt.

1. R_I ist gegenüber R_E zeichenökonomisch sparsamer. Es werden weniger Inskriptionen gebraucht, um die gleiche Struktur darzustellen. Dieser Vorteil gilt aber nur, insofern der Benutzer *weiß*, welche räumlichen Gesetze, welche Metriken für die dargestellten Linien gelten.
2. Ein weiterer Unterschied tritt auf, wenn man die jeweiligen Diagramme verändern möchte, etwa weil eine neue Information in die Struktur aufgenommen wird. Füge ich etwa der Zahlenstruktur die Zahl „1" hinzu, dann muss ich im Falle von R_E gleich vier neue Kanten einfügen (für „1 kleiner 2", „1 kleiner 3", „1 kleiner 5" und „1 kleiner 7"). Im Falle von R_I hingegen reicht es, *einen* weiteren Strich einzuziehen, der kleiner ist als die anderen bisherigen Striche.
3. Bestimmte Vergleichsoperationen fallen in R_I leichter als in R_E. Mit geringem Aufwand kann ich alle Zahlen bestimmen, die kleiner sind als 5. Dazu brauche ich nur eine horizontale Linie in einer Höhe, die der Zahl „5" entspricht, parallel zur Grundlinie anzubringen. Im Anschluss kann ich die gewünschten Informationen einfach ablesen: Alle Linien, die unterhalb dieser Linie liegen, repräsentieren Zahlen, die kleiner als 5 sind, alle darüber repräsentieren Zahlen, die größer sind als 5.

9 Dabei ist allerdings in logischer Sicht unerheblich, welcher Art die repräsentierende Relation ist: Statt ‚kürzer als' hätten auch andere räumliche Relationen wie ‚länger als', aber auch nicht räumliche Relationen wie ‚schneller als' oder ‚lauter als' funktioniert.

4. Es gibt einen Trade-Off zwischen Übersichtlichkeit und Genauigkeit der beiden Darstellungen. R_I ist nur solange zuverlässig genau, wie sich die darstellenden Striche genügend unterscheiden. Werden die Längendifferenzen zu klein, lässt sich nicht mehr mit Sicherheit sagen, ob ein Strich größer oder kleiner als ein anderer Strich ist. An dieser Stelle wird relevant, dass es sich bei dem Diagramm R_I um eine im Sinne Goodmans (1976) *analoge* Darstellung handelt, d. h. um eine Darstellung, bei der jede noch so kleine Differenz in der Darstellung semantisch bedeutsam ist. Wie jede analoge Darstellung kann sie an Grenzen der Funktionsfähigkeit geraten, wenn die Differenzen eine bestimmte Wahrnehmbarkeitsschwelle unterlaufen. R_E ist hingegen eine digitale Darstellung.[10] R_E kann damit zwar potentiell in höherer Präzision abbilden, der Auflösung wird allerdings praktisch eine Grenze durch die Menge an gleichzeitig übersichtlich wahrnehmbarer Elemente gesetzt.

Es ist allerdings keineswegs so, dass intrinsische Darstellungen extrinsischen per se überlegen wären. Es gibt im Gegenteil auch Strukturen, die sich nur schlecht oder gar nicht auf intrinsische Weise darstellen lassen. Im Allgemeinen sind intrinsische Mittel der Darstellung gerade dann geeignet, wenn die darzustellende Struktur dafür passende Relationen aufweist, besser gesagt: wenn die darzustellende Relation intrinsisch solche Eigenschaften aufweist, wie sie auch Raumrelationen haben. In unserem Beispiel ist die Relation „kleiner als“ asymmetrisch und transitiv. Das sind aber gerade die intrinsischen Eigenschaften der Relation „kürzer als“. Haben wir es hingegen mit anderen Strukturen zu tun, die andere intrinsische Eigenschaften haben, etwa mit Baumstrukturen, dann ist die räumliche Eigenschaft „kürzer als“ ungeeignet, diese Struktur intrinsisch abzubilden.

Was ist das Fazit? Man ist zunächst versucht, folgende These aufzustellen: Eine räumliche Darstellung ist in dem Maße diagrammatisch, je intrinsischer die Strukturdarstellung erfolgt. Doch dieser Vorschlag ist problematisch. Denn eine Reihe prototypischer Diagramme, wie etwa mathematische Graphen oder Bäume, Netz- und Schaltpläne und viele weitere mehr enthalten symbolische Darstellungen von Relationen (Shimojima 2001, S. 11–12). Diese Darstellungen nicht als diagrammatisch zu bezeichnen, wäre absurd. Es ist vielmehr wichtig, die unterschiedlichen Formen, in denen Diagramme Strukturen darstellen können, zu erkennen und in die Analyse diagrammatischer Systeme einzubinden. Denn dies

---

10 Es sei kurz darauf hingewiesen, dass die Frage, ob eine Darstellung analog oder digital ist, nicht mit der hier getroffenen Differenz zwischen extrinsischer und intrinsischer Repräsentationsdarstellung zusammenfällt.

zeigt, dass es sehr unterschiedliche Grade der direkten Raumnutzung von Diagrammen gibt und dass nicht alle Diagrammtypen auf die gleiche Weise Raum nutzen. Man kann an eine Skala der Bedeutung von Raum für Strukturinformation denken: Je stärker darstellende und dargestellte Relationen einander intrinsisch ähnlich sind, desto wichtiger ist Raum, desto mehr trägt der Raum selbst Information. Wir müssen also die Gruppe der Diagramme selber differenzieren, je nachdem, zu welchem Anteil sie auf extrinsischen bzw. intrinsischen Faktoren beruhen.

1.4.3 Psychologische Direktheit

Psychologische Direktheit hat vor allem mit einer Ökonomie der Geschwindigkeit zu tun. Ihr Kriterium lautet: Wie *schnell* lässt sich die Raumstruktur eines Diagramms von einem Benutzer erfassen und wie leicht und problemlos kann er daraus auf das Bezugsobjekt schließen? Prototypisch ist Bertins Definition der Prägnanz einer graphischen Darstellung: „Wenn eine Konstruktion zur Beantwortung einer gestellten Frage unter sonst gleichen Voraussetzungen eine kürzere Betrachtungszeit erfordert als eine andere Konstruktion, so bezeichne man diese als prägnanter in Bezug auf die gestellte Frage“ (Bertin 1974, S. 17).

Für Bertin ist eine Darstellung umso prägnanter, je geringer der für ihre Erfassung notwendige kognitive Aufwand ist. Dabei werden die Kosten des geistigen Aufwandes indirekt über die Dauer der Betrachtung bestimmt, die nötig ist, bis eine Lösung des gestellten Problems vorliegt. Ein Diagramm ist in diesem Sinne eine kognitiv kostenminimale Darstellung, eine „visuell erfaßbare, bedeutungstragende Form, die mit einem Minimum an Zeitaufwand wahrgenommen werden kann“, wie Bertin (1974, S. 19) schreibt.

Woran aber hängt die Zeitdauer, die man braucht, um den Gehalt einer Darstellung zu erfassen? Wir müssen hier zwei Faktoren unterscheiden: Erstens muss in den Linien des Diagramms die Raumstruktur gesehen werden, zweitens muss die erkannte Raumstruktur *als* Darstellung eines Bezugsobjekts interpretiert werden. Wir haben es also mit einer doppelten Prägnanz zu tun, die auf syntaktischer und semantischer Ebene spielt. Dabei geschieht die Interpretation im Idealfall so leicht und mühelos, dass sie gar nicht als eigenständiger Vorgang wahrgenommen wird. Man sieht gleichsam durch das Diagramm hindurch auf das, was es darstellt. Auerbach zufolge erlauben Diagramme, „erkannte Phänomene, Tatsachen, Wahrheiten, Gesetze so vorzuführen, in einer Weise darzustellen, daß sie unmittelbar für sich sprechen“ (Auerbach 1914, S. 1). Daher möchte ich auch lieber von *Transparenz* statt von semantischer Prägnanz sprechen. Damit können wir dann festhalten, dass eine diagrammatische Darstellung psychologisch umso direkter ist, je prägnanter (Syntax) und transparenter (Semantik) sie ist. Kann man hierfür Kriterien angeben (Beispiel und Argumentation nach Kulvicki 2010)?

Um syntaktische Prägnanz zu erreichen, muss die Raumstruktur markant, auffällig, hervorstechend, einprägsam dargestellt sein. Nehmen wir ein Diagramm eines Temperaturverlaufs, das zwei Bereiche differenziert: Temperaturen, die innerhalb eines Bereiches liegen, etwa zwischen 98° und 102°, und Temperaturen, die ober- oder unterhalb dieses Bereiches liegen. Nehmen wir weiter an, wir markieren den inneren Bereich mit einem bestimmten Rot und den äußeren Bereich mit einem Rot, das nur ein ganz klein wenig heller ist als das andere Rot – dann würde es den meisten Benutzern nicht leicht fallen, von einem Punkt zu bestimmen, zu welchem Bereich er gehört. Eine prägnante Farbgebung hingegen wäre es, alle Temperaturwerte innerhalb des Bereiches in Rot und alle Werte außerhalb des Bereiches in Blau zu präsentieren. Zwei Bemerkungen sind hier angebracht: Erstens ist die Farbwahl aus logischer Sicht zwar nicht notwendig, aber ungemein hilfreich für den praktischen Umgang mit Diagrammen. Zweitens ist ihre Effizienz relativ zur Verfassung des menschlichen Kognitionsapparats. Es könnte Nutzer geben, die aufgrund anderer Wahrnehmungsweisen die erste Farbverteilung als prägnanter als die zweite erleben.

Transparenz wird vor allem dadurch erreicht, dass die Bezugnahme des Diagramms auf den Referenten auf einem klaren, verständlichen und systematischen Prinzip beruht, auf einer „simple and easily intelligible basic idea" (Peirce CP, 4.418). Tatsächlich gründen die meisten, vor allem historisch wichtige diagrammatische Systeme auf solch einfachen Regeln. Oresmes Konfigurationsdoktrin (siehe drittes Kapitel) identifiziert Qualitätsverhältnisse mit Linienverhältnissen; in Euler-Diagrammen werden Mengen- bzw. Begriffsverhältnisse durch Relationen von Kreisen wiedergegeben; Peirces Alpha-Graphen enthalten nur die beiden Konstruktionsvorgänge der Nebeneinanderschreibung von Buchstaben (Konjunktion) und des Einkreisens (Negation) von Buchstaben; die euklidische Geometrie basiert auf drei elementaren Konstruktionsregeln (Ziehen und Verlängern von Linien, Einzeichnen von Kreisen).

1.4.4 Konklusion

Die Frage dieses Abschnitts lautete, ob wir durch Einbeziehung des Begriffs *Direktheit* die Spezifik diagrammatischer Raumnutzung besser beschreiben können. Die Antwort darauf ist nicht eindeutig. Zwar haben wir einerseits gesehen, dass sich darstellungslogische Kriterien für direkte Formen von Raumnutzung finden lassen. Auffällig ist dabei zunächst, dass diese wieder auf Begriffen der Ähnlichkeit basieren, die in diesem Fall aber über das Behaupten reiner Strukturisomorphie hinausgehen. Es zeigte sich, dass Diagramme sich von symbolischen Darstellungen dadurch unterscheiden, dass sie Relationen *als* Relationen abbilden und dass sie sogar intrinsische Ähnlichkeit zwischen den Relationen nutzen können. Allerdings hilft der letzte Punkt zugleich wenig bei einer allgemeinen Beschreibung von Diagrammen. Denn wie wir gesehen haben, gibt es Darstellungen, die wir unbedingt diagrammatisch nennen möchten, bei denen aber keine intrinsische Ähnlichkeit vorliegt. Es handelt sich also eher um eine Binnendifferenzierung der Klasse der Diagramme selbst. Doch in jedem Fall erlauben die darstellungslogischen Kriterien, besser zu verstehen, auf welche Weise Diagramme Raum noch jenseits des Vorliegens einer Strukturisomorphie nutzen. Das psychologische Kriterium erlaubt eine bessere Klassifizierung der Faktoren, die zu einer schnellen Rezeption von Diagrammen führen können. Jenseits allgemeiner Bemerkungen handelt es sich dabei allerdings um Vorgänge, die abhängig sind von der Verfasstheit des menschlichen Kognitionsapparates, aber auch von Trainings- und Gewöhnungseffekten und sogar von persönlichen Vorlieben. Deswegen scheint es sich mir eher um eine – gleichwohl sehr interessante – Frage der Psychologie, denn um eine der Philosophie zu handeln.

Die Diskussionen dieses Abschnitts machen deutlich, dass Raumnutzung eine ungleich wichtigere Rolle in diagrammatischen Darstellungen spielt als bloße Strukturisomorphie. Allerdings haben wir es weiterhin allein mit Merkmalen zu tun, die sich im Bereich der *Darstellung* von Informationen und Daten abspielen. Das wichtigste, ebenfalls raumbasierte Charakteristikum von Diagrammen ist dabei noch gar nicht angesprochen: die Intervention der Räumlichkeit von Diagrammen in die dargestellte Informationsmenge.

1.5 Interventionen

1.5.1 Einleitung

Wir haben diskutiert, wie Diagramme Raum nutzen, um Informationen darzustellen. Doch dies ist nicht die einzige Form, in der Raum für Diagramme von zentraler Bedeutung ist. Diagramme können mehr als nur Informationen darstellen. Sie können auch selbständig *neue* Informationen generieren. Damit soll mehr behauptet werden, als dass man *mit* Diagrammen neues Wissen generieren könne. Selbstverständlich kann man das – genauso wie mit jedem anderen Darstellungssystem. Die hier zur Diskussion stehende These lautet vielmehr: Diagramme können quasi-autonom Wissen generieren. Der Grund dafür ist, dass ein konstruiertes Diagramm im Allgemeinen mehr Informationen enthält, als man für die Konstruktion aufgewendet hat (Lindsay 1988; Larkin/Simon 1987; insbesondere Shimojima 2001). Macbeth formuliert das so: „[O]ne can read off a diagram more than was put into it“ (Macbeth 2009, S. 375). Was ist damit gemeint?

Betrachten wir als Beispiel das Schließen mit Euler-Diagrammen. Nehmen wir an, wir wollen die Konklusion zu folgenden beiden Prämissen bestimmen: (i) „Alle A sind B“, (ii) „Kein B ist C“. Übertragen wir die Prämissen in ein Euler-Diagramm. Zunächst erhalten wir aus der ersten Prämisse folgendes Diagramm:

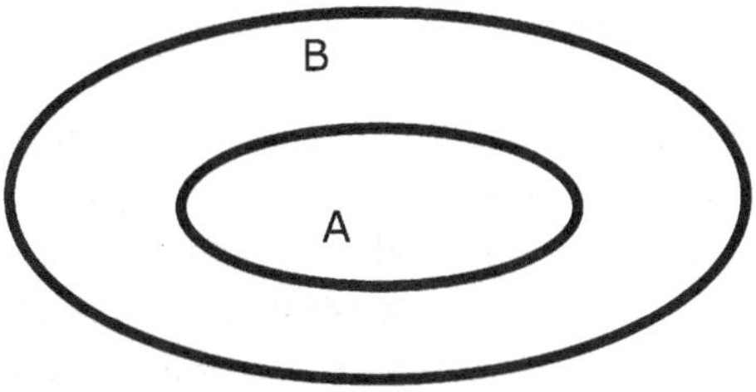

Abbildung 3: Schließen mit Euler-Diagrammen, Prämisse 1

Das Diagramm zeigt, dass alles, was ein A ist, auch ein B ist. Im zweiten Schritt fügen wir dem ersten Diagramm die zweite Prämisse *hinzu*.

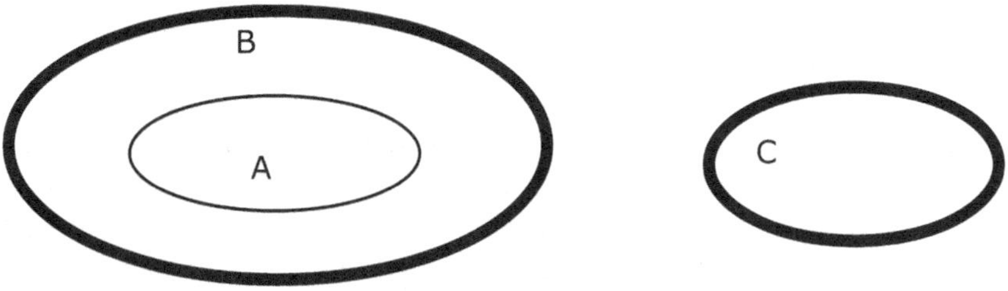

Abbildung 4: Schließen mit Euler-Diagrammen, Prämisse 2

Die räumliche Getrenntheit der beiden Kreise B und C stellt die zweite Prämisse dar. An dieser Stelle nun ereignet sich etwas Bemerkenswertes. Das bisher konstruierte Euler-Diagramm enthält neben den eingetragenen beiden Prämissen einen dritten räumlichen Sachverhalt:

Es handelt sich um die Disjunktheit der beiden Kreise A und C. Interpretiert man das als Mengenverhältnis, dann erhalten wir den Satz „Kein A ist C“. Dies ist aber nichts weniger als die Konklusion des Syllogismus. Was ist passiert? Die Verwendung der Euler-Diagramme zur Bearbeitung von Syllogismen folgt einem allgemeinem Schema, das für die meisten diagrammatischen Systeme gilt. Das

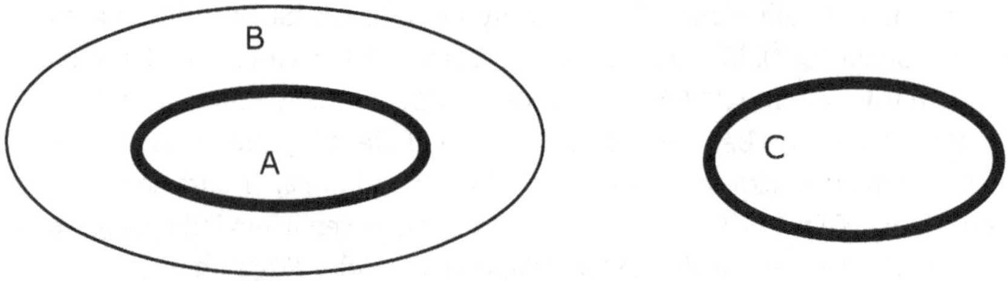

Abbildung 5: Schließen mit Euler-Diagrammen, Konklusion

Schema besteht aus den zwei Phasen der Konstruktion (Konstruktionsphase) und des Schließens mit Diagrammen (Inferenzphase) (Bernhard 2001, S. 54). In diesem Fall ist interessant, dass die Inferenzphase bereits die Konklusion aufweist, ohne dass seitens des Benutzers eine weitere explizite Handlung nötig gewesen wäre. Man muss nur noch die räumliche Disjunktheit der beiden Kreise A und C bemerken, auf sie aufmerksam werden, man muss einen anderen Aspekt an dem Diagramm wahrnehmen – und diesen Aspekt dann als Darstellung eines Mengenverhältnisses erkennen, ihn also semantisch interpretieren. Vergleichen wir das mit einer logischen Darstellung der gleichen Prämissen:

1. Vx (A → B)
2. Vx (C → ¬B).

An dieser Stelle müssen wir Inferenzregeln anwenden, um auf die Konklusion zu kommen. Diese ist zwar ebenfalls bereits in den Prämissen enthalten, aber – und das ist der entscheidende Punkt – sie ist das nur *implizit*. Es bedarf des Einsatzes symbolischer Schlussregeln, um die Konklusion *explizit* zu machen. Anders sieht es bei der diagrammatischen Darstellung aus. Denn hier ist zeitgleich mit Eintragung der Prämissen die Konklusion *explizit* gegeben, *ohne* dass der Benutzer Schlussregeln anwenden muss. Es ist, als würde das Diagramm selbst den Schluss durchführen. Statt die Konklusion durch Anwendung von Inferenzregeln zu erschließen, reicht es, eine „Ableseprozedur“ anzuwenden (Pribbenow 1995, S. 226). Schließen wird zu einer Beobachtung. In Peirces Worten: „[T]he act of inference consists in observing a relation between parts of that diagram that had not entered into the design of its construction“ (Peirce 1976, S. 353). Shimojima, dessen Theorie gleich genauer diskutiert wird, nennt diese Phänomene *free rides*, weil man eine Schlussfolgerung gleichsam umsonst kriegt.

Woher resultiert diese Ablesbarkeit der Konklusion? Lindsay (1988) spricht davon, dass Diagramme auf nicht deduktive Weise Schlussfolgerungen durchführten und eine ‚eingebaute Logik‘ aufwiesen. Diagramme machen hier, wie

Schäffner schreibt, mehr als nur sichtbar. Sie „sind ein semiotischer Apparat, der ‚von selbst' läuft" (Schäffner 2000, S. 348). Doch wie ist diese Logik implementiert, um welchen Apparat handelt es sich? Die Antwort lautet: Um den Raum. Im Fall der Euler-Diagramme sorgen räumliche Gesetze dafür, dass aus den Verhältnissen der Inklusion oder Disjunktheit der drei Kreisflächen, wie sie in den ersten beiden Prämissen angegeben sind, die Konklusion folgt. Wann immer ich Kreise so zeichne, dass sie den Prämissen genügen, wird sich die Konklusion ergeben. Ein Inferenzprinzip, eine logische Schlussregel wird hier nicht symbolisch, sondern physikalisch durch die Gesetze des Raumes umgesetzt: „Diagrams can build the logic of what they represent into the physical logic of their grammar" (Hammer 1995, S. vii). Logik wird per Zeichenphysik bertrieben.

Diagrammatische Systeme weisen das Merkmal auf, raumbasierte informative Überschüsse zu produzieren. Bei einer hinreichenden Menge dargestellter räumlicher Sachverhalte sind *zugleich* weitere räumliche Sachverhalte gegeben, auch wenn ich diese nicht bewusst in die Konstruktion habe einfließen lassen. Es handelt sich damit um ein Emergenzphänomen (Koedinger 1992, S. 153): Das konstruierte Ganze enthält mehr Strukturinformation als die Teile, aus denen wir es erstellt haben.

Ich bin der Überzeugung, dass es sich bei dem Merkmal raumbasierter Informationsüberschussproduktion zwar nicht um die einzige, wohl aber um die wichtigste räumliche Eigenart von Diagrammen handelt. Raumbasierte Überschüsse kommen immer dann ins Spiel, wenn es um das Herz, um die kritischen Faktoren eines diagrammatischen Systems geht. Das ist im Falle der euklidischen Geometrie so, das ist auch im Falle der Euler-Diagramme so, deren Logik gerade auf den Überschüssen basiert. Und raumbasierte Überschüsse sind darüber hinaus nicht nur für Fälle verantwortlich, in denen legitime Informationen umsonst abgelesen werden können, also für *free rides*, sondern auch für zwei weitere sehr wichtige Fälle: Erstens für solche Fälle, in denen das Diagramm zwar überschüssige Informationen präsentiert, diese aber nicht erkenntnisfördernd, sondern irreführend sein können. Diagramme sind hier *überspezifisch*. Und zweitens ist eine Form, in der raumbasierte Überschüsse auftreten können, paradoxerweise die Unmöglichkeit, bestimmte Dinge, bestimmte Konstellationen von Prämissen räumlich überhaupt darstellen zu können. Dieses Phänomen soll als *Undarstellbarkeit* gekennzeichnet werden.

In diesem Abschnitt soll das Phänomen der Intervention des räumlichen Mediums in den Informationsgehalt des Diagramms analysiert und diskutiert werden. Diese geschieht unter Rückgriff auf den Begriff der nomischen Einschränkung, der von Shimojima in die Debatte eingebracht worden ist.

1.5.2 Begriffsbestimmung

Nicht die ersten, aber die besten Überlegungen zu spatialen Überschüssen in Diagrammen gehen auf Aufsätze Shimojimas zurück, beginnend in den späten 1990ern. Unglücklicherweise sind Shimojimas Thesen in der recht formalen Sprache der damals beliebten Situationstheorie formuliert, was sie nicht gerade zugänglich macht. Das dürfte zu ihrer geringen Rezeption beigetragen haben. Im Folgenden bemühe ich mich daher um eine weitgehend informale Darstellung, ohne dabei die Präzision des Ansatzes zu verlieren (für die folgenden Überlegungen siehe insbesondere Shimojima 1996, 2001).

Shimojimas Theorie kreist um den Begriff der *nomischen Einschränkungen* („nomic constraints"). Eine nomische Einschränkung ist eine gesetzesartige Einschränkung über die Koexistenzmöglichkeiten räumlicher Sachverhalte. Das allgemeine Schema einer nomischen Einschränkung lautet:

> **Nomische Einschränkung:** Wenn die und die räumlichen Sachverhalte RS_1, RS_2, gegeben sind, dann sind (i) zugleich auch andere räumliche Sachverhalte RS_A, RS_B... gegeben und (ii) bestimmte räumliche Sachverhalte RS_a, RS_b, ... zugleich unmöglich darstellbar.

Im konkreten Fall des obigen Beispiels der Euler-Diagramme lautet die relevante Einschränkung:

> **Beispiel Nomische Einschränkung Euler-Diagramm 1:** Wenn ein Kreis A in einem anderen Kreis B vollständig enthalten ist und ein Kreis C keine Überschneidungen mit Kreis B aufweist, dann gilt zugleich, dass auch Kreis A keine Überschneidungen mit Kreis C aufweist.

Dies ist eine aus einer ganzen Reihe von nomischen Einschränkungen, die für alle wohlgeformten Euler-Diagramme gelten. Eine andere nomische Einschränkung über Euler-Diagramme etwa lautet:

> **Beispiel Nomische Einschränkung Euler-Diagramm 2:** Wenn ein Kreis A in einem anderen Kreis B vollständig enthalten ist und der Kreis B in Kreis C vollständig enthalten ist, dann ist auch Kreis A vollständig in Kreis C enthalten.

Dies ist gerade der Ausdruck der Transitivität räumlicher Inklusionsverhältnisse, die für Euler-Diagramme gelten: Wenn A in B enthalten ist und B in C, dann ist auch A in C enthalten. Woher stammen die nomischen Einschränkungen? Wie der

Name schon sagt, sind sie gesetzartige Einschränkungen. Sie drücken allgemeine Gesetze aus, Shimojima spricht von „natural laws, such as topological, geometrical, and physical laws“ (Shimojima 2001, S. 20). Nomische Einschränkungen sind, anders gesagt, eine Folge der non-trivialen kognitiven Raumnutzung durch Diagramme. Die für Diagramme relevanten Gesetze sind räumliche Gesetze. Shimojimas entscheidende These lautet nun, dass zweidimensionale Inskriptionen genau dann diagrammatisch sind, wenn sie nomischen Einschränkungen unterliegen: „All diagrammatic representation systems project some non-trivial nomic constraints. No linguistic systems do so“ (Shimojima 2006, S. 120).

An dieser Stelle wird deutlich, wie wichtig es ist, die Materialität, die Physikalität der Diagramme zu betrachten (Corfield 2003, S. 257–258). Die Existenz nomischer Einschränkungen zeigt sich erst, wenn wir Diagramme als materiell-räumliche Dinge begreifen. Das wurde schon von Barwise und Etchemendy betont, die schreiben: „Diagrams are physical situations. They must be, since we can see them. As such, they obey their own set of constraints“ (Barwise / Etchemendy 1996, S. 23; auch Chandrasekaran 2011, S. 86). Erst als physikalische Dinge sind Diagramme physikalischen Gesetzen unterworfen. Und diese physikalischen Gesetze wiederum verändern die Menge an räumlichen Informationen, die ein Diagramm darstellt. Das unterscheidet Diagramme von Schrift. Umgekehrt allerdings verbindet es Diagramme auch mit Bildern. Es ist ein zentrales Merkmal von Bildern, dass sie mehr Informationen präsentieren als die Sachverhalte, die sie darstellen sollen. Das macht sie zu *analogen* Objekten im Sinne Dretskes:

> [A] signal (structure, event, state) carries the information that S is F in digital form if and only if the signal carries no additional information about S, no information that is not already nested in S's being F. If the signal does carry additional information about S, information that is not nested in S's being F, then the signal carries this information in analog form. (Dretske 1981, S. 137)

Eine Information wird in digitaler Form dargestellt oder kommuniziert, wenn die und nur die gewünschte Information übertragen wird. Im Falle, dass eine Information in analoger Form vorliegt, werden zugleich *mehr* Informationen als nur die intendierte Information dargestellt. Dretskes paradigmatisches Beispiel für in diesem Sinne analoge Signale sind Bilder, sein paradigmatisches Beispiel für digitale Formen sind Sätze. So beinhaltet die verbale Aussage „Die Tasse enthält Kaffee“ Dretske zufolge allein die Information, dass die Tasse Kaffee enthält. Sie sagt nichts darüber aus, wieviel Kaffee darin ist, welche Farbe der Kaffee hat oder wie die Tasse aussieht. Dagegen enthält ein Foto einer Tasse, die Kaffee enthält, mehr Informationen: Sie zeigt an, wie dunkel der Kaffee ist, wie voll die Tasse und so weiter. Der Satz „A ist größer als B“ muss nicht angeben, *um wieviel* größer A als

B ist. Ein Bild hingegen schon. Dieses Mehr an Informationen ist unvermeidlich. Was für Bilder gilt, gilt auch für Diagramme.

Wir haben gesehen, wie Diagramme aufgrund nomischer Einschränkungen mehr räumliche Informationen enthalten, als in ihre Konstruktion eingehen. Wir haben es bisher mit einem Überschuss auf Ebene des Diagramms zu tun. Wenden wir uns jetzt der Frage zu, wie und ob aus den räumlichen Überschüssen auch semantische Überschüsse, also Aussagen auf Ebene des Bezugsobjekts werden.

Allgemein erhält man aus räumlichen Überschüssen semantische Überschüsse, wenn die überschüssigen diagrammatischen Sachverhalte als Sachverhalte auf Ebene des Bezugsobjekts *interpretiert* werden. Wir projizieren räumliche Überschüsse auf semantische Überschüsse. Und unterstellen dabei, dass die Gesetze des diagrammatischen Raumes, aufgrund derer das Diagramm ja einen informativen Überschuss aufweist, gerade Gesetzen in der Domäne des Bezugsobjekts entsprechen. Wenn die Rolle, die räumliche Gesetze für ein Diagramm spielen, gerade der Rolle entspricht, die die jeweils relevanten, bereichsspezifischen Gesetze für das Bezugsobjekt spielen (ökonomische, physikalische, logische Gesetze...), dann haben wir es mit einer *nomischen Ähnlichkeit* (Shimojima 2006) zu tun. Dies ist – neben phänomenaler, struktureller Ähnlichkeit zweiter und dritter Ordnung – eine weitere, vierte Form von Ähnlichkeit, die für Diagramme wichtig ist.

Nun führen aber leider nicht alle semantisch-nomischen Projektionen zu wahren Informationen über das Bezugsobjekt. Man kann projizieren, wo nicht projiziert werden sollte. Dann liegt keine tatsächliche, sondern nur eine vermeintliche Ähnlichkeit zwischen diagrammatischen Gesetzen und Gesetzen des Bezugsobjekts vor. Diagrammatische Gesetze müssen kein Gegenstück im Bezugsobjekt haben. Auch darf etwa aus der Unmöglichkeit, in einem Diagrammsystem eine bestimmte Kombination von Sachverhalten darstellen zu können, nicht notwendigerweise darauf geschlossen werden, dass diese Kombination auch tatsächlich im Bezugsobjekt unmöglich ist. Es kommt also darauf an, diagrammatische Systeme so zu konstruieren, dass nur solche räumlichen Gesetze auf das Bezugsobjekt projiziert werden, die auch tatsächlich ein Gegenstück im Bezugsobjekt haben.

Der ganze Vorgang der semantischen Projektion aufgrund nomischer Beschränkungen lässt sich zusammenfassend so beschreiben: Wir überführen eine Menge von Informationen in eine Menge diagrammatischer Sachverhalte. Aufgrund nomischer Beschränkungen bestehen bei Abschluss der Konstruktion bereits weitere, zusätzliche Sachverhalte, die in der Konstruktionsanweisung nicht enthalten waren. Diese können wir wiederum als Informationen über das Bezugsobjekt interpretieren. Wir haben damit mehr Informationen aus dem Diagramm erhalten, als wir hineingesteckt haben. Es ist die räumliche Verfasstheit des Diagramms, die für diesen informationellen Mehrwert verantwortlich ist. Man kann die besprochene Idee semiformal ausdrücken: Der Akt der Konstruktion eines Diagramms besteht in der Übertragung einer begrifflich gegebenen Menge an Informationen *I*, bestehend aus den einzelnen Sachverhalten I_1, I_2, ..., I_M, in eine korrespondierende Menge an graphischen Sachverhalten $D=\{D_1, D_2, ..., D_N\}$ (die verschiedenen Indizes N und M deuten an, dass nicht notwendigerweise jedem semantischen Sachverhalt genau ein graphischer Sachverhalt entsprechen muss). Das konstruierte Diagramm enthält nun aber *mehr* graphische Informationen als D allein, genauer gesagt, enthält es weitere graphische Sachverhalte $D_{\text{Überschuss}}= \{D_{N+1}, D_{N+2}, ... , D_{N+X}\}$. Umfang und Beschaffenheit von $D_{\text{Überschuss}}$ hängen vom gewählten diagrammatischen System ab. Das Diagramm enthält die zusätzlichen räumlichen Sachverhalte aufgrund einer Menge bestimmter räumlicher Einschränkungen *C* (für constraints). Wenn wir die Sachverhalte $D_{\text{Überschuss}}$ semantisch auffassen, dann erhalten wir neue Informationen $I_{\text{Überschuss}} = \{I_{M+1}, ..., I_{M+Y}\}$. Diese Überschussinformationen können einerseits legitime Informationen darstellen. In diesem Fall machen sie etwas explizit, was in I nur implizit gegeben ist. Sie können aber auch Informationen darstellen, die gar nicht aus I folgen.

Bevor ich eine Typologie verschiedener Projektionsformen raumbasierter Überschüsse gebe, möchte ich abschließend fragen, wie es überhaupt zu der Überschussproduktion auf Ebene des Diagramms kommen kann. Die Überschüsse resultieren aus etwas, das man mit Stenning als *agglomerative* oder mit Shin als *konjunktive* Funktion bezeichnen kann (Stenning 2000; Shin 1994, S. 173 – 176). Ich werde von der *Vereinigungsfunktion* oder *Unifikationsfunktion* von Diagrammen sprechen.

Innerhalb der Konstruktionsphase werden Informationen in Diagrammen als Raumrelationen gespeichert. Entscheidend ist dabei, dass alle Informationen in *einer* Figur verbunden werden. Die Konstruktion führt zu einem Ganzen. In der Schlussphase wird dieses Ganze untersucht und analysiert, wobei hier insbesondere wichtig wird, *neue* Aspekte an der Figur zu sehen, d. h. Sachverhalte, die zwar existieren, aber vorher nicht wahrgenommen oder intendiert worden sind (mehr zu diesem Aspektsehen im zweiten Kapitel). Diese Sachverhalte existieren aber nur, weil die Prämissen miteinander verbunden sind. Es gilt sogar noch stärker: Damit man überhaupt etwas aus Diagrammen schließen kann, *müssen* die Prämissen in *ein* Ganzes eingetragen werden: „Aus der systematischen Verkörperung von Begriffen und Aussagen in *einer* Darstellung können deren logische Relationen abgeleitet werden" (Bogen / Thürlemann 2003, S. 14). Würden die einzelnen Prämissen *unverbunden* nebeneinander stehen, wäre kein Schluss möglich: „[N]o inferences can be made without combining diagrams. Merely writing a sequence of diagrams of each premise and conclusion gives no method of inference. Inference is by agglomeration and subsequent reading off" (Stenning 2000, S. 144).

Diese Bündelung von Informationen in *einer* Figur ist ein hervorstechender Unterschied von Diagrammen zu anderen Darstellungsformaten. Denken wir etwa an typische Herleitungen in Mathematik oder Logik. Eine Herleitung, ein Beweis besteht aus einer Folge von Sätzen, die über Transformationsregeln miteinander verbunden sind. Doch die einzelnen Propositionen sind isoliert voneinander. Es gibt keine übergeordnete Gesamtdarstellung, in die alles eingeht. Im Gegenteil: In dem Übergang von einem Satz zum nächsten wird nur ein Teil der ursprünglichen Prämissen behalten. Satzbasierte Systeme haben kein Gedächtnis, Diagramme hingegen schon (Stenning 2000, S. 143–144). Ein Diagramm erhält die Prämissen, die Informationen, die in es eingetragen werden, darin Freuds Wunderblock ähnlich. Es speichert die Geschichte der Prämissen, die in es eingegangen sind.

1.5.3 Typologie raumbasierter Überschüsse und ihrer Projektionen

Im Folgenden sollen drei zentrale Effekte der Intervention des spatialen Mediums in den Darstellungsgehalt diskutiert werden.

1.5.3.1 Explikation

Eine der faszinierendsten Leistungen von Diagrammen ist es, Sachverhalte, die in einer bestimmten Menge an Prämissen *implizit* gegeben sind, automatisch *explizit* machen zu können. Shimojima nennt Fälle, in denen die räumlichen Gesetze, denen ein Diagramm unterworfen ist, automatisch gültige Informationen explizit machen, „free rides". Man bekommt eine Schlussfolgerung umsonst, spart sich eine Berechnung, die man sonst ausführen müsste. Das Diagramm wandelt kognitiv-abstrakte Arbeit in perzeptive Arbeit um. Schlussfolgerungen müssen nicht gezogen, sondern können abgelesen werden. Wenn man das Darstellungsformat gerade so wählt, dass sich die Einschränkungen auf Diagramm- und die Einschränkungen auf Objektebene entsprechen, dann kann das Diagramm „a lot of information that the user never need infer" generieren, wie Barwise und Etchemendy schreiben: „[T]he user can simply read off facts from the diagram as needed. This situation is in stark contrast to sentential inference, where even the most trivial consequence needs to be inferred" (Barwise / Etchemendy 199z, S. 23–24). Shimojima verallgemeinert die Aussage noch: „The variance in inferential potential of different modes of representation is largely attributable to different ways in which these structural constraints on representations match with the constraints on targets of representation" (Shimojima 1996, S. 13–14).

Der entscheidende Punkt an dieser Stelle ist nicht, dass räumliche Strukturen Schlüsse ziehen, die sonst nicht gezogen werden könnten. Entscheidend ist vielmehr, dass die Schlüsse für den Benutzer effizienter zustande kommen, weil er sie nicht selbst ziehen muss. Larkin und Simon kommen zu dem Urteil: „It is exactly because a diagram ‚produces' all the elements ‚for free' that it is so useful" (Larkin / Simon 1987, S. 92). In diesen Aussagen wird die Ableseprozedur als leicht, unmittelbar und daher kognitiv kostenarm begriffen. Von dort ist es ein kleiner Schritt zur Behauptung, dass diagrammatisches Denken wesentlich visuelles Denken sei. Doch diese Aussage sollte mit Skepsis betrachtet werden. Erstens muss man zunächst auf einen überschüssigen Sachverhalt aufmerksam werden und ihn dann noch semantisch interpretieren können, damit überhaupt von einem *free ride* gesprochen werden kann. Das Entdecken und Interpretieren *kann* einem Benutzer leicht fallen, *muss* es aber nicht. Im Allgemeinen wird die Schwierigkeit dieser Aufgabe von dem diagrammatischen System und der Vertrautheit des Benutzers mit dem System abhängen. Je besser seine Kenntnisse der für das diagrammatische System relevanten Raumgesetze, umso eher ist er in der Lage, über die Konstruktionsinformationen hinaus, gegebene Sachverhalte in einer Figur zu erkennen. Für jemanden aber, der einen Sachverhalt nicht *erkennt*, besteht dieser Sachverhalt auch nicht. Die kognitive Vorteilhaftigkeit diagrammatischer Informationsgeneration ist stets *relativ* zu den Fähigkeiten des Benutzers. Daher sollte lieber von *cheap rides* gesprochen werden, deren Kosten nur hinsichtlich einer bestimmten Situation (Aufgabe, Diagrammtyp, Benutzerkompetenz...) gelten (Gurr / Lee / Stenning 1998, S. 536).

Zweitens und vor allem gilt, dass Sachverhalte immer nur *innerhalb* oder *relativ zu* einem Raumsystem erkannt werden können. Es kommt darauf an, *welches* Raumsystem, welche Formatierung, welche Strukturierung ich auf die Inskriptionen anwende. Die Rede von Sachverhalten ist immer relativ zu einer räumlichen Logik zu denken: Ein Sachverhalt wird gemäß einer bestimmten diagrammatischen Logik *gesehen* und ist nicht ‚an und für sich' da. Die neuen Sachverhalte sind also nicht neu im Sinne *neuer* Inskriptionen. Es hat sich ja an dem Diagramm in gewisser Weise nichts geändert (Wittgenstein BPP 2, § 474). Wir sind vielmehr in der Lage, in dem konstruierten Diagramm eine neue Relation, eine neue Beziehung, eine neue Figur, zu entdecken, auf sie aufmerksam zu werden und sie dann für Schlüsse zu verwenden. Das zeigt aber zugleich, dass es sich beim Entdecken überschüssiger Sachverhalte nicht um eine exklusiv visuelle Aktivität handelt, sondern um etwas, das nur innerhalb eines normativen und damit letztlich begrifflichen Rahmens funktioniert.

1.5.3.2 Überspezifikation

Im Zuge der Konstruktion eines Diagramms entstehen neben den bewusst verwendeten weitere räumliche Sachverhalte. Wir haben gesehen, dass sich diese Sachverhalte in manchen Fällen als explizit gemachte gültige Konklusion interpretieren lassen. Doch das muss nicht so sein. Zu den überschüssigen Sachverhalten zählen im Allgemeinen auch solche, die sich nicht als gültige semantische Sachverhalte begreifen lassen. Dieser Effekt soll *Überspezifikation* genannt werden (nach Shimojima 2006): Der diagrammatische Informationsüberschuss $D_{\text{Überschuss}}= \{D_{N+1}, D_{N+2},\dots , D_{N+M}\}$ kann nicht als gültige semantische Information interpretiert werden. Dahinter können sich zwei Effekte verbergen: (i) Es werden räumliche Eigenschaften semantisch interpretiert, die gar keine semantische Interpretation haben. (ii) Es werden räumliche Eigenschaften semantisch interpretiert, aber die Interpretation, die man ihnen zuweist, ist falsch.

Das notorische Beispiel für unzulässige Projektion ist der philosophische Topos, demzufolge es unmöglich ist, ein allgemeines Dreieck zu zeichnen. Der *locus classicus* dafür ist Berkeleys Kritik an Lockes *idea of a general triangle*, eines Dreiecks also, das in Lockes berühmten Worten „neither Oblique, nor Rectangle, neither Equilateral, Equicrural, nor Scalenon" sein dürfe, sondern „all and none of these at once" (Locke 1975[1689], S. 596 (= Abschnitt 4.7.9)). Locke suchte mit dem allgemeinen Dreieck, das er aus der Abstraktion der gemeinsamen Eigenschaften aller individuellen Dreiecke gewinnen wollte, die Allgemeingültigkeit euklidischer Geometrie zu sichern. Denn würde ein euklidischer Satz an einem allgemeinen Dreieck bewiesen, das per Definition genau jene Eigenschaften aufweist, die alle Dreiecke gemeinsam haben, dann würde er für alle Dreiecke gelten. Berkeley übte in der Einleitung zu den *Principles of Human Knowledge* scharfe Kritik an Lockes abstrakten Ideen. Die Vorstellbarkeit allgemeiner Entitäten sei unmöglich, da sie miteinander unvereinbare Bestandteile enthalten müsse (Berkeley 1949[1710], S. 32 (= Introduction, § 13)). Während der Begriff eines allgemeinen Dreiecks keine Angaben über die Seiten- oder Winkelverhältnisse macht, darüber, ob das Dreieck recht, stumpf- oder spitzwinklig, gleichschenklig oder gleichseitig oder keines von beiden ist, muss ein partikulares, konkretes, gezeichnetes Dreieck hier Stellung beziehen. Ein allgemeines Dreieck gleiche, wie Berkeley bemerkt, dem Bild eines Menschen, der zugleich klein und groß, schwarz und weiß, aufrecht und gekrümmt sei. Beide seien gleichermaßen unmöglich. Jede Vorstellung, sei sie geistig oder materiell, und damit jede Zeichnung eines Dreiecks müsse sich für eine bestimmte Partikularität entscheiden und damit mehr enthalten als der Begriff (Giaquinto 2008, S. 28).

Ein alltäglicheres Beispiel für Überspezifikation ist die Verwendung eines U-Bahn-Plans. Bei diesem handelt es sich um eine topologische Darstellung der Verbindungsstruktur von Bahnhöfen: Zwei Bahnhofs-Symbole sind auf der Karte genau dann durch eine durchgehende Linie verbunden, wenn ihre korrespondierenden Bahnhöfe benachbarte Stationen sind. Doch jeder U-Bahn-Plan zeigt mehr als nur diese topologische Struktur. Er deutet auch die relative räumliche Positionierung der Bahnhöfe in der Stadt an. U-Bahn-Pläne sind in diesem Sinne mehr oder weniger geographisch korrekt. Doch in Details gilt das gerade nicht. Es ist eben nicht Zweck des Darstellungssystems eines U-Bahn-Netzes, korrekte geographische Verhältnisse wiederzugeben. Tatsächlich basierte die erste Karte der Londoner U-Bahn auf einem geographischen Raster, was sich aber zu Lasten der Übersichtlichkeit der einzelnen Verbindungslinien auswirkte. Die Karte galt bis 1932, als sie von Harry Becks Fassung abgelöst wurde, die sich wesentlich freier zur Londoner Geographie verhält. Im Allgemeinen erlaubt die Entfernung zweier Bahnhofssymbole auf dem U-Bahn-Plan keinen Rückschluss auf die tatsächliche Entfernung zweier Bahnhöfe in der wirklichen Welt. Tut man es doch, interpretiert man, was – im diagrammatischen System des U-Bahn-Plans – keine semantische Entsprechung haben sollte.

Kommen wir zur zweiten Kategorie. In diesen Fällen entsteht in der Konstruktion eines Diagramms eine räumliche Information, die auch eine Bedeutung hat. Doch die Bedeutung, die man aus ihr abliest, ist falsch. Ein schönes Beispiel dafür findet sich bei der Verwendung von Euler-Diagrammen. In Diagrammen dieser Art werden topologische Verhältnisse von Kreisflächen – oder anderer geschlossener Flächen – zur Darstellung von Mengenverhältnissen verwendet (die folgende Darstellung nach Stenning / Lemon 2001, S. 45–47 und Shin / Lemon 2008). Dabei gilt: Wenn sich zwei Kreise überlappen, ist die Schnittmenge der zugehörigen Mengen nicht leer.

Kreisflächen zählen nun mathematisch als *konvexe* Objekte. Als konvexe Objekte unterliegen sie aber einem Satz der konvexen Geometrie, der auf den österreichischen Mathematiker Helly (1923) zurückgeht.

> **Satz von Helly** (für zwei Dimensionen und Euler-Diagramme): Wenn wir vier (oder mehr) Kreise haben, von denen sich jeweils drei schneiden, dann schneiden sich auch alle vier Kreise.

Betrachten wir ein Beispiel. Nehmen wir vier Kreise A, B, C und D. Wir wissen, dass (i) A, B und C, (ii) B, C und D, (iii) C, D und A sich schneiden. Wenn wir diese Informationen in ein Euler-Diagramm eintragen, dann sehen wir, dass sich auch A, B, C und D schneiden. Diese gemeinsame Schnittfläche aller vier Kreise habe ich durch eine Einfärbung hervorgehoben (Abbildung 6). Der Satz von Helly zeigt, dass dies immer so sein muss, unabhängig davon, wie wir die Kreisflächen zeichnen.

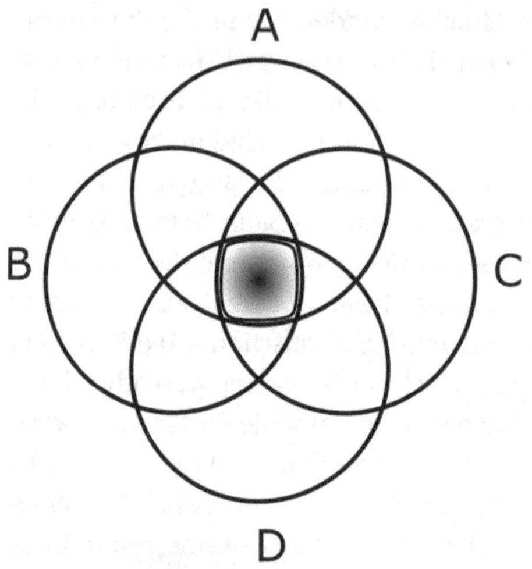

Abbildung 6: Satz von Helly

Das Problem entsteht nun, wenn wir Euler-Diagramme verwenden, um über Mengenverhältnisse nachzudenken. Das ist eine relativ geläufige Praxis. Doch in diesem Fall führt das Arbeiten mit Euler-Diagrammen zu falschen Schlüssen. Denn aus dem Diagramm lesen wir ab, dass auch die Schnittmenge von A, B, C und D nicht leer ist. Doch das muss keineswegs so sein. Es gibt Mengenstrukturen, die die Prämissen erfüllen, aber nicht die Konklusion, die man aus dem Diagramm abliest. Zum Beispiel seien die Mengen wie folgt bestimmt:

$A = \{1,3\}$, $B=\{1,2\}$, $C=\{1,2,3\}$, $D=\{2,3\}$

Damit gilt dann:

$A \cap B \cap C = \{1\} \neq \emptyset$
$B \cap C \cap D = \{2\} \neq \emptyset$
$C \cap D \cap A = \{3\} \neq \emptyset$

Aber zugleich gilt:

$A \cap B \cap C \cap D = \emptyset$!

Es gibt kein Element, das in allen vier Mengen enthalten ist, daher ist die gemeinsame Schnittmenge leer. Dieses Ergebnis steht in Widerspruch zu dem, was wir von dem Diagramm abgelesen haben. Das Diagramm zeigt also einen Sachverhalt, den wir zwar gemäß der Regeln des Systems korrekt interpretieren, der aber semantisch falsch ist. Aufgrund des Satzes von Helly können wir uns sicher sein, dass es sich dabei um ein grundsätzliches Problem handelt, das nicht von der spezifischen Anordnung, Gestalt oder Größe der Kreisfiguren abhängt. Es gibt schlicht keine Möglichkeit, vier Kreise in der euklidischen Fläche so anzuordnen, dass sich je drei Kreise schneiden, aber nicht alle vier Kreise. Daraus folgt aber: Ein diagrammatisches System, das in der Abbildung von Mengen- auf Kreisverhältnisse besteht, kann aus *prinzipiellen Gründen* bestimmte mengentheoretische Sachverhalte überhaupt nicht darstellen. Es weist einen blinden Fleck auf. Die Menge darstellbarer räumlicher Sachverhalte und korrekter logischer Sachverhalte tritt hier auseinander.

Doch es ist sogar mehr als epistemische Blindheit: Das obige Diagramm zeigt ja nicht einfach eine Lücke, sondern es zeigt ein falsches Ergebnis. So wie wir es beim Effekt des Explizitmachens mit einer räumlich eingebauten Logik zu tun haben, so liegt hier eine Art eingebauter, systematischer, nicht zu korrigierender Fehler vor. Es ist, als würde ein Taschenrechner eine bestimmte Rechnung immer falsch ausführen. Der Grund dafür ist aber nicht, dass er falsch programmiert wurde, sondern dass es gar nicht anders geht. Der Fehler ist Teil des Systems. Er ist Folge der Verwendung einer räumlichen Struktur, um über Mengenverhältnisse nachzudenken.

1.5.3.3 Undarstellbarkeit

Der letzte Aspekt, der diskutiert werden soll, ist die raumbedingte Unmöglichkeit, in einem bestimmten diagrammatischen System einen bestimmten Sachverhalt abbilden zu können. Manche Aussagen lassen sich in bestimmten diagrammatischen Systemen nicht, jedenfalls nicht auf räumliche Weise, darstellen: „[D]iagrammatic systems cannot do all the representational work that we might require of them" (Stenning / Lemon 2001, S. 47). Man kann das angesprochene Phänomen als *Undarstellbarkeit* bezeichnen. Diese hat ihren Grund wiederum in der Existenz nomischer Einschränkungen. Wie Wittgenstein bemerkt: „Wohl können wir einen Sachverhalt räumlich darstellen, welcher den Gesetzen der Physik, aber keinen, der den Gesetzen der Geometrie zuwiderliefe" (Wittgenstein T, 3.0321).

Ein Beispiel ist das aus vier Kreisen bestehende obige Euler-Diagramm, wenn man es etwas anders betrachtet. Denn es verführt uns nicht nur zu einem falschen Schluss. Zugleich lässt es eine bestimmte Darstellung nicht zu. Es gibt *keine* Möglichkeit, mit Euler-Diagrammen die gewünschte Mengenstruktur darzustellen. Sie ist undarstellbar. Ein weiteres Beispiel bezieht sich auf die *Planarität* von Graphen. Planar nennt man Graphen, die sich in der zweidimensionalen Ebene kreuzungsfrei darstellen lassen. Kreuzungsfreiheit bedeutet, dass sich die Kanten von Graphen nicht schneiden. Diese Eigenschaft von Graphen ist deswegen praktisch relevant, weil ein Schnittpunkt zweier Kanten leicht fälschlich als neuer Knoten wahrgenommen werden kann. Nun ist nicht jeder Graph planar. Der vollständige Graph K5 (das ist der Graph, der fünf Knoten enthält und bei dem jeder Knoten genau einmal mit jedem anderen Knoten verbunden ist) ist nicht planar. Er lässt sich also ohne Überkreuzungen der Kanten nicht in der Ebene darstellen, ebenso wie eine Reihe anderer Graphen.[11]

Undarstellbarkeit kann sich auch in Form mehrdeutiger Figuren äußern. So unterscheiden sich die Euler-Diagramme für die beiden Sätze „Einige A sind nicht B" und „Einige B sind nicht A" figural gesehen *nicht*. Das gleiche Diagramm lässt sich daher als zwei verschiedene Sätze lesen. Ein striktes Verfolgen reiner Raumanalogizität führte hier zu gefährlicher Mehrdeutigkeit (Shin 1998, S. 14). Eine Abhilfe kann hier nur durch die Hinzunahme syntaktischer Konventionen geleistet werden. Die Differenzierung der beiden Figuren kann etwa dadurch erreicht werden, dass man eine Leseordnung vorschreibt.

Wir überlagern damit die graphische Ebene mit einer symbolischen Ebene. Dadurch reduzieren wir die räumliche Direktheit des Systems, erhöhen aber seine logische Präzision. Die Beobachtung lässt sich verallgemeinern. Räumliche Direktheit und Aussagemächtigkeit stehen zumeist in einem Wechselverhältnis: Steigt das eine, sinkt oftmals das andere. Die Idee, dass Diagramme auf möglichst direkte Weise begriffliche Zusammenhänge in Raumrelationen zeigen, ist zwar von bestechender Klarheit, funktioniert aber oft nur für Diagrammsysteme begrenzter Komplexität und damit begrenzter Anwendungsbreite. Je stärker und komplexer die logischen Schichtungen sind, desto weniger natürlich und intuitiv wirken die diagrammatischen Systeme. Euler-Kreise sind gerade deshalb so beliebte Beispiele, weil bei ihnen die logische Ebene kaum in den Denk- und Schlussprozess eingreift. Denken mit Euler-Kreisen besteht wesentlich im visuellen Erfassen elementarer räumlicher Verhältnisse. Doch wir haben gesehen, dass das diagrammatische Ideal, das sie damit verkörpern, unproduktive oder gar irreführende Folgen haben kann. Verzicht auf Logik bedeutet hier Verzicht auf Aussagekraft. Der tiefere Grund ist folgender: Solange Diagramme rein räumlich funktionieren, unterliegen sie einer Logik des Bildlichen (Heßler / Mersch 2009). Diese aber ist konstitutiv mehrdeutig und insbesondere durch das Fehlen der Möglichkeit einer Negation von Aussagen gekennzeichnet. Erst durch Hinzunahme symbolischer Strukturen kann die daraus resultierende *logische* Aus-

11 Ein Beweis findet sich in Matousêk / Nesetril (1998, S. 177). Das Beispiel findet sich auch bei Shin / Lemon (2008).

drucksschwäche korrigiert werden. Die Erhöhung der Ausdruckskraft geschieht allerdings „at the expense of the visual clarity“, wie Giardino (2011, S. 16) bemerkt. Doch das ist gerade der Punkt. Je direkter Raum genutzt wird, desto bildlicher ist das Diagramm und desto geringer wird sein Nutzen als logisches Instrument (Mersch 2006a, S. 107). Euler führte seine Diagramme explizit als didaktische Mittel ein. Dafür macht ein Fokus auf exklusive räumliche Analogie auch Sinn. Doch bereits das eng begrenzte Anliegen Eulers nötigte ihn dazu, die Raumanalogizität durch Einbeziehung einer symbolischen Ebene zu komplementieren. Dieses Muster begegnet uns in vielen diagrammatischen Systemen wieder. Ihr Entwicklungszentrum ist eine Raumanalogie, doch je komplexer die Sachverhalte werden, die mit ihrer Hilfe analysiert werden sollen, desto stärker kommen symbolische Elemente ins Spiel. Dies gilt insbesondere, wenn man die Eindeutigkeit der diagrammatischen Darstellung sichern möchte (Mersch 2006a, S. 107).

1.5.4 Konklusion

Wir haben gesehen, wie die Räumlichkeit des Diagramms in seinen informativen Gehalt interveniert. Dies ist Folge der *Physikalität* des Diagramms. Als solches unterliegt es Gesetzen: physikalischen, insbesondere eben räumlichen Gesetzen. Von den in diesem Kapitel betrachteten raumbasierten Merkmalen von Diagrammen ist dieses das mit Abstand interessanteste und wichtigste. Warum?

Zunächst und vor allen Dingen verändert dieses Merkmal die Einschätzung der Rolle, die Spatialität für den Informationsgehalt eines Diagramms spielt. Deutlich wird, dass Spatialität nicht nur eine passive Bühne ist, auf der Informationen gezeigt werden, sondern dass sie eher als eine Art *epistemischer Mitspieler*, als *epistemischer Quasi-Akteur* begriffen werden sollte. Das spatiale Medium eines diagrammatischen Systems ist nicht informationsneutral. Spatialität ist nicht bloß passives, Darstellung ermöglichendes Medium. Es ist auch mehr als das Medium für ein Denken, das wir an räumlichen Strukturen vollziehen, durch Umformen, Manipulieren oder andere Handlungen. Die entscheidende Einsicht lautet, dass Raum selbst Informationen produziert. Das spatiale Medium, in dem bestimmte Diagramme erscheinen, greift in den informativen Gehalt dessen ein, was dargestellt wird. Ein Diagramm enthält immer mehr und andere Informationen, als für seine Konstruktion aufgewendet wurden. Die Konstruktion eines Diagramms ist daher, um es mit Kant zu sagen, *synthetisch:* Wir können der Figur mehr Eigenschaften entnehmen, als wir begrifflich in sie investiert haben. Es gibt informativen Mehrwert auf Ebene der räumlichen Sachverhalte. Die Einheiten dieses informativen Mehrwerts können, wenn sie als Aussagen über ihr Bezugsobjekt interpretiert werden, gültig, zufällig oder auch irreführend sein.

Die Theorie der raumbasierten Informationsüberschüsse wiederum ist ein wichtiges Instrument, um den epistemischen Gebrauch von Diagrammen besser zu verstehen. Wir werden dies im folgenden Kapitel sehen. Bereits an dieser Stelle aber deutet sich an, dass sich mathematisches Arbeiten mit Diagrammen von mathematischem Arbeiten mit Schriften darin unterscheidet, dass wir nicht nacheinander aufgrund von Transformationsregeln verschiedene Objekte erzeugen, sondern dass in einem Objekt Aspekte entdeckt und erschlossen werden, die vorher nicht gesehen wurden. An dieser Stelle tritt zugleich das Problem der Normativität auf. Diese hängt eng mit dem synthetischen Charakter von Diagrammen zusammen. Zwar stimmt es, wie Mumma schreibt, dass ein „diagram cannot but help display *some* relationship between unlinked elements“, aber „one must refrain from accepting the manifest relationship uncritically [...]. Additional considerations are necessary to confirm that it holds generally“ (Mumma 2010, S. 275). Wie dies geschieht, wird im zweiten Kapitel dieser Arbeit diskutiert.

Welche Konsequenzen hat die spatiale Intervention nun für den epistemischen Umgang mit Diagrammen? Was ergibt sich aus dem informativen Überschuss oder der expressiven Armut diagrammatischer Systeme? Die Folgen hängen vor allem davon ab, inwieweit der Benutzer des Diagramms um die Existenz und spezifische Beschaffenheit der spatialen Einschränkungen seines diagrammatischen Systems, des Systems, mit dem er umgeht, weiß. Ist ihm klar, welche Dinge sich *nicht* darstellen lassen? Ist er sich bewusst, dass ein Diagramm mehr Informationen zeigen kann, als in es eingegangen sind und ist er in der Lage, den gültigen Informationsüberschuss von dem ungültigen zu trennen: Kann er das neue Wissen, das ein Diagramm schafft, von dem irrelevanten, möglicherweise sogar irreführenden Überschuss trennen? Es wird deutlich, dass die Kompetenz des Benutzers hier eine zentrale Rolle spielt. Je komplexer die Raumstrukturen sind, die ein diagrammatisches System nutzt, desto höher sind auch die Anforderungen an den Benutzer. Was benötigt wird, ist eine Kompetenz hinsichtlich der informationsprägenden Kraft des Mediums, des diagrammatischen Systems, in und mit dem gedacht wird. Dabei liegt die Schwierigkeit darin, dass die spatialen Einschränkungen des diagrammatischen Systems für gewöhnlich nicht explizit in den Regeln des Systems angegeben werden. Man kann sie nur durch Erfahrung, geübten Umgang und durch systematisches Nachdenken entdecken. Wer sie nicht kennt, den kann das Diagramm täuschen. Die Raumstruktur kann eine bestimmte semantische Interpretation suggerieren, die tatsächlich nicht gültig ist. An dieser Stelle wird der wahre Kern an den Vorwürfen deutlich, die über Jahrhunderte an diagrammatisches und figurenbasiertes Denken, vor allem in der Mathematik, gerichtet worden ist: Diagramme können wirklich täuschen, sie können einen tatsächlich zu falschen Lösungen verführen. Der Grund liegt in den räumlichen Einschränkungen, die das diagrammatische Medium auf die dargestellten Informationen ausübt. Doch können die räumlichen Einschränkungen zugleich von großem Nutzen sein: dann nämlich, wenn sie Lösungen suggerieren, die begrifflich tatsächlich gültig sind. Die Interventionen des Mediums können Gift und Heilmittel zugleich sein. Der einzige Weg, sich hier richtig zu entscheiden, besteht darin, die Wirkungen des Mediums zu kennen. Eine besondere, sozusagen eine Meta-Gefährlichkeit besteht darin, dass diagrammatische Systeme oftmals mit Hilfe einfacher, sehr klarer, vor allem aber: mit Beispielen, die nicht problembehaftet sind, gelehrt werden. So kommt man gar nicht auf den Gedanken, dass die räumlichen Einschränkungen nicht nur positiven Nutzen haben können. In frühen Texten, z. B. bei Larkin / Simon (1987) oder Lindsay (1988) zum Explizitmachen durch Diagramme finden sich zu dem irreführenden Potenzial denn auch kaum Ausführungen. Der Wunsch, die epistemischen Potentiale diagrammatischer Systeme zu rehabilitieren, hat hier zu einer partiellen Blindheit gegenüber der spezifisch diagrammatischen Täuschungsgefahr geführt.

1.6 Diagrammatische Ökonomie

1.6.1 These

Die Mehrheit diagrammatischer Texte ist von einer Art Paragone gekennzeichnet, einem modernen Wettstreit der Künste, der in diesem Fall jedoch kein ästhetischer Streit zwischen Malerei und Dichtung, sondern ein epistemischer Streit zwischen Diagramm und Symbol ist. Dabei sind Diagrammatiker gemeinhin der Ansicht, dass Diagramme anderen Darstellungsformen überlegen sind, zwar nicht in allen, aber doch in vielen und vor allem in wesentlichen Aspekten. Es wird nach Gründen gesucht „to explain what advantages diagrammatic representations hold for the reasoner over other forms of representation“ (Gurr / Lee / Stenning 1998, S. 533). Paradigmatisch dafür ist der Titel der einflussreichsten kognitionswissenschaftlichen Arbeit zu Diagrammen, Larkins und Simons *Why a Diagram is (Sometimes) Worth Ten Thousand Words* (1987). Die hier und an vielen anderen Orten aufgestellte Behauptung lautet: Diagramme sind bei vielen Aufgaben anderen Darstellungsformaten, insbesondere Schriften, signifikant überlegen. In diesem Abschnitt möchte ich die beiden Hauptleistungen aufzeigen, in denen Diagramme anderen Darstellungen überlegen sein sollen: (i) in ihrem größeren Realismus und vor allem (ii) in ihrer kognitiven Effizienz. Anschließend möchte ich zeigen, dass dieser Paragone weniger eine wissenschaftliche Behauptung denn einen Mythos darstellt, eine große Erzählung, die auf fragwürdigen Annahmen beruht.

(i) Für Shin is „the way conjunctive information is represented in diagrams [...] more similar to reality than the way conjunctive information is represented by texts“ (Shin 1994, S. 163). Die beiden Sachverhalte, dass (i) Mary rechts neben Susan, und (ii) Susan rechts neben Tom sitzt, werden von einem Diagramm gebündelt etwa so dargestellt:

Tom Susan Mary

Shin zufolge ist diese Darstellung wirklichkeitsnäher als eine symbolische, da in der Wirklichkeit die relevanten Sachverhalte auch einfach in einem gemeinsamen Raum koexistieren. In einer symbolischen Darstellung hingegen brauchen wir für die Darstellung der Informationen den UND-Konnektor:

SitztRechtsVon (Susan, Tom) ∧ SitztRechtsVon (Mary, Susan).

Shin bemerkt: „The conjunction symbol ∧ is such a pure convention that we cannot find anything in reality that corresponds with it“ (Shin 1994, S. 164). In diesem Sinne ist eine diagrammatische Darstellung *näher an der Realität* als eine symbolische. Peirce argumentiert ähnlich, wenn er den diagrammatischen Ausdruck der Identität zweier Objekte durch eine verbundene *Linie* einem symbolischen Ausdruck der Identität als *ikonischer* vorzieht, also:

x-y ikonischer als ∀x ∀y (x=y).

Wie Stjernfelt bemerkt, begreift Peirce diese als mehr ikonisch, „because they represent in one icon entity what is also, in the object, one entity“ (Stjernfelt 2006, S. 77). Es wird deutlich, dass Shins und Peirces Argumente eine Variante der *Direktheit* von Diagrammen darstellen. Doch die natürliche Welt, die Shin und Peirce vorschwebt, zeigt sich erst einem bestimmten Blick, der auf eine bestimmte Weise gerichtet ist. In alltäglicher, lebensweltlicher Perspektive sehen wir die Sitzreihe von Susan, Tom und Mary nicht als Konjunktion zweier Sachverhalte, sondern beispielsweise als eine praktische Frage: „Neben wem möchte ich sitzen?“ Was ich sehe, kommt auf meine Einstellung an. Ob wir eine Darstellungsform als natürlich begreifen, ist also primär eine Frage der Gewöhnung und der Einstellung. Es ist auch denkbar, dass wir es als natürlich begreifen würden, auf einem Blatt Papier nebeneinander stehende Behauptungen als *disjunktiv aufzufassen.*

(ii) Für Schäffner ist die Entstehung der Euler-Diagramme symptomatisch für die intensive Beschäftigung des 18. Jahrhunderts mit einer „Ökonomie des Denkens“ (Schäffner 2000). Diese Ökonomisierung zeigte sich vor vor allem im Bemühen um eine Optimierung der Zeichenprozesse (Schäffner 2000, S. 339 – 341). Euler selbst wies auf die Leistung seiner Kreise hin, logische Zusammenhänge wie ‚von selbst in die Augen fallen' zu lassen: „Diese Zirkel (oder was wir sonst für Figuren dazu nehmen wollen; denn das ist gleichgültig) sind sehr geschickt, unsere Betrachtungen über diese Materie zu erleichtern und uns alle die Geheimnisse zu entdecken, womit man sich in der Logik rühmt. Man beweiset sie dort mit vieler Mühe, da sie hingegen durch den Gebrauch der Zeichen von selbst in die Augen fallen" (Zit. n. Bernhard 2000, S. 42). Auch Oresme, dessen bahnbrechendes diagrammatisches System im dritten Kapitel dieser Arbeit besprochen wird, argumentiert für seine geometrischen Darstellungen von Naturvorgängen mit dem Verweis, dass diese die Dinge einfacher, schneller und klarer machten. Die Behauptung, dass Diagramme besonders effiziente Formen der Vermittlung oder Entdeckung von Wissen sind, zieht sich als Leitmotiv durch die Geschichte der Diagrammatik.

Simon hat das Problem in das einflussreiche Begriffspaar von informationaler versus komputationaler Äquivalenz gefasst (*informational* versus *computional equivalence)* (Larkin / Simon 1987, S. 67). Zwei Darstellungen einer gegebenen Informationsmenge sind in informationaler Hinsicht äquivalent, wenn alle (korrekten) Informationen, die sich aus der einen entnehmen lassen, auch aus der anderen erschlossen werden können. Komputationale Äquivalenz meint hingegen, dass die gleiche Information *in der gleichen Zeit* bzw. mit *dem gleichen Aufwand* entnommen werden kann. Im Allgemeinen gilt nun, dass zwei Darstellungen unterschiedlicher Systeme bei informationaler Gleichwertigkeit komputational divergieren. Sie unterscheiden sich hinsichtlich des Aufwandes, den ein Benutzer betreiben muss, um eine bestimmte Information zu erschließen, teilweise sogar erheblich. Im Folgenden sollen daher die Gründe, die für die kognitive Überlegenheit von Diagrammen angeführt werden, systematisch dargestellt und kritisch diskutiert werden. Es lassen sich dabei drei prinzipielle Argumentationsstränge unterscheiden: (i) Exteriorität, (ii) Kognitive Kongenialität, (iii) Emergenz.

Diagramme sind zunächst, wie alle anderen Graphismen, exteriore Dinge. Ihnen sind damit auch die gleichen prinzipiellen kognitiven Vorteile zuzusprechen, wie sie zu Beginn dieses Kapitels skizziert wurden (Öffentlichkeit, Stabilität, Mobilität, Manipulierbarkeit). Diese sollen im Folgenden nicht näher ausgeführt werden. Damit soll allerdings keineswegs gesagt werden, dass diese Faktoren nicht von zentraler Bedeutung für die Effizienz sind, mit der Denkvorgänge ausgeführt werden können. Nur sind diese Faktoren erstens bereits ausgiebig untersucht worden, zweitens und vor allem aber sind sie nicht diagrammspezifisch. Dies unterscheidet sie von den beiden folgenden Punkten.

Die These kognitiver Kongenialität besagt, dass diagrammatische Darstellungsweisen und Analysetechniken in besonders günstiger Weise auf die Eigenarten des Wahrnehmungs- und Denkapparates ihrer menschlichen Benutzer abgestimmt sind. Kirsh (1996) hat für diese Art von Passen den Begriff der *kognitiven Kongenialität* vorgeschlagen. Das Argument basiert auf einer Hauptannahme: Visuospatiale Strukturen zu erkennen und zu verändern, ist für Menschen einfacher als symbolische Arbeit zu leisten (Scaife / Rogers 1996, S. 195; Tappenden 2005, S. 156 – 157): „[T]hanks to evolution, we have very good faculties for picking out edges and surfaces in our environment and inferring spatial relationships; and these are the kinds of abilities that are needed to support diagrammatic inference" (Avigad / Dean / Mumma 2009, S. 762). Informationen werden in ein für Such- Manipulations- und Rezeptionsprozesse günstigeres Format transformiert. Wie Landy schreibt: „[D]iagrams often work by letting one kind of thinking you're good at stand in for a another kind of thinking you're bad at, as when Venn diagrams allow one to come to conclusions about set relations by thinking about spatial relations" (Landy 2010, S. 165). Diese Idee führt bei manchen Autoren sogar dazu, eine Art diagrammatischen Internalismus zu behaupten, demzufolge Diagramme deswegen so gut zu unserem Denken passten, weil die inneren Strukturen unseres Geistes selbst diagrammatisch wären, als gäbe es eine Korrespondenz, eine strukturale Ähnlichkeit zwischen externer diagrammatischer Inskription und interner mentaler Repräsentation (z. B. Lakoff 1989).

Schließlich haben wir weiter oben diskutiert, wie Diagramme selbständig mehr räumliche Sachverhalte produzieren, als im Zuge ihrer Konstruktion intentional investiert wurden. Sie führen darin ein kognitives Eigenleben, das allerdings von den Gesetzen des Raumes bestimmt wird, in dem sie dargestellt sind. Sie produzieren neue räumliche Sachverhalte, die sich bei einem geeigneten diagrammatischen System (gute Prägnanz, gute Transparenz) leicht als semantische Schlussfolgerungen begreifen lassen. Man kann Diagramme in diesem Sinne als Erscheinungsform eines *extended mind* begreifen, eines Geistes also, der nicht allein im Kopf einer Person lokalisiert werden kann, sondern sich in Körper und Welt hinaus erstreckt (Clark / Chalmers 1998; vgl. dazu Wöpking 2010). Die Annahme dabei lautet, dass diese Aufteilung kognitiver Arbeit zwischen Kopf und Welt ökonomisch günstig ist.

1.6.2 Kritik

Trotz ihrer weiten Verbreitung ist die These der kognitiven Effizienz von Diagrammen problematisch. Dafür gibt es vor allem drei Gründe: (i) Es fehlt bis heute an klaren Begriffen dafür, was es eigentlich bedeuten soll, dass etwas kognitiv leichter fällt. Für eine Ökonomie der Darstellungsformen fehlt es an einem tragfähigen Begriff von kognitiven Kosten. (ii) Selbst wenn es einen präzisen Begriff gäbe, bliebe das Problem der versunkenen Kosten, d. h. von Kosten, die in Entwicklung, Vermittlung und Erlernen der jeweiligen diagrammatischen Verfahren eingehen, ungelöst. (iii) Schließlich muss beachtet werden, dass Diagramme oftmals für begrenzte Zwecke eingesetzt werden und eine mögliche Effizienzüberlegenheit durch ihre limitierte Einsatzfähigkeit relativiert wird.

(i) Was verbirgt sich eigentlich hinter den kognitiven Kosten, die Diagramme im Vergleich mit anderen Darstellungsformaten geringerem Maße verursachen sollen? Der Begriff suggeriert etwas wie ein Äquivalent zu einem physikalischen Begriff von Aufwand. Doch tatsächlich gibt es einen klaren Begriff kognitiver Kosten bis heute nicht. Man kann zwar das Denken in unterschiedlichen Darstellungsweisen formal modellieren und dann aus dem Modell präzise Vergleichswerte ableiten (Larkin / Simon 1987; Schlimm / Neth 2008). Doch damit nimmt man zugleich an, dass die tatsächlichen empirischen Kosten trotz aller Idealisierungen und Abstraktionen den im formalen Modell errechneten Kosten weitgehend gleichen. Das stellt aber hohe Anforderungen an das Modell. Je nach Art des Modells kann die Effizienz gegenüber der eines anderen Systems stark oder schwach ausfallen oder sogar invertiert werden. Ein Beispiel: Lange Zeit wurde argumentiert, dass Addition und Multiplikation nach römischem Verfahren kognitiv erheblich ungünstiger seien als bei Verwendung arabischer Ziffern. Eine jüngere Modellierung der Benutzung der beiden Systeme durch fiktive Agenten relativiert dieses Ergebnis und macht dadurch die große Abhängigkeit der Ergebnisse von Modellannahmen deutlich (Neth / Schlimm 2008).

Anders als die formalen Modelle versuchen empirische Ansätze das Problem dadurch zu lösen, dass sie kognitive Kosten *indirekt* durch andere Größen messen. Kirsh etwa definiert den Grad an Explizitheit – je expliziter etwas ist, desto weniger kognitive Kosten verursacht es – so: „Explicitness really concerns how quickly information can be accessed, retrieved, or in some other manner put to use" (Kirsh 1990, S. 361). Schnelligkeit (quickness) wird dann als Zeitdauer gemessen. In diese Richtung argumentiert jüngst auch Vorms, wenn sie vorschlägt: „to assess the quickness of a cognitive process by measuring the amount of time involved in performing this task, or by counting the number of (at least conscious) steps involved in it" (Vorms 2010, S. 538). Neben messtechnischen Fragen – wie genau wird die Zeit bestimmt, wie werden die einzelnen Schritte der Problemlösung aufgeteilt – tritt das Problem auf, dass eine solche Operationalisierung des Begriffs der kognitiven Kosten eine Normalisierung, eine Typisierung des Benutzers voraussetzt, um die zeitliche Dauer bzw. die Menge an Schritten überhaupt vergleichbar zu machen. Vorms schlägt daher vor, sich auf einen „average user with normal cognitive abilities" (Vorms 2010, S. 538) zu konzentrieren, wer oder was auch immer sich genau dahinter verbirgt. Doch an dieser Stelle tritt wieder das Problem des Einflusses der Modellannahmen auf die Effizienzberechnung auf. Je nachdem, wie man sich diesen durchschnittlichen Benutzer modelliert, erhält man andere Ergebnisse für die kognitiven Kosten, die eine Aufgabe verursacht.

(ii) Nehmen wir an, wir hätten einen belastbaren, operativ einsetzbaren Begriff von kognitiven Kosten. Reichte es dann, die Kosten der *aktuellen* Benutzung von Diagrammen mit der *aktuellen* Benutzung anderer Darstellungsweisen zu vergleichen? Nein. Denn diese Idee vernachlässigt die historischen Kosten, die die Entwicklung und Vermittlung bzw. das Erlernen diagrammatischer Techniken verursacht haben. Eine Betrachtung der mindestens seit Euler währenden Unternehmungen, ein diagrammatisches System zum Arbeiten mit Syllogismen zu entwickeln, verdeutlicht diesen Punkt: Etwas, das in der Anwendung (genügendes Lernen und Üben vorausgesetzt) einfach erscheint, kann Ergebnis eines höchst aufwändigen Entwicklungsprozesses sein. Auch die Erlernbarkeit diagrammatischer Systeme ist mitunter mit hohem Aufwand verbunden. Das wird etwa gerne hinsichtlich Freges Begriffsschrift bemerkt, auf deren epistemische Produktivität zwar gelegentlich hingewiesen wird (etwa Macbeth 2012), die aber praktisch kaum Verbreitung erfahren hat – u. a. deshalb, weil sie so mühsam zu erlernen ist. Schließlich gilt auch, dass der Wert vieler diagrammatischer Systeme in den Vorarbeiten steckt, in der Erfindung der Regeln, die erst sicherstellen, dass Diagramme tatsächlich Wissen erzeugen können. Die Bedeutung von Oresmes Konfigurationssystem steckt weniger in der Anschaulichkeit ihrer Formen, denn in der Angabe eines naturphilosophisch revolutionären Prinzips der Quantifizierung von Qualitäten. Überhaupt scheint es, dass in der Geschichte diagrammatischer Systeme der Verweis auf geringere kognitive Kosten in *aktueller* Anwendung nur ein Faktor neben anderen sein kann, wenn es darum geht, zu diskutieren, warum sich ein System durchsetzte, ein anderes aber nicht.

(iii) Diagrammatische Systeme können nur solche Referenten haben, die sich gemäß der vom jeweiligen diagrammatischen System gebrauchten spatialen Logik auffassen lassen. Diagramme können abbilden, was ihrer spatialen Logik entspricht. Im Nachdenken über solche Strukturen mögen sie kognitiv effizient sein. Zugleich aber verringert sich dadurch die Flexibilität ihres Einsatzes. Für andere Strukturen braucht man andere Diagramme. Je voraussetzungsloser diagrammatische Systeme sind, desto geringer wird ihre Aussagemächtigkeit sein, desto begrenzter die Menge und Art der Schlüsse, die mit dem System durchführbar sind.

Worum geht es mir bei den Einwänden gegen die These einer kognitiven Effizienz von Diagrammen? Ich möchte *nicht* in Abrede stellen, dass Diagramme wirkungsvolle Instrumente für Denkprozesse sein können. Ich will auch nicht bestreiten, dass Denken mit Diagrammen oftmals als effizient und natürlich empfunden wird. Mir geht es vielmehr darum, die Offensichtlichkeit und die Bedeutung der Behauptung, dass Diagramme besonders effiziente Denkinstrumente seien, in Frage zu stellen. Denn erstens beruht diese Behauptung auf einer Reihe mindestens diskussionswürdiger Annahmen. Diagramme sind – wie alle anderen Graphismen – Kulturobjekte, deren Gebrauch erlernt ist und für deren Existenz es mehr als ökonomische Gründe gibt. Zweitens aber, und das ist noch wichtiger, kann die Effizienz-These den Blick auf das tatsächliche Funktionieren von Diagrammen einschränken oder gar verhindern. Sie gerät zu einem Dogma, das unsere Fragestellungen prägt und die Perspektive auf Denken mit Diagrammen einengt. Die historische und systematische Komplexität des Gebrauchs von Diagrammen tritt in den Hintergrund, wenn Diagramme als optimierte Evidenzvehikel begriffen werden.

1.7 Konklusion

In diesem Kapitel habe ich vier grundlegende Formen unterschieden, in denen Räumlichkeit für diagrammatische Darstellungsprozesse relevant ist. Das Merkmal Exteriorität trifft dabei nicht nur auf Diagramme, sondern auf *alle* Darstellungssysteme zu, die auf materiellen Inskriptionen beruhen. Diese Formen treten dabei in variabler Stärke in gegebenen diagrammatischen Systemen auf. Auch beim Fehlen einiger Merkmale sind wir durchaus noch willens, von Diagrammen zu sprechen. Aufbauend auf dieser Klassifikation möchte ich daher folgende Arbeitsdefinition für Diagramme vorschlagen: Basis jedes Diagramms ist ein System mindestens zur Darstellung, oftmals auch zur Analyse von Informationen. Dieses System repräsentiert mittels externer, materieller, zweidimensionaler Strukturen andere, möglicherweise nicht räumliche Strukturen. Dabei sind Konstruktion, Manipulation und Interpretation der räumlichen Sachverhalte regelbasiert. Ein wie oben beschriebenes Basissystem ist in dem Maße diagrammatisch, in dem ein oder mehrere der folgenden Kriterien auf es zutreffen: (1) Es liegt ein spatialer Isomorphismus vor; (2) es liegen direkte Nutzung und Interpretation von Raum vor; (3) das räumliche Medium interveniert in den Informationsgehalt.

Diese Definition hat den Vorteil, die verbreitete und zutreffende These, wonach Darstellung und epistemische Rolle von Diagrammen wesentlich durch ihre räumliche Verfassung charakterisiert sind, entscheidend zu präzisieren. Denn Räumlichkeit meint eben weit mehr als nur einen allgemeinen Vorgang der Verräumlichung oder der Manipulierbarkeit. Der hier vorgeschlagene begriffliche Rahmen erlaubt, verschiedene Formen von Räumlichkeit und die auf ihnen basierenden Effekte differenzieren zu können. Wir können mit diesen Unterscheidungen viel besser sagen, *in welcher Hinsicht* ein gegebenes Diagramm räumlich ist und *welche Rolle* diese Räumlichkeit für den informativen Gehalt des Diagramms spielt. Dies wiederum ist eine unabdingbare Voraussetzung für eine genauere Analyse des epistemischen Handelns mit Diagrammen, wie im Folgenden genauer untersucht wird.

Schließlich erlaubt die vorgeschlagene Analyse auch, diagrammatische Formen der Raumnutzung von alternativen Formen, wie sie etwa von Schriften betrieben werden, abzugrenzen. Denn graphische Darstellungsformen basieren ja ebenfalls auf einem „intelligent use of space" (Kirsh 1995), der etwa in den Begrifflichkeiten der *Zwischenräumlichkeit* (Krämer 2005) oder *Anordnung* (Cancik-Kirschbaum / Mahr 2005) theoretisiert wird. Die vier vorgeschlagenen Kriterien lassen sich mit steigender Intensität als diagrammatisch bezeichnen (was man auch daran sieht, dass Forscher immer wieder die jeweiligen Kriterien zum Alleinstellungsmerkmal erklärt haben). Während Exteriorität noch allen materiellen Darstellungssystemen zukommt, gilt das für raumbasierte Strukturisomorphie nicht mehr. Direktheit, etwa in Form eines Zeigens anstelle eines Sagens von Relationen oder der Existenz intrinsischer relationaler Ähnlichkeit, ist nahezu nur bei Diagrammen denkbar. Die Intervention der Räumlichkeit in den Darstellungsgehalt schließlich ist ein Phänomen, das mir exklusiv diagrammatisch erscheint. Man kann daher festhalten: Diagramme radikalisieren, vor allem aber erweitern sie ein Prinzip intelligenter Raumnutzung, das allen graphischen Darstellungsformen zukommt.

Das herausragende Charakteristikum von Diagrammen ist die Emergenz neuer räumlicher Sachverhalte in der Konstruktionsphase. Diagramme schaffen informativen Mehrwert. Es scheint fast, als wären sie ein informatives *perpetuum mobile*. Das stimmt natürlich nicht. Doch es ist aufschlussreich zu fragen, wie dieser Eindruck entstehen kann. Er rührt daher, dass die Raumstruktur eines diagrammatischen Systems als physikalische Inferenzmaschine funktioniert. Diese macht die Konklusion aus einer Menge gegebener Informationen als räumlichen Sachverhalt explizit und stellt sie damit in einer Form zur Verfügung, die oftmals als günstig oder einleuchtend empfunden wird: als visuell rezipierbaren Sachverhalt, der bloß noch abgelesen zu werden braucht. Ich habe zwar argumentiert, dass man einer allzu naiven Auffassung dieser Ableseprozedur gegenüber skeptisch eingestellt sein sollte. Das ändert jedoch nichts an der grundsätzlichen Analyse. Die „Dingseite" der Diagramme, ihre Physikalität interveniert hier doch in die Repräsentationsebene, Materie und Form lassen sich nicht auseinander dividieren (Mersch 2003, S. 10).

Wesentliche Teile zeitgenössischer Diagrammatik scheinen mir noch immer, teils explizit, teils implizit, einem doppelten Mythos verhaftet, dem Mythos von Evidenz und Effizienz. Diesem Mythos zufolge ist Denken mit Diagrammen primär visuelles Denken, das Dinge augenfällig, offensichtlich, einleuchtend macht.

Diese visuelle Evidenz wiederum ist eng gekoppelt an das Versprechen, demzufolge Diagramme größere kognitive Effizienz aufweisen als andere Darstellungsformen. Ich halte beide Thesen für einen Mythos, dessen Fortleben zwei Hauptgründe hat: Einerseits leben in ihm klassische philosophische Erzählungen wie jene von Bildern als natürlichen Zeichen fort. Andererseits untersuchen nur wenige Arbeiten, wie Diagramme tatsächlich funktionieren. Gerade ein Blick auf den Einsatz von Diagrammen in Logik oder Mathematik macht aber deutlich, dass das epistemische Verhalten von Diagrammen häufig gerade nicht offensichtlich ist bzw. dass die einleuchtenden Momente nur in bestimmten Bereichen, unter bestimmten Bedingungen, also partiell, aber nicht prinzipiell und immer, zutreffen. Dies wird noch viel deutlicher, wenn wir uns im nächsten Kapitel am Beispiel euklidischer Geometrie genauer anschauen, wie epistemisches Handeln mit Diagrammen abläuft. Dabei wird sich insbesondere zeigen, dass der Pfeiler, auf dem Wissensproduktion mit Diagrammen ruht, nicht Visualität ist, sondern Normativität.

2 Normen und Anschauungen. Epistemischer Gebrauch von Diagrammen in der Geometrie

2.1 Einleitung

Folgende Annahme bildet einen Minimalkonsens zeitgenössischer Diagrammatik: Diagramme können nicht nur Wissen *illustrieren*, sondern auch *produzieren*. In diesem Kapitel soll am Beispiel euklidischer Geometrie untersucht werden, wie sie das tun. Abschließend soll dann exemplarisch analysiert werden, inwieweit sich die gewonnenen Ergebnisse auf andere Klassen von Diagrammen übertragen lassen.

Geometrische Figuren stellen für die philosophische Tradition ein Dilemma dar. Einerseits ist die Idee, dass geometrische Beweise auf der Untersuchung der Eigenschaften gezeichneter Figuren basieren, mit schweren Problemen behaftet. Zu den bekanntesten zählen das Allgemeinheits- und das Sinnlichkeitsproblem. Das Allgemeinheitsproblem nimmt seinen Ausgang von der Tatsache, dass auf Figuren basierende Beweise immer auf einer partikularen Figur beruhen, auf einem Einzelfall. Doch Beweise sollen nicht nur für den Einzelfall, sondern für eine allgemeine Klasse an Fällen, also nicht nur für „dieses Dreieck hier", sondern für „alle Dreiecke" oder „alle rechtwinkligen Dreiecke" gelten. Doch wie lässt sich sicherstellen, dass, was ich von einem Einzelnen sage, zugleich im Allgemeinen zutrifft? Das Sinnlichkeitsproblem hingegen bezieht sich auf die Tatsache, dass gezeichnete geometrische Figuren sinnliche, innerweltliche Objekte sind und als solche nicht den Grad an Präzision und Genauigkeit aufweisen, den mathematische Begriffe erfordern. Während sie einerseits nicht darstellen können, was sie sollen, legen sie oft Schlüsse nahe, die sie nicht darstellen sollen.

Trotz vielfältiger Ideen, wie diese Probleme zu lösen seien, ist die philosophische Mehrheitsmeinung *figurkritisch*. Darunter soll eine Position verstanden werden, die Diagrammen in geometrischen – und anderen – Beweis- und Wissenszusammenhängen keinen epistemischen Wert, sondern höchstens psychologischen Wert zugesteht. Diagramme machen Beweise einfacher, sind aber kein konstitutiver Bestandteil von ihnen. Leibniz etwa bemerkt:

> Denn man muß wissen, daß es nicht die Figuren sind, auf denen die geometrischen Beweise beruhen [...]. Die Kraft der Beweisführung ist von der gezeichneten Figur ganz unabhängig, und diese dient nur dazu, das Verständnis dessen, was man sagen will, zu erleichtern und die Aufmerksamkeit festzuhalten. Es sind die allgemeinen Sätze, d. h. die Definitionen, die Axiome und die schon bewiesenen Lehrsätze, die den eigentlichen Beweis ausmachen und ihn auch dann, wenn keine Figur dabei wäre, aufrecht erhalten würden (Leibniz 1915[1765], S. 418 – 419).

Und auch Hegel äußert sich negativ über den Wert sinnlicher Objekte in mathematischen Unternehmungen:

> Am wenigsten aber sollte der Wissenschaft, z. B. der Geometrie und Arithmetik, das Anschauliche, das ihr Stoff mit sich bringt, zu einem Verdienste angerechnet, und ihre Sätze als hierdurch begründet, vorgestellt werden. Vielmehr ist der Stoff solcher Wissenschaften darum von niedrigerer Natur; das Anschauen der Figuren und Zahlen verhilft nicht zur Wissenschaft derselben; nur das Denken darüber vermag eine solche hervorzubringen (Hegel 1981[1816], S. 42).

Doch die figurkritische Haltung, diagrammatischen Nutzen auf die effiziente Vermittlung von Wissen zu beschränken und die Schaffung von Wissen zu verneinen, bleibt unbefriedigend. Sie steht in auffälligem Widerspruch zur Ubiquität von Diagrammen in den Aktivitäten und Schriften der Mathematiker, im Abendland und darüber hinaus (Lackner 2000; Chemla 2005). Sie widerspricht aber vor allem der Rolle, die Diagramme in euklidischer Geometrie einnehmen. Es handelt sich um ein Ideal, einen wissenspolitischen Imperativ, der bestimmt, wie Geometrie betrieben werden *soll*, nämlich rein begrifflich, nicht aber um eine akkurate Beschreibung geometrischer Praxis. Dieser Praxis war eher Kant auf den Spuren, als er bemerkte, dass genuine geometrische Erkenntnis allein durch Konstruktion eines partikularen, sinnlichen Diagramms möglich sei (Kant KrV, A716/B744).

Dieses Kapitel möchte eine angemessenere Einschätzung des epistemischen Wertes von Figuren in der Geometrie vorlegen. Dazu ist es nötig, die klassische, binär gespaltene Sicht auf Diagramme zu überwinden. Diese schwankt zwischen einem ungerechtfertigten spatiozentrischem Empirismus und einem unbefriedigenden figurkritischen Begriffszentrismus. Die Wahrheit besteht in einer Kombination und Verzahnung beider Ansätze. Diese wird durch zwei Schritte ermöglicht: (i) durch eine methodische Blickerweiterung auf diagrammatisches Funktionieren *jenseits von* Beweissituationen; (ii) durch eine Neueinschätzung der Rolle, die Figuren *in* Beweisen spielen.

Will man die Bedeutung von Diagrammen etwa für geometrisches Denken richtig einschätzen, sollte man versuchen, *möglichst viele* Funktionen in den Blick zu nehmen, die Diagramme ausüben können. Diese Funktionen umfassen weit mehr als nur das Rechtfertigen von Sätzen mittels Beweisen. Die Beweisfunktion ist nur eine unter vielen Funktionen, die Diagramme haben können. Diagramme sind nicht nur multispatiale, sondern auch multifunktionale Instrumente. Sie spielen in der Entwicklung axiomatischer Systeme, bei der Entdeckung oder dem Verständnis geometrischer Sätze eine zentrale Rolle. Diagramme sind für viele Aspekte klassischer Geometrie unverzichtbar. Diese Einsicht lässt sich übrigens erstaunlicherweise selbst bei jenen Denkern finden, die gewöhnlich als Diagrammskeptiker schlechthin betrachtet werden, wie Pasch oder Hilbert.

Wichtig ist aber, dass der Blick auf die Multifunktionalität geometrischer Diagramme gerade nicht zu einer Geringschätzung oder Ausklammerung der Frage ihrer Beweistauglichkeit führen sollte. Die Philosophie, gerade die jüngere Philosophie, spricht Beweisen den höchsten Stellenwert unter allen mathematischen Handlungen zu. Dieses Primat des Beweises mag zu kritisieren sein (etwa aus einer stärker an den konkreten Praktiken des Mathematikers orientierten Sichtweise). Doch wäre es ein Fehler, die Frage, ob, und wenn ja, wie Diagramme *legitime* Bestandteile von Beweisen sein können, für nebensächlich zu halten. Denn erstens sind Beweise schlicht fundamental für Mathematik, auch für mathematische Praxis. Und zweitens wird ein Plädoyer für die Erkenntniskraft von Diagrammen erst dann überzeugen können, wenn es zu zeigen gelingt, dass Diagramme auch in der Königsklasse der Erkenntnis, dem mathematischen Beweis, erfolgreich mitzuspielen vermögen. Schließlich und vor allem lernen wir bei den Überlegungen, warum und wie Diagramme beweisfähig sind, sehr viel darüber, wie Diagramme *überhaupt* funktionieren und worauf es beim Erkennen und Denken mit Diagrammen ankommt. Deshalb möchte ich im zweiten Teil meiner eigenen Ausführungen eine Theorie des positiven epistemischen Beitrags von Diagrammen in klassischer Geometrie darstellen.

2.2 Die spatiozentrische Sicht

2.2.1 Grundidee

Fangen wir mit einem Beispiel an. Nehmen wir an, wir wollten den Innenwinkelsummensatz beweisen. Dieser Satz besagt, dass die Summe aller drei Winkel eines beliebigen Dreiecks gleich zwei rechten Winkeln, alternativ formuliert: gleich 180° ist. Ein Beweis könnte etwa so aussehen (Abbildung 7).

Wir nehmen ein beliebiges Dreieck. Wir messen erstens den Winkel ∠BAC und tragen ihn gleichsam zum Punkt C *herüber*, so dass die Strecke CE mit dem Winkel ∠ACE entsteht, wobei ∠ACE gerade dem gemessenen Winkel ∠BAC entspricht. Zweitens messen wir den Winkel ∠CBA und tragen ihn wiederum so ab, dass die Strecke CE entsteht (wobei der Winkel ∠ECD gerade dem Winkel ∠CBA entspricht). Dazu verwenden wir geeignete Instrumente. Sobald wir das getan haben, können wir sehen, dass die drei Winkel ∠ACB, ∠ACE und ∠ECD zusammen genau einen Halbkreis ausmachen. Wir können, wenn wir sicher gehen wollen, diesen Halbkreis auch einzeichnen. Doch ein Halbkreis umspannt gerade zwei rechte Winkel. Nun ist ja ∠ACB Teil des Dreiecks, das wir untersuchen wollen, und ∠ACE und ∠ECD entsprechen wiederum den beiden anderen Innenwinkeln des Dreiecks. Daher wissen wir, dass drei Winkel, die gerade den Innenwinkeln des Dreiecks

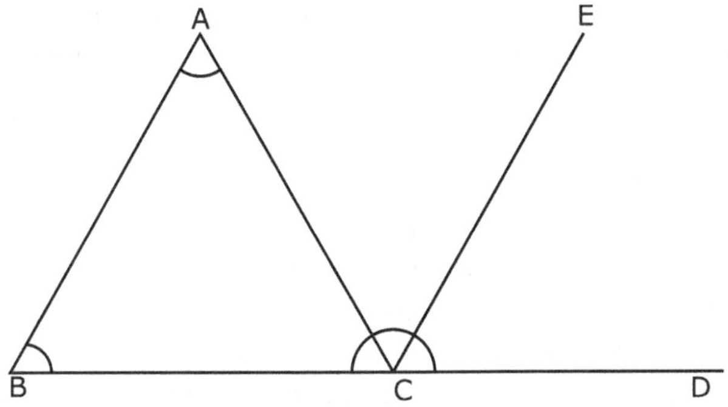

Abbildung 7: Zu Wolffs Beweis des Innenwinkelsummensatzes

entsprechen, zusammen eine Größe von zwei rechten Winkeln haben. Womit wir den Innenwinkelsummensatz bewiesen hätten.

Der skizzierte Beweis ist mehr als ein fiktives Beispiel. Er findet sich bei Wolff und wird von Shabel (2004, S. 209 – 211) diskutiert. Der Beweis dient als prototypisches Beispiel für diagrammbasierte Beweise, die ich *spatiozentrisch* nennen möchte. Spatiozentrische Beweise beruhen auf der *empirischen* Untersuchung der räumlichen Eigenschaften von Diagrammen (zuzüglich gewisser Konventionen, etwa, dass ein Halbkreis zwei rechten Winkeln entspricht). Die empirische Untersuchung besteht vor allem in (i) der empirischen Manipulation von Diagrammen (Hinübertragen von Winkelgrößen) und (ii) der visuellen Feststellung bestimmter Eigenschaften des Diagramms. Beweise dieser Art basieren dabei auf folgendem dreischrittigen Modell (nach Kitcher 1975, S. 43 – 50):

1. Wir konstruieren zu einem allgemeinen Begriff ein korrespondierendes, in der Anschauung, also im Raum gegebenes, partikulares Diagramm. Dieses Diagramm enthält zunächst eben die Eigenschaften, die ihm der Begriff zuschreibt (sonst wäre es keine Konstruktion des Begriffs). Kitcher nennt sie R (R für rule-based, regelbasierte Eigenschaften).
2. Jede partikulare räumliche Figur unterliegt den Gesetzen der räumlichen Struktur, zu der sie gehört. Diese Gesetze äußern sich darin, dass dem Diagramm neben den Eigenschaften R weitere raumbasierte, notwendige Eigenschaften S (für space) zukommen. Diese zu identifizieren ist die eigentliche Aufgabe der Geometrie. Sie sind dabei streng zu trennen von einer dritten Menge an Eigenschaften A (accidental), die das Diagramm enthält und die ihm bloß kontingenterweise zukommen.
3. Indem wir das konstruierte Partikular bestimmten Operationen unterziehen und auf seine Eigenschaften scannen, entdecken wir also neben den bereits im Begriff der Figur enthaltenen Eigenschaften R weitere Eigenschaften. Es ist

der Raum, in den das Diagramm eingelassen ist, der diese zusätzlichen Eigenschaften erzeugt (wie im ersten Kapitel unter dem Stichwort „Überschuss" diskutiert wurde). Worauf es ankommt, ist die Unterteilung dieser neuen Eigenschaften in solche, die notwendigerweise eintreten (S-Eigenschaften) und solche, die nur zufälligerweise eintreten (A-Eigenschaften) und von den kontingenten Umständen der Realisierung der Konstruktion abhängen. Sobald wir festgestellt haben, welche der neuen Eigenschaften notwendig sind, haben wir das Problem gelöst. Wir können etwa feststellen, dass die Innenwinkelsumme eines euklidischen Dreiecks tatsächlich 180° beträgt. Für den Fall der Geometrie, jedenfalls solange wir sie klassisch als Wissenschaft von den Gesetzen des Raumes verstehen, ist dies auch bereits der letzte Schritt.

Folgende Punkte sind an spatiozentrischen Beweisen entscheidend:

(1) Geometrie ist die Untersuchung der empirischen Eigenschaften räumlicher Figuren. Geometrische Sätze sind aufgrund *empirischer Untersuchungen* gültig, weil sie per „Augenmaß" (Wolff) als gültig erkannt worden sind. In seiner Diskussion des Dialogs in Platons *Menon*, in dem Sokrates einen Sklaven zur Quadratverdopplung anleitet, schreibt Sir David Ross über das Denken des Sklaven: „It is on the evidence of his eyesight [...] that he admits that the square on the diagonal of a given square is twice the area of the given square. He admits that certain triangles have areas equal [...] to half of the given square [...] not because he sees that these things must be so, but because to the eye they look as if they were" (zit. n. Giaquinto 1993, S. 83). Giaquinto zufolge spielt das Diagramm bei Ross die Rolle einer Evidenzquelle. Wir richten eine bestimmte Frage an das Diagramm, z. B.: Wie viele Dreiecke mit dieser Größe sind in dieser Figur enthalten (Giaquinto 1993, S. 87)? Wir beobachten und untersuchen das Diagramm. Wir erkennen, dass das Dreieck vier Mal in der Figur enthalten ist.

(2) Die spatiozentrische Sicht greift konstitutiv auf die Idee raumbasierter Überschussproduktion zurück (Kapitel 1). Durch die Konstruktion von Diagrammen entstehen neue, für die Konstruktion selbst nicht benötigte Informationen, die dann von dem Benutzer beobachtet werden können.

(3) Das Diagramm funktioniert als *Träger räumlicher Sachverhalte*, deren Extraktion die Aufgabe der visuellen Untersuchung des Diagramms ist.[1]

---

1 Eine immer noch verbreitete Position, zu finden etwa bei Lomas (2002, S. 209): „[P]erception participates in mathematical reasoning by supplying conscious shape information with which to reason. The utility of diagrams in geometric reasoning could not be explained without supposing that perception supplies this conscious information".

(4) Schließlich ist die spatiozentrische Sicht eng verbunden mit der experimentellen Sicht auf diagrammatisches Denken. Wissensproduktion durch Diagramme stellt demnach eine Wissensgenerierung durch ein Experiment dar (Bogen / Thürlemann 2003; Bogen 2005; Stjernfelt 2007; Bauer und Ernst 2010; Meyer-Krahmer 2012; Meyer-Krahmer / Halawa 2012).

2.2.2 Kritik

Die spatiozentrische Sicht scheint zunächst eine aussichtsreiche Erklärung des epistemischen Potentials von Diagrammen anzubieten. Doch sie ist bei genauer Betrachtung tatsächlich mit einer Serie von Einwänden konfrontiert, die ihre Plausibilität zunichte machen. Es stellt sich heraus, dass die spatiozentrische Sicht weder die Praxis des Gebrauchs von Diagrammen in der Geometrie angemessen beschreiben, noch die besonderen Anforderungen an geometrische Urteile erklären kann. Im Einzelnen haben wir es mindestens mit den im Folgenden diskutierten Problemen zu tun.

2.2.2.1 Das Problem der fehlenden Übereinstimmung mit geometrischer Praxis

Die spatiozentrische Sicht behauptet, dass die Rolle von Diagrammen in der Geometrie auf der Beobachtung ihrer räumlichen Eigenschaften gründet. Das erste große Problem an dieser Behauptung ist, dass sie den tatsächlichen Weisen, wie wir Diagramme gebrauchen, nicht entspricht (Giaquinto 1993, S. 88). In geometrischen Beweisen messen wir üblicherweise gar nicht die Größe von Winkeln oder bestimmen die Flächeninhalte einer Figur. Wir schneiden auch nicht eine bestimmte Figur aus und legen sie auf eine andere, um Kongruenz nachzuweisen. Wir verwenden höchstens ein Lineal, um Linien möglichst gerade zu ziehen. Doch oft tun wir nicht einmal das. Wir können Linien auch ohne Hilfsmittel, einzig mit der Hand zeichnen, daher fehlt in den Beweisen auch ein „feeling or awareness of scrutinizing the figures to make judgements about their exact areas" (Giaquinto 1993, S. 88). Wittgenstein bringt es auf den Punkt: „Wir machen nicht *Versuche* an einem Satz oder Beweis, um seine Eigenschaften festzustellen" (Wittgenstein BGM, III-10.) Wie können aber Beweise, in denen es auf exakte metrische Verhältnisse wie etwa Winkel- oder Flächengrößen ankommt, auf visuospatialen Eigenschaften basieren, wenn wir diese Eigenschaften gar nicht untersuchen?

2.2.2.2 Die fehlende epistemische Kraft empirischer Sachverhalte

Nehmen wir an, dass wir die Größe der Innenwinkel eines Dreiecks messen, sie addieren und eine Summe erhalten, die kleiner ist als 180°. Sind wir bereit, aufgrund dieses Messergebnisses den Innenwinkelsummensatz zu verwerfen? Wenn die Rechtfertigung geometrischer Sätze tatsächlich auf der Beobachtung empirischer Regelmäßigkeiten basierte, dann müssten wir auch prinzipiell offen für eine empirische Falsifikation der bewiesenen Sätze sein. Es müsste möglich sein, dass die Erfahrung uns sagt, dass die Innenwinkelsumme eines Dreiecks nicht 180° beträgt. Doch es ist schwer vorstellbar, wie unsere Überzeugung, dass die Innenwinkelsumme eines Dreiecks 180° beträgt, durch visuelle Erfahrungen geändert werden könnte. Würden wir tatsächlich eine geometrische Überzeugung aufgrund visueller Urteile bilden, dann müsste diese Überzeugung von dem Gefühl begleitet sein, „that it could turn out to be wrong" (Giaquinto 2007, S. 53). Doch das ist nicht der Fall. Ebenso wenig gilt, dass eine Figur, die einen Satz empirisch exemplifiziert, schon als Beweis funktioniert (Wittgenstein BGM, III-39).

2.2.2.3 Empirische Faktizität gegen mathematische Konditionalität

Diagramme können – wie Bilder – nur zeigen, dass etwas ist, mathematische Sätze aber sind konditionale Sätze; sie haben die Form einer Wenn-Dann-Beziehung. Reichenbach legt dar, dass die Anschauung nicht behauptet, „*daß* die Dreiecke ACD und BCD kongruent sind, sondern sie behauptet nur die Implikation: diese Dreiecke sind kongruent, *wenn* CD die Mittelsenkrechte auf AB ist" (Reichenbach 1931, S. 64). Doch solche konditionalen, implikativen Schlüsse, wie sie die Mathematik zum Gegenstand hat, können gerade nicht einem empirischen Bild entnommen werden. Mersch und Heßler nennen das die „Nichthypothetizität des Sichtbaren": „Bilder argumentieren weder konjunktivistisch noch im Konditional, [...] sondern setzen zeigend ein Faktum" (Heßler / Mersch 2009, S. 23). Daher gilt mit Reichenbach: „Wir nehmen die Erkenntnis nicht aus ihr [der geometrischen Zeichnung, J. W.] heraus, wir legen sie in sie hinein" (Reichenbach 1928, S. 53).

2.2.2.4 Beweise brauchen keine zeichnerische Präzision

Geometrische Beweise, die Diagramme beinhalten, benötigen keine zeichnerische Präzision. Sie können sie auch gar nicht haben. Die Gründe dafür liegen in dem begrenzten Vermögen endlicher Wesen zur Produktion und Rezeption präziser graphischer Größen. Es gibt Grenzen der Genauigkeit, mit der bestimmte Eigenschaften eingezeichnet oder abgelesen werden können. Ein Winkel von 90° ist etwa visuell ununterscheidbar von einem Winkel, der 89,99972° groß ist. Das aber bedeutet, dass ich einen Beweis – etwa den Innenwinkelsummensatz – an einer

Figur vollziehe, von der ich prinzipiell nicht feststellen kann, ob sie überhaupt die Eigenschaft (Innenwinkelsumme = 180°) aufweist, die ich mit ihrer Hilfe beweise. Doch wenn nicht zweifelsfrei feststellbar ist, ob Diagramme die Eigenschaften besitzen, die sie zeigen sollen, dann können sie – zumindest solange man Beweise spatiozentrisch versteht – auch keine epistemische Relevanz besitzen. Sherry bringt das auf den Punkt, wenn er schreibt, dass eine Erkenntnis nicht „from *inspecting* a less than exact diagram" folgen könne, „since the desired result is nowhere to be seen" (Sherry 2009, S. 64). Oder wie Wittgenstein bemerkt: „Diese Dinge sind feiner gesponnen, als grobe Hände ahnen können" (BGM, VII-57). Wie sollte ich auch etwas beweisen, das auf der Annahme beruht, dass ein bestimmter Winkel ein rechter Winkel ist, wenn der gezeichnete Winkel ein stumpfer oder spitzer Winkel sein könnte?

Würde geometrisches Wissen tatsächlich in diesem Sinne auf Wahrnehmungen der Diagramme basieren, dann hätten wir es mit einem rätselhaften Fall des Hervorgehens von Wissen aus Nicht-Wissen, von Wahrheit aus Falschheit zu tun. Diagramme, die eine konstitutive Rolle in Beweisen spielen, können also nicht über zeichnerische Exaktheit funktionieren. Und tatsächlich tun sie das auch nicht. Wittgenstein bemerkt dazu: „Die Zeichnung eines Euklidischen Beweises kann ungenau sein, in dem Sinne, daß die Geraden nicht gerade sind, die Kreisbögen nicht genau kreisförmig etc. etc. und dabei ist die Zeichnung doch ein exakter Beweis" (BGM, III-1). Wittgenstein behauptet hier für die Geometrie das, was er auch über die Sprache sagt: Exaktheit ist für ihr Funktionieren nicht notwendig. Es gibt richtige Beweise, die sich auf ungenaue, unvollkommene oder gar falsche Figuren stützen. Genau genommen gilt das sogar für jeden Beweis, der eine bestimmte Art von Exaktheit voraussetzt, wie beispielsweise exakte Winkelgrößen, Parallelität und so weiter. Bei Beweisen geometrischer Sätze spielt metrische Präzision keine Rolle. Poincaré hat das in eine prägnante Formel gebracht: „It has often been said that geometry is the art of reasoning correctly about figures which are poorly constructed. This it not a quib but a truth which deserves reflection" (Poincaré 1963, S. 26).

Man muss das Gesagte um eine Einschränkung ergänzen. Es ist wichtig zu betonen, dass es Gebrauchsweisen von Diagrammen gibt, bei denen konstruktive und perzeptive Exaktheit sehr wohl eine fundamentale Rolle spielen, Gebrauchsweisen, in denen metrische Präzision, wenngleich sie nicht vollkommen sein kann, doch angestrebt werden muss. Etwa, wenn ich mich mittels einer Karte im Gelände bewege, wenn ich den Flächeninhalt unter einer Kurve mittels einer Zeichnung bestimmen will. Auch bei den Plänen und Skizzen von Ingenieuren, Technikern, Architekten und Naturwissenschaftlern kommt es auf einen möglichst hohen Grad an Präzision in den exakten Größen an (Reichenbach 1928, S. 123). Ebenso kann die Verwendung von Diagrammen in geometrischen Kontexten Präzision voraussetzen, etwa in der Schule, wenn der Lehrer fordert, ein Dreieck möglichst exakt zu zeichnen, um etwa mit einem Winkelmessgerät den Winkel zu bestimmen. Dann kommt es auf die metrischen Eigenschaften an.

Ein zweiter Punkt kommt hinzu. Auch wenn es epistemisch in den meisten Fällen nicht notwendig ist (zu den Ausnahmen später), dass Diagramme möglichst genau gezeichnet werden, heißt das nicht, dass es sinnvoll wäre, sie schlecht zu zeichnen. Man *kann* mit schlecht gezeichneten Diagrammen beweisen – doch es kann länger dauern und anstrengender sein. Schlecht gezeichnete Diagramme können „potentially misleading" und dadurch zu einem „particularly impractical aid" für geometrisches Denken werden, wie Coliva bemerkt (2012, S. 135).

2.2.2.5 Das Universalisierungsproblem

Mathematische Sätze streben nach Allgemeinheit. Sie sollen für eine große Klasse an Fällen und Objekten gelten. Daraus folgt im Falle der Geometrie das Problem der Verallgemeinerung. Wittgenstein hat es wie folgt beschrieben: „Allgemeinheit der euklidischen Beweise. Man sagt, die Demonstration wird an einem Dreieck durchgeführt, der Beweis gilt aber für alle Dreiecke – oder für jedes beliebige Dreieck" (Wittgenstein PB, XI-131). Auf Diagramme übertragen heißt das: Wenn ich eine Erkenntnis an einem bestimmten partikularen Diagramm gewonnen habe, warum kann ich die Erkenntnis auch auf andere mögliche Diagramme der gleichen Art übertragen? Die Schwierigkeit besteht dabei wesentlich darin zu klären, was „die gleiche Art" Diagramm ist. Doch wie soll die spatiozentrische Theorie die Allgemeinheit geometrischer Beweise erklären können? Wie sollen sich die Ergebnisse von dem besonderen Fall auf den allgemeinen Fall übertragen lassen, wenn sie schon im besonderen Fall nicht zutreffen?

2.2.2.6 Flexibilität

Diagrammatische Inskriptionen weisen eine erstaunliche Flexibilität im Gebrauch auf. Eine materiell identische Inskription kann zur Darstellung einander wechselseitig ausschließender mathematischer Sachverhalte dienen und damit auch für konträre Zwecke gebraucht werden. Man kann sie sogar zur Darstellung mathematisch unmöglicher Objekte verwenden. Wenn das aber stimmt, dann können Diagramme nicht einfach nur die Rolle spielen, räumliche Informationen zu liefern. Es kommt vielmehr darauf an, *was* wir aus ihnen ablesen. Betrachten wir die beiden angesprochenen Fälle genauer.

Ein mathematikgeschichtlich berühmtes Beispiel *für einander ausschließende Diagramme, die auf einer identischen Inskription beruhen,* ist Saccheris Viereck (die folgende Darstellung nach Sherry 2009). Das Viereck spielte im 18. Jahrhundert eine Schlüsselrolle in den Versuchen des Mathematikers Saccheri, die Notwendigkeit von Euklids Parallelenpostulat dadurch zu beweisen, dass er es aus den anderen vier Postulaten ableitete. Im Zuge seiner Beweise verwendete er das Diagramm eines Vierecks (Abbildung 8). Dieses besteht aus einer Grundlinie AB, an deren Enden die jeweiligen Seiten AC und BD im rechten Winkel abgetragen werden. Ferner seien AC und BD gleich lang. Die Frage, die sich Saccheri stellte, ist, wie groß die Winkel bei C und bei D sind. In einer euklidischen Geometrie sind diese Winkel bekanntermaßen ebenfalls rechte Winkel, also 90° groß. Hier gilt, dass ein Saccherisches Viereck zugleich ein Rechteck ist. Es mag uns schwer fallen, uns vorzustellen, dass die Winkel nicht 90° betragen. Doch Saccheri nahm genau das an, als er die Konsequenzen diskutierte, die sich ergäben, wenn die Winkel bei C und bei D nicht 90° betrügen, sondern größer oder kleiner wären. Erstens prüfte er, was aus der Annahme folgt, dass die Winkel bei C und bei D rechte Winkel sind. Zweitens untersuchte er die Annahme, dass bei C und D spitze Winkel, also kleiner als 90°, vorliegen. Und drittens nahm er an, dass die Winkel bei C und D stumpf, also größer als 90° sind. Er hoffte, dass die beiden letzten Fälle zu Widersprüchen führen würden und somit als einzig verbleibende Möglichkeit die euklidische Geometrie übrig bliebe. Diese Hoffnung erfüllte sich nicht. Tatsächlich war Saccheri nicht weit davon entfernt, die Konsistenz nicht-euklidischer Geometrien nachzuweisen. Doch das soll uns hier nicht weiter interessieren. Entscheidend ist vielmehr „Saccheri's use of the *same* diagram in proving theorems about radically incompatible figures", wie Sherry formuliert (2009, S. 60). Dabei ist ein Sachverhalt besonders interessant: Aufgrund unseres etwa in der Schule geformten euklidischen Blicks gelingt es uns im Allgemeinen nicht ohne größere Übung oder Gewöhnung, die Winkel bei C und bei D tatsächlich als stumpfe oder spitze Winkel zu *sehen*. Sherry bestreitet diese Tatsache gar nicht. Im Gegenteil: Er betont sie sogar. Das ist gerade sein Punkt, dem ich zustimmen möchte: Sherry weist darauf hin, dass wir in der Lage sind, Inskriptionen in einer Weise als Diagramme zu gebrauchen, die den Eigenschaften, die wir zu sehen meinen, entgegenstehen.

Betrachten wir nun die Verwendung *unmöglicher Figuren* in geometrischen Beweisen (Meynen 2010, S. 46–51). Euklid verwendet eine Reihe von *reductio ad absurdum* Beweisen.

In diesen funktioniert die Figur anders. Sie zeigt einen unmöglichen Sachverhalt. Man arbeitet mit einer Figur, nimmt an, dass sie existiert und weist dann ihre Unmöglichkeit nach. Immer wieder kommen solche Beweise bei Euklid vor. Ein Beispiel ist der zehnte Satz des dritten Buches. Dort beweist Euklid, dass ein Kreis einen anderen Kreis in nicht mehr als zwei Punkten schneidet. Er nimmt an, dass es mehr als zwei Schnittpunkte gibt und leitet dann eine absurde Schlussfolgerung ab. Bemerkenswert ist erneut die Figur, die Euklid verwendet (Abbil-

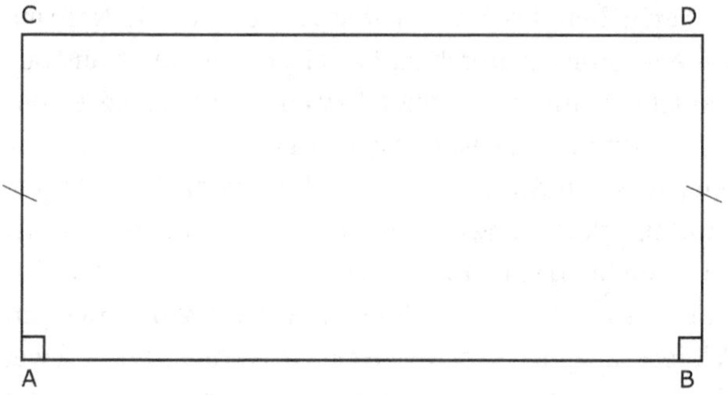

Abbildung 8: Saccheris Viereck

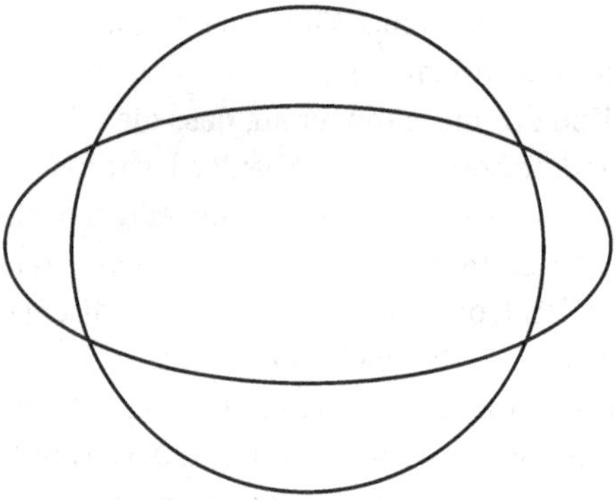

Abbildung 9: Euklid III, 10

dung 9): Es handelt sich um zwei Kreise, die sich in mehr als zwei Punkten schneiden.

Doch, wie Netz festhält, handelt es sich um „a strange diagram [...]: for good geometrical reasons, proved *in this very proposition*, such a diagram is impossible. Euclid draws, what is impossible; worse, what is patently impossible“ (Netz 1999, S. 55). Dies ist tatsächlich eine bemerkenswerte Leistung, widerspricht sie doch einer Intuition, wie sie prägnant in einem Satz in Wittgensteins *Tractatus* zum Ausdruck kommt: „Wohl können wir einen Sachverhalt räumlich darstellen, welcher den Gesetzen der Physik, aber keinen, der den Gesetzen der Geometrie zuwiderliefe“ (T, 3.0321). Euklid aber tut gerade das: Er stellt den Sachverhalt dar, dass zwei einander überlappende Kreise mehr als zwei Schnittpunkte haben, aber dieser Sachverhalt läuft den Gesetzen der Geometrie zuwider. Unmögliche Figuren bedeuten ein Rätsel für alle Theorien, denen zufolge Geometrie auf Anschauung basiert: „There is a puzzle here, at least for anyone inclined toward the thesis that geometry is intuitive. The proof depends upon constructing a figure in intuition, which turns out not to be a possible object of intuition“ (Sherry 1999, S. 23). Das Problem ist noch größer als jenes der Beweistauglichkeit schlecht gezeichneter Figuren. Denn hier geht es nicht darum, dass etwas nur schlecht erkannt werden kann, sondern darum, dass mit Hilfe einer Figur ihr Gegenteil bewiesen wird.

Eine Lösungsstrategie ergibt sich, wenn wir uns die Figur zu dem Beweis genauer anschauen. Wir sehen hier nicht buchstäblich zwei Kreise, sondern einen Kreis und ein Oval. Doch der Beweis geht über zwei Kreise, nicht über einen Kreis und eine ovale Figur. Was passiert hier? Die ovale Figur wird als Kreis behandelt. Man nimmt für die Dauer des Arguments an, dass sie ein Kreis ist. Man tut so, als ob. Am Ende des Beweises sieht man dann, dass sie kein Kreis sein kann, nie gewesen sein konnte. Man lässt die Annahme wieder fallen. Worin besteht dieses So-tun-als-ob? Ist es ein imaginäres Wahrnehmen? Sehe ich die ovale Figur als Kreis? Nein. Es handelt sich hier gerade nicht um einen Fall visueller Wahrnehmung. Vielmehr wird deutlich, wie groß die Differenz, wie stark das Auseinandertreten von dem, was wahrgenommen wird und dem, was mathematisch eine Rolle spielt, sein kann. Es geht nicht darum, dass ich meine Wahrnehmung eines Ovals irgendwie in die Illusion eines Kreises verwandele. Was ich sehe, was ich buchstäblich sehe, ist ein Oval. Mir kommt es gerade auf den anderen Punkt an: Der Beweis funktioniert, *obwohl* wir das Oval nicht als Kreis sehen können. Eine Figur kann in einem Beweis eine begriffliche Rolle spielen, die ihrer visuellen Erscheinung entgegensteht. Es kommt darauf an, dass wir die richtigen begrifflichen Konsequenzen aus der Annahme ziehen, die Figur wäre ein Kreis. Das So-tun-als-ob ist also vor allem eine *begriffliche Verpflichtung*. Wenn ich das Oval als Kreis behandele, dann kann ich etwa das, was ich schon aus vorangegangenen Analysen über Kreise weiß, auf die Figur anwenden. Das Stichwort „begrifflich“ leitet über zur Gegenthese der spatiozentrischen Sicht.

2.3 Die begriffliche Sicht

Es ist deutlich geworden, dass und warum die spatiozentrische Sicht auf diagrammatisches Denken problematisch ist. Doch was ist die Alternative? Die große Gegenthese zur empirischen ist die begriffliche Sicht. Ihr zufolge besteht die epistemische Leistung, die wir im Ablesen spatialer Eigenschaften des Diagramms verortet haben, tatsächlich in inferentiellen Beziehungen zwischen Begriffen. Diagramme mögen diese Begriffsbeziehungen veranschaulichen, aber sie stiften oder begründen sie nicht. Wir können Begriffsbeziehungen auf Diagramme projizieren, nicht aber von ihnen ablesen.

Die begriffliche Sicht hat viele mögliche Erscheinungsformen. Sogar miteinander unvereinbare Positionen lassen sich gleichermaßen als begrifflich kennzeichnen. Im Folgenden soll zunächst diejenige Variante dargestellt werden, die ich für die erfolgversprechendste halte: eine inferentialistische Sicht. Aus ihr folgt eine bestimmte Auffassung über den Gebrauch von Diagrammen in geometrischem Denken. Diese Sicht behauptet, dass es nicht darauf ankommt, was wir in einem Diagramm sehen, sondern als was wir es behandeln. Die Theorie des geometrischen Behandeln-als eines Diagramms soll vor allem im Anschluss an Reichenbach und Sherry entwickelt werden. Ihren radikalsten Ausdruck findet der Inferentialismus in dem Projekt einer *Axiomatisierung der Geometrie,* wie sie von Pasch und Hilbert initiiert wurde, und die dann die Mathematikphilosophie des 20. Jahrhunderts dominierte, woran sich bis heute kaum etwas geändert hat. Axiomatisierung kann als ein Inferentialismus begriffen werden, der nur solche Schlüsse zulässt, die auf formal gegebene Axiome und Ableitungsregeln zurückgeführt werden können. Axiomatik wird zumeist mit einem mathematischen Skriptozentrismus verbunden, demzufolge das einzig legitime Darstellungsvehikel für Mathematik lineare Symbolketten sind: „[T]he proof itself is a purely ‚formal' or ‚conceptual' object: ideally, a string of expressions in a given formal language" (Friedman 1985, S. 460).

2.3.1 Inferentialismus und Behandeln-als

Die inferentialistisch-begriffliche Theorie von Diagrammen behauptet, dass Diagramme immer im Lichte eines Begriffs aufgefasst werden. Eine Inskription ist kein euklidisches Dreieck per se, sondern nur, solange und insofern wir es als euklidisches Dreieck behandeln. In diesem Sinne ist sie eine *normative* Theorie. Behandeln-als stellt keinen *visuellen*, sondern einen *normativen* Vorgang dar (mein Begriff des Behandeln-als ist von Sherry 2009 und Coliva 2012 inspiriert, weicht aber von beiden Fassungen ab; vgl. auch Brunner 2015). Eine Inskription als Diagramm des geometrischen Begriffs x zu behandeln, ist eine *regelbasierte* Tätigkeit. Eine Inskription als geometrisches Dreieck aufzufassen, bedeutet, auf korrekte Weise mit ihr umzugehen. Für diesen Umgang gibt es Regeln. Nur wer diese Regeln beachtet, arbeitet tatsächlich mit einem Dreieck. Wer sich nicht an die Regeln hält, spielt nicht das Spiel der Geometrie. Umgekehrt gilt, dass wer sich an die Regeln hält, die im vorherigen Abschnitt aufgeführten Probleme der Geometrie vermeidet. Sherry bemerkt: „Such stipulations, which consist in treating a figure as a figure of a certain sort, free the geometer to use an empirical diagram without impairing its universality" (Sherry 1999, S. 27).

Der entscheidende Schritt in geometrischem Denken ist daher, Sherry zufolge, ein empirisches Objekt, etwa eine graphische Inskription, unter einen Begriff zu bringen, etwa unter den Begriff „Dreieck". Die Anwendung eines Begriffs hat dabei bestimmte Voraussetzungen und Konsequenzen. Eine Figur erfolgreich als ein Quadrat zu behandeln, setzt etwa voraus, dass man ein „competent participant in inferential practices involving terms like ‚square', ‚line' and ‚equal'" ist (Sherry 2009, S. 65). Die Verwendung von Diagrammen für mathematische Zwecke gelingt nur, insofern „the reasoner has mastered the skill of treating an empirical object by means of exact, mathematical concepts" (Sherry 2009, S. 68). Die erfolgreiche Beherrschung eines Begriffs und seine korrekte Anwendung auf empirische Gegenstände äußert sich darin, dass man korrekte Schlüsse zieht: Wenn ich etwas als ein Quadrat behandele, dann folgt daraus, dass es vier gleich lange Seiten hat. Dies ist aber keine Überzeugung, die durch Anschauung gerechtfertigt wird, sondern eine Überzeugung, die aus dem Netz der Begriffe, aus dem mathematischen Spiel der Geometrie folgt. Ein Schluss der Form „Wenn dies ein Quadrat ist, dann hat es vier gleich lange Seiten" ist ein Ausdruck von „logical mastery, *not* a report of a perceptual characteristic of the diagram" (Sherry 2009, S. 65). Dieser Schluss muss unabhängig von der Tatsache sein, dass das empirische Quadrat vor mir vier Seiten unterschiedlicher Länge hat. Die epistemische Rolle, die ein Diagramm spielt, wird also in der begrifflich-inferentialistischen Sicht nicht durch das, was man *sieht*, durch die sinnliche Erfahrung, gegeben, sondern durch die begriffliche Rolle, die man dem, was man sieht, *zuweist*.

Geometrische Begriffe treten dabei nicht isoliert auf, sondern sind stets eingebunden in ein Netz anderer Begriffe und Regeln. Dieser Grundgedanke ist früh von Cassirer beschrieben worden: „Der wahrhafte ‚Sinn' einer geometrischen Gestalt besteht nicht in ihrem sinnlich-anschaulichen Sein; er ergiebt sich erst aus den begrifflichen Eigenthümlichkeiten, die wir mittelst der Definition zusprechen und aus den logischen Beziehungen, in die wir sie eingehen lassen" (Cassirer 1907, S. 29). Es ist nicht so, dass wir Geometrie aus visuellen Erfahrungen aufbauen, es verhält sich vielmehr so, dass wir Geometrie *auf* empirische Objekte anwenden, um mehr über sie zu lernen. Wenn ich etwas als Dreieck behandele, dann kann ich bestimmte Schlüsse durchführen, auf dem Wissen aufbauen, das ich über Dreiecke besitze und den mir bekannten, zulässigen Schlussregeln.

In der begrifflichen Sicht gilt daher, dass eine Inskription, die wir als geometrisches Diagramm behandeln, nicht einfach bestimmte Eigenschaften *hat*, sondern dass sie ihr *zugesprochen* werden und dass diese Zuschreibungen Konsequenzen haben, vor allem in Form von Ermöglichungen und Restriktionen bezüglich der Menge legitimer Handlungen. Eigenschaftszuweisungen sind Setzungen, die mit begrifflichen Verpflichtungen einhergehen, aber keine visuellen Klassifikationen: „[D]iagrammatic representation in geometry is rule-governed and this normativity is part of what is essential about how diagrams represent. The similarity between diagrams is not their phyiscal structure, but the similar ways in which we impose rules on what we are allowed to do with them and say about them“ (Potter 2006, S. 379).

Wie verhält sich der Begriff zu der visuellen Erscheinung des Objekts, auf die ich den Begriff anwende? Darauf gibt es keine einfache Antwort. Denn einerseits legt die Erscheinung bei weitem nicht fest, welcher Begriff auf das Diagramm angewendet werden kann. Die Anwendung eines Begriffs auf eine partikulare Anschauung ist vielmehr die „conscious activity of a subject“, nicht aber ein „causal result of a subject's seeing a diagram“ (Sherry 2009, S. 64). Begriffsanwendungen gründen demnach nicht auf Wahrnehmungen, sondern gehen ihnen voraus. Es gibt also einerseits eine Freiheit darin, welchen Begriff ich auf eine Erscheinung anwende. Andererseits ist diese Freiheit nicht unbegrenzt. Es gibt Minimalbedingungen dafür, wann eine Inskription beispielsweise als ein Dreieck behandelt werden kann (Potter 2006). Dazu muss die Inskription etwa drei erkennbare Ecken haben, die Ecken müssen verbunden sein, Innen und Außen müssen unterschieden werden können (Sherry 1999, S. 27). Wer eine Inskription, die erkennbar vier Ecken hat, als „Dreieck“ bezeichnet, verwendet den Begriff des Dreiecks – abgesehen möglicherweise von einzelnen, unüblichen Sprachspielen – falsch. Doch ist das Merkmal, nur gerade Linien zu haben, offenbar keine Minimalbedingung für die erfolgreiche Anwendung des Begriffs „Dreieck“ auf eine Erscheinung. An dieser Stelle sei eine Vermutung geäußert, die erst im Verlauf dieses Kapitels genauer erläutert werden kann. Zu den Minimalbedingungen für die erfolgreiche Anwendung von Begriffen auf Erscheinungen zählen primär grundlegende topologische, diskrete, eindeutig reproduzierbare Merkmale (Anzahl der Ecken, Verbundenheit usw.). Sie werden später in dieser Arbeit im Anschluss an die Arbeiten von Manders als *ko-exakte* Eigenschaften bezeichnet. Demgegenüber stellen metrische Merkmale wie Parallelität, Winkelgrößen, ob eine Linie wirklich gerade ist oder nicht, keine Bedingungen für die Anwendung von Begriffen dar. Sie fallen unter den Begriff *exakter* Eigenschaften.

Wie aber weiß ich, welche Eigenschaften ich dem Diagramm zuzuschreiben habe? Hier gibt es zwei wesentliche Möglichkeiten: (1) Das Aussehen des Diagramms *suggeriert* die Zuschreibung, etwa, wenn es gut gezeichnet ist und man gelernt hat, welche Art von Zeichnungen mit welcher Art von Eigenschaft korreliert. Darin liegt eine der Leistungen wohlgezeichneter Diagramme: „The virtue of a well drawn diagram is [...] to indicate which stipulations the reasoning should commence“ (Sherry 2009, S. 68). (2) Doch die Festlegung der Setzungen kann auch durch den Kontext geschehen, etwa durch symbolische Elemente, die der Zeichnung überlagert werden, wie etwa das Zeichen für einen rechten Winkel. Der Kontext kann ebenfalls auch außerhalb des Diagramms liegen, in schriftlichen, mündlichen oder gestischen Ausdrücken. Nehmen wir etwa den Satz „Sei ABC ein gleichseitiges Dreieck“. Der Satz gibt an, *als* was wir das Diagramm zu behandeln haben und damit aber auch, *wie* wir mit ihm umgehen können, welche Handlungen wir vornehmen können und so weiter.

2.3.2 Radikalisierung der begrifflichen Sicht: Die Axiomatisierung der Geometrie

Die meisten gegenwärtigen Philosophen werden die Idee, geometrische Sätze durch Berufung auf visuelle Erfahrung zu rechtfertigen, als Rückfall in glücklicherweise längst überwundene Zeiten begreifen. Geometrie ist für sie nicht aufgrund von Erfahrungen, sondern aufgrund normativer Zusammenhänge gültig. Ein geometrischer Satz ist gültig, weil er innerhalb eines begrifflichen Systems abgeleitet werden kann, nicht aber aufgrund eines empirischen Sachverhalts. Umso mehr Geometrie auf Wahrnehmung basiert, umso empirischer sie ist, desto weniger streng und desto weniger mathematisch ist sie. Eine besonders wichtige Ausprägung dieser begrifflichen Sicht ist die Axiomatisierung der Geometrie um 1900, wie sie insbesondere zunächst von Pasch und anschließend von Hilbert entwickelt wurde (Contro 1976; Mancosu 2005, S. 13 – 17; Mersch 2005a; Wildgruber 2007). Die Axiomatisierung beruht auf der Überzeugung, dass mathematische Sätze idealerweise nur aus einem vorab bestimmten System von Grundbegriffen und Beziehungen zwischen den Begriffen, kurz aus einer Menge von Axiomen abgeleitet werden dürfen. Betrachten wir zwei längere, berühmte Stellen aus Paschs 1882er *Vorlesungen*, die das erste und entscheidende Dokument der axiomatischen Methode darstellen (Contro 1976, S. 284).

> Es muss in der That, wenn anders die Geometrie wirklich deductiv sein soll, der Process des Folgerns überall unabhängig sein vom *Sinn* der geometrischen Begriffe, wie er unabhängig sein muss von den Figuren; nur die in den benutzten Sätzen, beziehungsweise Definitionen niedergelegten *Beziehungen* zwischen den geometrischen Begriffen dürfen in Betracht kommen. Während der Deduction ist es zwar statthaft und nützlich, aber *keineswegs nöthig*, an die Bedeutung der auftretenden geometrischen Begriffe zu denken; so dass geradezu, wenn dies nöthig wird, daraus die Lückenhaftigkeit der Deduction und (wenn sich die Lücke nicht durch Abänderung des Raisonnements beseitigen lässt) die Unzulänglichkeit der als Beweismittel vorausgeschickten Sätze hervorgeht (Pasch 1882, S. 98).

Und schon früher heißt es:

> Denn die Zuziehung der Figur ist überhaupt nichts Nothwendiges. Sie erleichtert wesentlich die Auffassung der in dem Lehrsatze ausgesprochenen Beziehungen und der etwa zum Beweise angewandten Constructionen; sie ist überdies ein fruchtbares Mittel, um solche Beziehungen und Constructionen zu entdecken. Aber wenn man das Opfer an Mühe und Zeit nicht scheut, so kann man beim Beweise eines jeden Lehrsatzes die Figur fortlassen; der

> Lehrsatz ist eben nur dann wirklich bewiesen, wenn der Beweis von der Figur vollkommen unabhängig ist. [...] jeder Schluss, der im Verlaufe des Beweises vorkommt, muss in der Figur seine Bestätigung finden, aber er wird nicht aus der Figur, sondern aus einem bestimmten vorhergegangenen Satze (oder aus einer Definition) gerechtfertigt (Pasch 1882, S. 43).

Was hier behauptet wird, ist nicht, dass Figuren Beweise nicht begleiten dürfen. Es geht vielmehr um die *Rechtfertigung* eines Schlusses. Diese darf nicht an der Anschauung hängen, sondern allein an Definitionen, vorher bewiesenen Sätzen – kurz, an Begriffen. Diagramme können zwar psychologisch nützlich sein, aber keine epistemische Verantwortung tragen. Jeder Schluss, jeder Übergang, den wir in dem Diagramm sehen, muss von einer begrifflichen Relation legitimiert sein (vorher bewiesene Sätze, Axiome). Deshalb ist es möglich, dass, wie Reichenbach schreibt, auch „schlecht gezeichnete Figuren [...] dennoch einen strengen geometrischen Beweis ermöglichen, weil wir in ihnen Schritt für Schritt die Erfüllung der logischen Bedingungen [...] konstatieren können" (Reichenbach 1928, S. 61). Wir können mathematische Sätze in den Diagrammen erkennen – aber das liegt daran, dass wir mathematische Begriffe korrekt auf empirische Erscheinungen anwenden können. Daher gilt mit Reichenbach: „Wir nehmen die Erkenntnis nicht aus ihr [der geometrischen Zeichnung, J. W.] heraus, wir legen sie in sie hinein" (Reichenbach 1928, S. 53).

2.3.3 Normative Anschauung

Geometrie ist, wie beschrieben, eine regelgeleitete Tätigkeit. Sie kann daher mit einem Spiel verglichen werden. Das Spiel der Geometrie ist im gleichen Maße eine regelgeleitete Tätigkeit wie Schachspielen. Die Analogie funktioniert auf mehreren Ebenen. Gerade so, wie das Wesen einer Schachfigur durch die Menge aller Regeln gegeben ist, die ihre Rolle im Spiel festlegen, hat ein geometrisches Objekt keine eigene Substanz, sondern ist implizit definiert durch die Menge zusammenhängender Regeln. So wie der König durch die Regeln des Schachspiels definiert ist, so ein geometrisches Dreieck durch das jeweilige Spiel der Geometrie. Doch auch das konkrete Arbeiten und Verstehen mit geometrischen Diagrammen ähnelt dem Schachspielen: Es bedeutet einerseits, die Regeln zu beherrschen, zu wissen, was erlaubt ist, anderseits aber auch, in der Lage zu sein, gute, kluge, produktive Züge zu wählen. Denn die Menge der gemäß der Regeln erlaubten Züge ist so viel größer als die Menge der Züge, die zu einem wünschenswerten Ergebnis führt. Schließlich gibt es auch eine Ähnlichkeit hinsichtlich der Frage, inwiefern sinnliche Wahrnehmungsschlüsse als Gründe für Überzeugungen bezüglich des Spiels Schach dienen können. In einem Schachspiel werden wir nie einen Läufer, der zuvor auf einem weißen Feld stand, auf einem schwarzen Feld entdecken. Das ist aber nicht so, weil es sich dabei um ein Gesetz unserer Anschauung des Schachspiels handelt. Der Grund liegt vielmehr in den Regeln des Schachspiels. Daher stimmt der Satz, dass wir einen auf Weiß gestarteten Läufer nie auf einem schwarzen Feld sehen werden, auch nur, „solange man die Spielregeln befolgt; in dem Gesetz des schrägen Läuferzuges liegt *logisch* die Notwendigkeit enthalten, daß die Farbe erhalten bleibt" (Reichenbach 1928, S. 57).

Ein analoger Prozess geschieht Reichenbach zufolge in mathematischen Diagrammen. Diese funktionieren ebenfalls vor einem Hintergrund an Regeln, die darüber bestimmen, was man sehen kann und was nicht. Es mag uns scheinen, als würden wir in den Diagrammen mathematische Wahrheiten entdecken – doch was tatsächlich passiert, ist, dass wir gerade jene Regeln bestätigt finden, die wir selber in das Diagramm hineingelegt haben. Da wir uns allerdings oft nicht aller (oder auch nur einiger) dieser Regeln bewusst sind, bzw. die Regeln verinnerlicht und ihre Existenz vergessen haben, bemerken wir nicht, dass wir nur unsere eigenen Begriffe wieder entdecken. Diese begriffliche Normativität ist „heimlich am Werke" (Reichenbach 1928, S. 54). Diagramme scheinen originären anschaulichen Zwang entfalten zu können, weil wir die normativen Annahmen vergessen, auf denen sie beruhen. Doch dieses Vergessen des Ursprungs darf nicht darüber hinwegtäuschen: „Die Bilder, die wir uns zur Geometrie machen, sind immer schon so eingerichtet, daß sie den Gesetzen entsprechen, die wir dann aus ihnen ablesen; diese Gesetze sind implizit stets mitgedacht" (Reichenbach 1928, S. 57). Daher ist es kein Wunder, dass wir durch Diagramme die euklidische Geometrie bestätigt sehen – solange wir sie unbewusst nach euklidischen Voraussetzungen konstruiert haben. Etwa das Parallelenaxiom: Wenn wir euklidisch denken, dann können sich zwei Parallelen niemals schneiden. Es ist unmöglich. Diese Unmöglichkeit meinen wir in dem Bild zu sehen. Doch sie folgt nicht aus dem Bild, sondern das Bild folgt dem, was wir in es hineinlegen (Reichenbach 1928, S. 57). Gerade daraus aber leitet Reichenbach die große Flexibilität von Diagrammen ab, die für ganz unterschiedliche, gegensätzliche Zwecke verwendet werden können: er spricht von der „Variabilität der geometrisch-anschaulichen Erlebnisse". Weiter führt er aus: „[E]s ist eben ein sehr großer Irrtum, zu glauben, daß eine ganz bestimmte Anschauungsstruktur zum ‚Wesen' des menschlichen Geistes gehöre, vielmehr handelt es sich bei allen anschaulichen Strukturen stets um eine Resultante aus sehr vielen bestimmenden Faktoren" (Reichenbach 1931, S. 66). Die Figuren, die wir zum Nachdenken über geometrische Zusammenhänge verwenden, determinieren nicht, was wir in ihnen sehen. Was wir in einer Figur erkennen, ist relativ zu der mathematischen Theorie, die wir in die Figur hineinlegen, für deren Zwecke wir die Figur verwenden. So wie wir uns an Diagramme gewöhnt haben, die auf scheinbar natürliche Weise euklidische Geometrie beweisen, so können wir uns an Diagramme gewöhnen, die nicht-euklidische Geometrien zeigen.[2]

Man kann mit Reichenbach also feststellen: Gerade weil es keinen intrinsischen bildlichen Zwang gibt, dem Diagramme unterliegen, sind sie so mächtige Instrumente. Es ist die Offenheit, in unterschiedlichsten normativen Zusammenhängen verwendet werden zu können, die Diagrammen ihre kulturelle Bedeutung sichert.

Fassen wir zusammen: Die begriffliche Sicht stellt insgesamt die direkte Gegenthese zur empirischen Sicht dar. Ihr zufolge basieren geometrische Erkenntnisse auf Schlüssen, die aufgrund begrifflicher Zusammenhänge gelten. Diese können an Diagrammen zwar illustriert werden, doch die Diagramme spielen in der Frage der Geltung eines Satzes keine Rolle. Sie sind Bilder, aber keine Bestandteile von Beweisen. Einen Beweis an einer Figur durchzuführen, bedeutet, die Figur auf korrekte Weise zu behandeln. Dieses Behandeln-als wurde inferentialistisch bestimmt: Man gebraucht eine geometrische Figur im Spiel der Geometrie korrekt, wenn man sie nur dann verwendet, wenn die Voraussetzungen dafür gegeben sind und wenn man aus ihr nur solche Schlüsse ableitet, die von den Regeln erlaubt sind. Eine geometrische Figur ist durch ihre inferentielle Rolle gekennzeichnet. Unsere Anschauung geometrischer Diagramme ist also normativ. Allerdings sind wir uns dieser Normativität im Alltag nicht bewusst. Aufgrund des tradierten, schon früh in der Schule eingeübten Umgangs mit geometrischen Diagrammen ist uns das Behandeln-als von Diagrammen gemäß bestimmter begrifflicher Regeln so vertraut, so sehr in Fleisch und Blut übergegangen, dass wir schließlich meinen, die Erkenntnisse aus dem Diagramm zu nehmen, geometrische Sätze in der Figur zu sehen. Dann stellt sich der Mythos eines Zwangs der Anschauung ein, wie Reichenbach erläutert (Reichenbach 1928, S. 54). Hier ist der Einsatzort der Rede von Evidenz, von Ein*sichten*, vom visuellen Denken. Dieser Mythos ist nicht deshalb problematisch, weil er uns im täglichen Gebrauch beeinträchtigen würde (auch jemand, der diesem Mythos verfallen ist, kann erfolgreich Geometrie betreiben, er täuscht sich nur darüber, warum seine Beweise gelten). Schwieriger erscheint mir, dass er ein viel zu restriktives Bild von dem Vermögen menschlicher Anschauungskraft zeichnet. Diese weist vielmehr erstaunliche Flexibilität und Plastizität auf: Man kann lernen, Inskriptionen auf ganz verschiedene Weisen zu gebrauchen. Und je eingeübter man im Gebrauch ist,

2 Das Kleinsche Modell etwa erlaubt die Visualisierung der nicht-euklidischen hyperbolischen Geometrie mit euklidischen Mitteln. Dabei werden euklidische Figuren auf nicht-euklidische Weise behandelt. Bei hinreichender Vertrautheit mit dem Modell kann man davon sprechen, dass man nicht-euklidische Sätze sehen kann.

desto stärker wird man in der Lage sein, die Regeln zu vergessen bzw. sie in der Figur verkörpert zu sehen.

2.4 Die heterogene Sicht

Die inferentielle Sicht auf den Gebrauch von Diagrammen hat große Erklärungskraft: Sie erlaubt, die Flexibilität von Diagrammen ebenso zu verstehen wie die Möglichkeit, dass schlecht gezeichnete Diagramme dennoch legitime begriffliche Beweise verkörpern können. Doch aus diagrammatischer Perspektive ist sie enttäuschend. Denn in begrifflich-inferentieller Sicht hat das Diagramm nur die Rolle einer nützlichen Visualisierung, die die psychologischen Begleitumstände des Schließens erleichtern mag, aber keine konstitutive Rolle dabei spielen darf, die Schlüsse zu legitimieren. Das Diagramm macht Dinge einfacher, trägt aber keinerlei epistemische Verantwortung. Für Reichenbach sind Diagramme „nichts als Hilfsmittel des Denkens, gehören zu dem psychischen Apparat, der die Schlüsse vollzieht, nicht zu dem Inhalt des Gedachten selber" (Reichenbach 1928, S. 118). Man kann in Aussagen wie diesen eine Marginalisierung der epistemischen Bedeutung von Diagrammen für Erkenntniszwecke ausmachen. Sie mögen psychologischen, heuristischen Wert haben, aber keinen epistemischen. Diese Behauptung soll im Folgenden in zwei Stufen in Frage gestellt werden. In einem ersten Schritt werde ich argumentieren, dass Diagramme in jedem Fall über einen möglichen Beitrag zum Beweis hinaus andere, für die Geometrie, essentielle Leistungen vollbringen. Im zweiten Schritt soll dann erläutert werden, warum Diagramme beweisfähig sind. In beiden Schritten geht es mir nicht darum, die begriffliche Sicht zu widerlegen, sondern darum zu zeigen, wie sie in geeigneter Weise um Elemente der spatiozentrischen Sicht ergänzt bzw. erweitert werden kann.

Die Bedeutung von Diagrammen für geometrisches Denken ist keine Neuentdeckung. Tatsächlich lässt sie sich bereits bei Pasch finden, dessen Ruf als Begründer der axiomatischen Geometrie für gewöhnlich verdeckt, welch komplexe Einstellung zu Diagrammen er tatsächlich hatte. Am deutlichsten wird das ausgerechnet in jener berühmten, bereits zitierten früheren Formulierung (man muss nur genau hinhören):

> Denn die Zuziehung der Figur ist überhaupt nichts Nothwendiges. Sie erleichtert wesentlich die Auffassung der in dem Lehrsatze ausgesprochenen Beziehungen und der etwa zum Beweise angewandten Constructionen; sie ist überdies ein fruchtbares Mittel, um solche Beziehungen und Constructionen zu entdecken. Aber wenn man das Opfer an Mühe und Zeit nicht scheut, so kann man beim Beweise eines jeden Lehrsatzes die Figur fortlassen; der

> Lehrsatz ist eben nur dann wirklich bewiesen, wenn der Beweis von der Figur vollkommen unabhängig ist. (Pasch 1882, S. 43)

Diagramme haben also Erklärungs- und Verständniswert, denn wird die Konstruktion in einer Figur dargestellt, so wird „Uebersicht über alle Beziehungen erleichtert, welche beim Anblick der Figur rascher in das Gedächtniss zurückkehren und die Erfindungskraft lebhafter anregen, als auf anderem Wege" (Pasch 1882, S. 43; ähnlich jüngst Buldt / Schlimm 2010, S. 53). Vor allem aber sind sie von großer Hilfe bei der Entdeckung neuer mathematischer Sätze:

> Bei der Aufsuchung neuer Wahrheiten wird man sich unbedenklich aller Mittel bedienen, welche zum Ziele führen können. Anders verhält es sich mit der Prüfung und Darstellung des Gefundenen, welche in der Mathematik nur dann befriedigt, wenn die neue Thatsache als eine Folge der bekannten Thatsachen erscheint. (Pasch 1882, S. 99)

Und schließlich werden wir im nächsten Punkt sehen, dass die Etablierung des axiomatischen Systems, auf dem die Geometrie ruht, für Pasch das Ergebnis diagrammatischer Experimente ist.

2.4.1 Diagramme und die Entstehung geometrischer Systeme

Auch wenn man die axiomatische Idee der Rechtfertigung geometrischer Sätze durch Rekurs auf begriffliche Setzungen akzeptiert, bleibt Raum dafür, der Konstruktion und Anschauung von Diagrammen eine wichtige Erkenntnisfunktion zuzusprechen. Denn es bleibt ja die Frage offen, wie die Axiome, auf denen die Geometrie basiert, gefunden werden. Wenn Geometrie ein begriffliches Spiel ist, wie kommen die Spielregeln in die Welt? An dieser Stelle werden Anschauung und Experiment wieder relevant. Begriffliche Systeme – gerade der Geometrie – entstehen nicht aus dem Nichts. Sie werden vielmehr oft der empirischen Welt abgerungen. Pasch bezeichnet die Rolle, die empirische Erfahrung und Anschauung für den Aufbau axiomatischer Systeme spielt, als „Unterbau" (Pasch 1917, S. 195). Der Vergleich passt, geben empirische Zeichenexperimente und Messungen doch die Basis ab, auf welcher die ‚Ideologie' der Geometrie gründet. Doch wie funktioniert diese Ermöglichung? Wie werden aus Erfahrungssätzen Axiome?

2.4.1.1 Das Primat der Erfahrung nach Merleau-Ponty

Im Paragraphen „Cogito und Idee: die Ideen der Geometrie und das Wahrnehmungsbewußtsein" aus der *Phänomenologie der Wahrnehmung* insistiert Merleau-

Ponty gegenüber rein begrifflichen Auffassungen von Geometrie auf der Bedeutung von Anschauung und Wahrnehmung. So ist er zunächst überzeugt, dass

> keine logische Definition des Dreiecks zu konstruieren möglich ist, die es an Produktivität mit dem Sehen der Figur selber aufnehmen könnte und es je uns ermöglichte, durch Reihen formaler Operationen zu Schlüssen zu kommen, die nicht zuvor auf Grund der Intuition zu gewinnen wären (Merleau-Ponty 1965, S. 441).

Das ist keine Einsicht, die ein Vertreter der begrifflich-formalen Sicht prinzipiell ablehnen würde. Er würde allerdings mit der Trennung von Entdeckungs- und Begründungszusammenhängen argumentieren und etwa sagen: „Sicher, es gibt viele Wege zur Entdeckung eines Satzes und die meisten sind alles andere als formal. Doch die Gültigkeit eines Satzes, die sehen wir erst ein, wenn wir ihn formal und in Absehung der Anschauung bewiesen haben." Diese Replik aber, so können wir Merleau-Ponty verstehen, schmückt sich mit einer falschen Bescheidenheit. Denn sie verschleiert die Tatsache, dass alle Formalisierung immer nur *nachträglich* stattfindet, dass es eine anschauliche, lebensweltlich verankerte, sich aus dem Umgang mit konkreten Dingen speisende Wahrheitserfahrung geben muss, bevor es eine formale, axiomatische Wahrheit geben könnte:

> Indessen, eben dies, daß die Formalisierung immer nur eine nachträgliche ist, beweist, daß sie auch immer nur dem Anscheine nach eine vollständige ist und alles formale Denken in Wahrheit sich nährt aus intuitivem Denken. [...] Eine Erfahrung von Wahrheit gäbe es überhaupt nicht und nichts hielte den ‚Flug unseres Geistes' auf, wenn wir allein *vi formae* dächten und nicht jede formale Beziehung sich uns zunächst kristallisiert in einem einzelnen Ding darböte. Hielten wir eine Hypothese nicht allem voran schon für wahr, wir könnten sie nicht einmal fixieren, um Folgerungen aus ihr abzuleiten. (Merleau-Ponty 1965, S. 441)

Für Merleau-Ponty gibt es keine Geometrie, die nicht existential motiviert wäre.

2.4.1.2 Geometrischer Empirismus nach Pasch

Es gibt viele Philosophen, die mit Merleau-Pontys Argumentation sympathisieren können. Dazu zählt auch jemand, von dem man es nicht vermuten würde: Pasch, dessen *Vorlesungen über neuere Geometrie* (1882) als Geburtsstunde der axiomatischen Geometrie angesehen werden können (zu Pasch: Schlimm 2010; Pollard 2010). Derselbe Moritz Pasch, der in seiner Axiomatik der Anschauung von Diagrammen einen Platz in strengen Beweisen abspricht, erklärt auch: „Die Grundsätze [eines geometrischen Systems, J. W.] kann man ohne entsprechende Figuren nicht einsehen; sie sagen aus, was an gewissen sehr einfachen Figuren beobachtet worden ist" (Pasch 1882, 43). Und im Vorwort zu seinen *Vorlesungen über neuere*

Geometrie schreibt Pasch, „daß die geometrischen Begriffe ursprünglich genau den empirischen Objecten entsprachen, wenn sie auch allmählich mit einem Netze von künstlichen Begriffen übersponnen wurden, um die theoretische Entwickelung zu fördern" (Pasch 1882, S. iii).

Paschs Theorie der Geometrie darf daher keinesfalls auf Axiomatik reduziert werden. Man muss sie vielmehr als Verbindung scharfer Gegensätze auf engem Raum sehen. Pasch ist Empirist, was die Entstehung der Axiomensysteme angeht, doch zugleich schließt er aus der Arbeit *innerhalb* des Axiomensystems jegliche Empirie aus. Paschs Theorie der Mathematik enthält zwei Ebenen (die folgenden Ausführungen gründen auf Schlimm 2010, S. 108 – 112 und Pollard 2010, S. 90 – 92). Auf der ersten Ebene werden auf empirische Weise elementare geometrische Beobachtungen zu empirischen Grundsätzen verdichtet. Auf empirische Weise bedeutet dabei für Pasch, dass die Sätze durch das Experimentieren und Beobachten von Diagrammen gewonnen werden. Diese Erfahrungssätze bilden, wie er schreibt, den empirischen *Kern* der Geometrie. Aus dem Kern wird dann ein begrifflicher *Stamm*, indem die Kernsätze auf eine bestimmte Weise erweitert und transformiert werden (Pasch 1917, S. 185).

In den meisten mathematischen Abhandlungen, so Pasch, würde allein der Stamm angegeben, nicht aber auf den empirischen „Unterbau" verwiesen. Mathematik ist in diesen Systemen die Lehre hypothetischer Sätze, die hypothetische Begriffe miteinander verbinden (Pasch 1917, S. 185). Obwohl Pasch zugibt, dass eine im bloß Hypothetischen belassene Geometrie sehr wohl funktionsfähig ist, dass mit ihr Mathematik betrieben werden könne, hält er sie für gleichsam aus dem Nirgendwo kommend, freischwebend. Vor allem die Anwendbarkeit von Geometrie auf die Welt gerät zu einem Rätsel: Weder sei klar, was Geometrie mit der Welt zu tun hätte, noch, warum man sie für Handlungen in der Welt verwenden könnte:

> Wird nun die hypothetische Geometrie ohne empiristischen Unterbau gelassen, so stehen darin die Punkte, Linien und Flächen außerhalb allen Zusammenhangs mit den Naturgegenständen, und es ist nicht einzusehen, wie man dazu kommt, ein solches Lehrgebäude ohne weiteres auf die Naturgegenstände anzuwenden, es auch nur mit – gezeichneten oder ‚vorgestellten' – Figuren zu begleiten. (Pasch 1917, S. 185 – 186).

Wie denkt Pasch den Übergang von Kern- zu Stammsätzen? Seine Überlegungen lassen sich zu zwei Techniken der Mathematisierung verdichten. Dabei handelt es sich (i) um die imaginäre Aufhebung der Beschränkungen empirischer Objekte und (ii) um die Erweiterung mathematischer Begriffe über ihren ursprünglichen Objektbereich hinaus (Pasch 1882, S. 64 und S. 40 – 41). Ein Beispiel für die erste Technik ist der Satz, dass zwischen zwei Punkte auf einer Linie stets ein dritter Punkt gesetzt werden kann. Empirisch ist das falsch. Die empirische Aussage ist nur in bestimmten, durch die endliche menschliche Wahrnehmung gesetzten Grenzen möglich. Doch wir können uns *vorstellen*, diese Beschränkung aufzuheben. Diese Entgrenzung des Empirischen führt ins Reich der Mathematik. Oder nehmen wir die Tatsache, dass jede empirische Linie begrenzt ist. „Der Weg vom physischen Punkt zum mathematischen" verläuft, wie Pasch schreibt, über die Aufhebung der Begrenzung: „Zuerst wird vom Punkt und der geraden Strecke, die begrenzt ist, zur geraden Linie oder Geraden, der Begrenzung fehlt, übergegangen [...]" (Pasch 1917, S. 186).

Paschs zweite Technik der Mathematisierung besteht in der Erweiterung und Generalisierung mathematischer Begriffe. Ein Beispiel ist die Erweiterung des Zahlenbegriffs, der erst gleichbedeutend mit den positiven ganzen Zahlen war, dann aber um rationale, negative, irrationale Zahlen erweitert wurde. Für Pasch selbst bedeutender ist die Generalisierung euklidischer zu projektiver Geometrie (Pasch 1917, S. 186 – 187). In elementarer Geometrie gilt, dass je zwei verschiedene Graden genau einen Schnittpunkt aufweisen, es sei denn, sie sind parallel. Die projektive Geometrie verallgemeinert diesen Punkt, indem sie zu jeder Schar paralleler Graden genau einen *Fernpunkt* (auch: „unendlich ferner Punkt" oder „uneigentlicher Punkt") definiert, den diese Graden gemeinsan haben. Der Fernpunkt liegt in der Unendlichkeit.[3] Paschs Auffassung übrigens wird systematisch noch durch zeitgenössische Lehrbücher der Mathematik bestätigt. Auch in diesen wird die projektive Geometrie als genuine Erweiterung und Verallgemeinerung der euklidischen Geometrie begriffen (Matousek / Nesetril 1998, S. 241).

2.4.1.3 Kitchers idealisierte Agenten

Ähnlich wie Pasch argumentiert Kitcher (1983), wenn er sich gegen mathematikphilosophischen Platonismus – die Auffassung, dass Mathematik sich auf abstrakte, unabhängige Dinge oder Sachverhalte bezieht – wendet und für eine empiristische Erklärung mathematischen Wissens plädiert. Genauer gesagt geht es ihm um eine empiristische Erklärung elementaren mathematischen Wissens, wie es Arithmetik und euklidische Geometrie darstellen. Sobald man die Entstehung dieses Wissens geklärt hat, lassen sich, Kitcher zufolge, unter Verweis auf Mechanismen sozialer Tradierung und Veränderung des Wissens auch komple-

3 Mitunter wird als anschauliche Hilfe der Verweis auf die Perspektivmalerei gewählt, in der sich parallele Linien im Fluchtpunkt schneiden. Ein Fernpunkt allerdings liegt nicht in der anschaubaren Ebene, sondern außerhalb, in der Unendlichkeit.

xere Mathematikformen erklären. Im Folgenden soll Kitchers Argument für „perceptual origins for mathematical knowledge" (1983, S. 6) diskutiert werden.

Dieses Argument lautet: „Many of the statements of elementary geometry can easily be interpreted by taking them to be part of an idealization which systematizes facts about ordinary physical objects which are accessible to perception" (Kitcher 1983, S. 124). Euklidische Geometrie ist für Kitcher das Ergebnis von zwei Prozessen: (i) einer Systematisierung von Beobachtungen über das räumliche Verhalten von und Aktionen an lebensweltlich zugänglichen Dingen, die (ii) unter Maßgabe idealisierender Annahmen geschehen. Zum Beispiel entsteht das Konzept der Kongruenz geometrischer Figuren für Kitcher aus der lebensweltlichen Erfahrung, dass sich verschiedene Figuren physisch zur Deckung bringen lassen. Lebenswelt wird dann zu einer geometrischen Welt, wenn wir erstens diese physikalisch möglichen Aktionen ideal präzise machen, zweitens die physikalischen Objekte ideal genau machen und schließlich den physikalischen Raum, in dem wir die Dinge manipulieren, ideal machen, etwa vollkommen homogen. Wie Kitcher griffig schreibt: „Our geometrical statements can [...] be understood as describing the performances of an ideal agent on ideal objects in an ideal space" (Kitcher 1983, S. 124). Die idealisierenden Handlungen erzeugen Kitcher zufolge allerdings keine größeren Verzerrungen, sie sind vielmehr „sufficiently similar to what we do with actual objects in actual space to justify us in the attempt to unfold the character of those performances, an attempt which constitutes Euclidean geometry" (Kitcher 1983, S. 124).

In Kitchers Erklärungsschema ist die epistemische Verwendung von Diagrammen in vielen Fällen unproblematisch. Wenn die Handlungen von realem und idealem Akteur tatsächlich hinreichend ähnlich sind, wie Kitcher schreibt, dann kann das physische Manipulieren physischer Diagramme stellvertretend für das ideale Manipulieren idealer Diagramme stehen. Coliva koppelte diese Idee unlängst an die relative Wohlgezeichnetheit von Diagrammen: „[W]hen diagrams are very well drawn and we are consciously aware of that, we may let the perceptual concepts *go proxy* for the geometrical onces, so that, for a large extent, our reasoning with them coincides and then allows us to reach conclusions about genuinely *geometrical* objects" (Coliva 2012, S. 141).

2.4.1.4 Wittgenstein über das Verhärten von Regularitäten zu Regeln

In den *Bemerkungen zu den Grundlagen der Mathematik* entwirft Wittgenstein Mathematik als eine regelgeleitete Tätigkeit. Die Regeln sind durch mathematische Begriffe und Sätze gegeben, die eine grammatische Funktion innehaben. Jeder neue Beweis gibt uns eine neue Regel an die Hand. Wie verhalten sich die geometrischen Regeln zu der Welt der Erfahrung? Wittgenstein bringt an dieser Stelle in manchen Bemerkungen die Idee vor, dass mathematische Regeln nichts anderes sind als die Verhärtung, das Stempeln empirischer Regularitäten zu festen Regeln. Modell für diesen Vorgang ist die Festsetzung des Verhältnisses unterschiedlicher Längenmaßstäbe: „Ist aber nicht bei uns das Verhältnis der Längen des Meters und des Fußes experimentell bestimmt worden? Doch; aber das Ergebnis wurde zu einer Regel gestempelt“ (Wittgentein BGM, VII-432; dazu insbesondere Steiner 1996, S. 200). Ähnliches passiert in Beweisen. Diese können als ehemalige Experimente vorgestellt werden, die in einen Begriff verwandelt wurden, wodurch sie ihren empirischen Gehalt eingebüßt haben. Wittgenstein vergleicht den Prozess gerne mit der Einführung fester Umrechnungsmaßstäbe zwischen verschiedenen Maßsystemen. Zwar wurde das Verhältnis zwischen Meter und Fuß einst experimentell bestimmt, dann aber „zu einer Regel gestempelt“ und damit „zeitlos“ (Wittgenstein BGM, VII-69) gemacht. Eine Regularität ist dabei etwas, das die meiste Zeit passiert, nicht notwendigerweise immer: „[W]hat happens most of the time, becomes the norm“ (Steiner 2000, S. 334).

Wittgenstein stellt die Entstehung mathematischer Regeln hier als Prozess der *Verhärtung* empirischer Regularitäten dar: „Es ist als hätten wir den Erfahrungssatz zur Regel verhärtet. Und wir haben nun nicht eine Hypothese, die durch die Erfahrung geprüft wird, sondern ein Paradigma, womit die Erfahrung verglichen und beurteilt wird. Also eine neue Art von Urteil“ (Wittgenstein BGM, VI-22). Eine Norm dient dann als Regel für (i) innermathematische oder (ii) außermathematische Situationen. Der Beweis der Innenwinkelsumme kann etwa in anderen Beweisen eine Rolle spielen, er kann aber auch dazu dienen, empirische Messergebnisse zu bewerten. Wenn ich die drei Winkel eines Dreiecks messe, die Ergebnisse summiere und eine Größe von 190° erhalte, dann dient mir der Innenwinkelsummensatz als Einschätzung der Akkuratheit meiner Messung. Ich kann dann sagen, dass meine Messung inkorrekt war.

Wittgensteins Erzählung von den Experimenten, die stillgestellt, zum Bild gemacht werden und dann als starre Maßstäbe verwendet werden, um die verbleibende bewegliche Erfahrung zu beurteilen, ist auf den ersten Blick plausibel. Wir haben gesehen, dass Pasch ganz ähnliche Auffassungen vertritt. Und auch der junge Hilbert sieht den Ursprung geometrischer Regeln in Experimenten, sogar in dem, wie er sagt, „einfachsten Experiment“, das es überhaupt geben kann, dem Experiment einer Zeichnung in der Fläche:

> In der That entspringt denn auch die älteste Geometrie aus dem Anschauen der Dinge im Raume, wie sie das tägliche Leben bietet, und, wie alle Wissenschaft zu Anfang, hat sie Probleme, vom praktischen Bedürfniss gestellt, und sie beruht auf dem einfachsten Experiment, was man machen kann, nämlich auf dem Zeichnen. (Hilbert 2004, S. 23)

Doch betrachten wir ein Beispiel genauer: Wittgensteins Diskussion eines Diagramms, das in dieser oder ähnlicher Form als vorgeblich intuitiver Nachweis des Parallelenaxioms der euklidischen Geometrie verwendet wird (Abbildung 10).

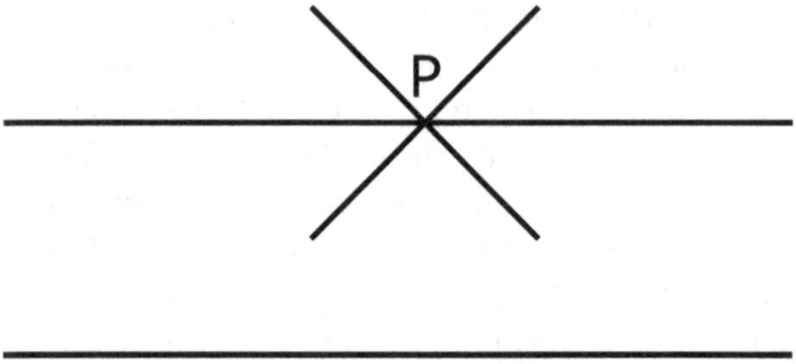

Abbildung 10: Wittgenstein zum Parallelenaxiom

Wittgenstein selbst bemerkt kurz: „Das Bild scheint uns annehmbar" (Wittgenstein BGM, IV-2). Steiner schreibt Wittgenstein folgende Intention zu: „For Wittgenstein, it seems as though the picture can evoke a thought experiment whereby a line turns around point P until it is parallel to the other line. This gives an empirical, not mathematical, prediction – which is then ‚hardened' into a mathematical rule" (Steiner 2000, S. 338).

Doch die damit verbundene These ist bereits insofern problematisch, als sie auf der Annahme beruht, dass empirische Regelmäßigkeiten sich unabhängig von mathematischen Sätzen feststellen lassen. Das ist nicht per se plausibel. Nicht zufällig gibt es einen Streit darum, ob der alltäglich erfahrene Raum angemessener durch euklidische oder nicht-euklidische Geometrien zu beschreiben ist (wenn denn überhaupt). Reichenbachs Behauptung, dass Evidenz eine Folge vergessener Gewöhnung darstellt, ist deutlich plausibler. Wir können das Rätsel der Entstehung von Regeln nicht dadurch lösen, dass wir auf ein postuliertes Gegebenes namens empirische Regularität verweisen. Diese Position wird von niemand anderem als Wittgenstein vertreten. Dieser schreibt nur kurze Zeit nach der Präsentation des gerade diskutierten Diagramms über das Parallelen-Axiom: „Nicht, daß er uns als wahr einleuchtet, sondern daß wir das Einleuchten gelten lassen, macht ihn zum mathematischen Satz" (Wittgenstein BGM, IV-3).

Kitchers und Wittgensteins Ausführungen lassen sich leicht als Angabe einer einfachen Technik missverstehen, wie man von der Welt der Erfahrung zur Welt mathematischer Begriffe gelangt. Doch es gibt keine Mechanik der Mathematisierung. Das ist auch das Problem an Kitchers Behauptung einer hinreichenden Ähnlichkeit zwischen empirischer und begrifflicher Geometrie. Denn es ist eine Sache, die plausible Position zu vertreten, dass geometrische Begriffe und Sätze lebensweltlich motiviert sind. Doch es ist eine ganz andere Sache zu behaupten, dass das resultierende begriffliche System dem lebensweltlichen hinreichend ähnlich ist. Genese und Geltung verlaufen keineswegs notwendig ähnlich. Anders gesagt: Zwischen Kern und Stamm (Pasch) bzw. zwischen Erfahrungssatz und grammatischem Satz (Wittgenstein) gibt es keinen sanften Übergang; es handelt sich um einen Sprung zwischen einer faktischen zu einer normativen Welt. Derrida warnt uns davor, diesen Sprung als sanften Übergang misszuverstehen. In seiner Auseinandersetzung mit Husserls *Über den Ursprung der Geometrie* verweist Derrida auf die „radikale und einbrechende Freiheit", die „entschiedene Diskontinuität" des geometrischen Denkens gegenüber seinen Ursprüngen in der Erfahrungswelt (Derrida 1987, S. 178; auch Brüning 2003, S. 100).

Fassen wir zusammen: Geometrische Regeln sind offenbar erfahrungsmotiviert. Doch das heißt nicht, dass die Regeln der Geometrie nur Erfahrungssätze mit einem vorgeschalteten „per Definition" sind.[4] Das Spiel der Geometrie verläuft vielmehr nach eigenen Regeln. Bei isolierter Betrachtung eines Satzes mag es scheinen, dass mathematische Regeln verhärtete Erfahrungssätze sind. Doch entscheidend ist die Perspektive des Systems.

2.4.2 Diagramme in euklidischer Geometrie

Wir haben bisher die Entstehung, die Genese eines geometrischen Systems diskutiert. Im Folgenden soll es um den Gebrauch des Systems gehen. Die Leitidee der folgenden Ausführungen ist dabei, dass geometrische Systeme nicht nur ihren Entstehungsherd in lebensweltlichen Praktiken haben, sondern dass auch die innersystemische mathematische Aktivität, gipfelnd im Beweisen von Sätzen, eben gerade das ist: eine Aktivität, eine Praxis, eine Handlung. Allerdings ist es nicht eine beliebige, sondern eine auf spezifische Weise normbasierte, regelgeleitete Praxis. Diese Idee lässt sich wiederum auf Wittgenstein zurückführen: „Mathematik ist freilich, in einem Sinne, eine Lehre, – aber doch auch ein *Tun*. Und ‚falsche Züge' kann es nur als Ausnahme geben. Denn würde, was wir jetzt so nennen, die Regel, so wäre damit das Spiel aufgehoben, worin sie falsche Züge sind" (Wittgenstein PU 2, S. 573).

Im Folgenden soll ausgehend von dieser Idee euklidische Geometrie als ein Spiel inferentieller Handlungen bestimmt werden (Brandom 1994; Larvor 2012).

---

4 Wittgenstein BGM, VII-18: „Erwäge: ›Unsre‹ Mathematik wandelt Experimente in Definitionen um." Doch Wittgensteins „Erwäge" deutet schon daraufhin, dass er hier nicht eine eindeutige Position vertritt.

Dieser Ansatz ist weiterhin eine Minderheitenposition innerhalb der diagrammatischen Forschung (allerdings mit steigender Anhängerzahl). Die bisherige Mehrheitsmeinung geht davon aus, dass die Legitimität von Diagrammen primär an den Nachweis ihre *Formalisierbarkeit* gebunden ist. Betrachten wir diese Position zunächst etwas genauer.

Die grundsätzliche Idee des formalen Mathematikverständnisses ist: Mathematische Argumentation findet in einer allgemeinen logischen Sprache statt und besteht in der Anwendung explizit angegebener Inferenzregeln auf rekursiv aufgebaute wohldefinierte syntaktische Zeichenmengen (Larvor 2012, S. 717). Alles, was nicht dieser Bedingung genügt, ist *informale* Mathematik. Informale Mathematik ist in der Formalisierungsperspektive nur dann legitim, wenn sie als *formale Argumentation in potentia* begriffen wird. Zugegebenerweise sind der Großteil aller mathematischen Argumentationen, gerade auch von Beweisen (in unterschiedlichem Grad), informal – doch sie sind nur dann wirkliche Argumente, wirkliche Beweise, wenn sie sich formalisieren lassen: „In practice, a proof is a sketch, in sufficient detail to make possible a routine translation of this sketch into a formal proof" (Mac Lane 1986, S. 377). Azzouni argumentiert in ähnlicher Weise, dass wir erst dann wirklich von der Gültigkeit mathematischer Sätze sprechen können, wenn informale Begründungen in korrespondierende formale Ableitungen überführt werden können.[5] Aus einer epistemisch motivierten Perspektive ist das ein interessanter Ansatz, der Paschs und Hilberts Forderung nach einer völligen Unabhängigkeit eines Beweises von Anschauungen und damit letztlich von empirischen menschlichen Vermögen radikalisiert. Das zentrale Problem liegt dabei aber in dem Begriff der Korrespondenz zwischen informalem und formalem Beweis. Denn bei genauerer Betrachtung hat man es hier nicht mit einem eindeutigen Fall einer Entsprechung zu tun, sondern eher mit einer Übersetzung.

Aus der Idee des Formalismus wird meistens gefolgert, dass Mathematik, die den Gebrauch von Diagrammen beinhaltet, notwendig informal sein muss. Das ist aber ein Trugschluss. Tatsächlich lautet eine einflussreiche Position *innerhalb* der Diagrammatik-Debatte, dass man die mathematische Legitimität von Diagrammen durch den Aufweis ihrer Tauglichkeit für *formale* Mathematik demonstrieren kann. Die Idee eines solchen *diagrammatischen Formalismus* kann wie folgt beschrieben werden:

5 Für Azzouni (2005) stellen traditionelle Beweise ein bloßes Indiz dafür dar, dass es formale Ableitungen gibt. Der einzig korrekte Nachweis der Gültigkeit eines Satzes ist aber die rein formale Ableitung eines Satzes. Nur in diesem Fall haben wir es mit einem Nachweis der Gültigkeit und nicht mit psychologischer Überzeugung zu tun. Das ideale Medium zur Durchführung von Beweisen sind für Azzouni konsequenterweise per Computer ausgeführte Algorithmen.

(1) Bisheriger Diagrammgebrauch in Logik und Mathematik ist mit schwerwiegenden Problemen behaftet und wird daher zu Recht kritisiert und zurückgewiesen.
(2) Die Probleme gründen darauf, dass Diagramme keine formale Argumentation erlauben.
(3) Wir können aber zeigen, dass Diagramme auch *formal* gebraucht werden können.
(4) Damit können wir zeigen, dass Diagramme auch einen legitimen Platz in der Mathematik einnehmen können.

Diese Idee hat vor allem seit den 1990ern eine Reihe von Arbeiten inspiriert. Insbesondere im Umfeld von Barwise und Etchemendy entstanden mehrere solcher Formalisierungen, etwa für die diagrammatischen Systeme Eulers, Venns oder Peirces. Auch für Euklids und Hilberts Geometrien gibt es formale diagrammatische Rekonstruktionen (Mumma 2006; Luengo 1996). In all diesen Fällen wird gezeigt, dass ein auf expliziten und eindeutigen syntaktischen und semantischen Regeln aufgebautes System genauso gültige und formale Beweise erlaubt, wie es satzbasierte, symbolische Systeme tun. Es sind vor allem diese Nachweise gewesen, die viel zur veränderten, positiveren Einstellung zu Diagrammen innerhalb der Philosophie beigetragen haben. Doch der diagrammatische Formalismus ist zugleich mit einem großen Problem behaftet: Die Formalisierung ändert den Charakter dessen, was sie formalisiert. Man kann sich zwar bemühen, den spezifischen Charakter eines informalen Systems zu retten (Mummas Formalisierung, auf die ich weiter unten eingehe, versucht gerade das). Doch auch hier verändert sich im Akt der Formalisierung der Charakter des Arbeitens mit Diagrammen. Hilberts Geometrie ist nicht mehr die Geometrie Euklids. Giardino beschreibt den formalistischen Wandel so: „Diagrams are given a new formal and rigorous life, in line with the proof-theoretic tradition, but at the same time they seem to lose their character of offering themselves as possible ‚reasons' for the truth of some mathematical fact" (Giardino 2010, S. 32). Mit Wittgenstein gesprochen liegen hier zwei verschiedene Arten von Diagrammspielen vor, die man zwar aufeinander beziehen kann, die aber nicht identisch sind. Aus der Ungleichheit zwischen formalem und informalem System folgt, dass die formalistische Position nicht in der Lage ist, viele, darunter historisch sehr bedeutende diagrammatische Argumentationsformen in ihrer jeweiligen Eigenheit zu verstehen. Es ist zwar möglich, euklidische Geometrie zu formalisieren *und* dabei Diagramme zu verwenden. Doch handelt es sich dabei nicht mehr um Euklids Geometrie, sondern um etwas, das *aus* Euklids Geometrie gemacht wurde (Shabel 1998). Man spielt nicht mehr das gleiche geometrische Spiel. Wie aber kann man dann den *Elementen* in ihrer Informalität gerecht werden?

An dieser Stelle kommt der praxisorientierte Blick auf Mathematik ins Spiel (Catton / Montelle 2012). Ihm zufolge ist Mathematik eine soziale Praxis. Mathematik besteht aus einer Reihe von Spielen, deren Funktionieren durch Regeln gesichert ist, denen gemäß die Handlungen oder Züge des Spiels ausgeführt werden müssen. Diese Perspektive lässt sich auch auf formale Systeme anwenden, denn auch formale Schlussregeln sind letzten Endes Handlungsanweisen, wie Larvor betont: „[T]he rules of inference coded in formal systems are procedures, that is, standardised actions" (Larvor 2012, S. 721). Der Vorteil, Mathematik als streng normativ gerahmte Praxis zu begreifen, liegt darin, dass auch Handlungsweisen, die nicht im engen Sinne *formal* sind, aufgenommen werden können. Die Gültigkeit der Mathematik ist in dieser Perspektive keine Frage ihrer Formalisierbarkeit, sondern eine Frage der Normen (sind sie streng, eindeutig, gut erlernbar usw.). Formale Mathematik ist *eine*, aber nicht die einzige Form legitimer Mathematik.

Es ist eine große Ironie der Mathematikgeschichte, dass selbst im zentralen Manifest der Formalisierungsidee, in Hilberts *Grundlegung*, das Versprechen rein formaler, inhaltsfreier Geometrie nicht eingehalten wird. Meikle / Fleuriot (2003) haben nachgewiesen, dass Hilberts eigene Beweise nicht den formalen Ansprüchen genügen, die er explizit aufstellt. Sie funktionieren stattdessen nur, wenn man implizit Eigenschaften annimmt, die sich zwar aus dem Diagramm ablesen lassen, aber nicht von dem expliziten System bereitgestellt werden. Hilbert tut hier, was er Euklid vorwirft: Er benutzt Eigenschaften des Diagramms für den Beweis. Damit ist er allerdings nicht allein. Wie Arbib bemerkt: „In fact, the usual proof generated by a mathematician does not involve the careful application of a specifically formalized rule of inference, but rather involves a somewhat large jump from statement to statement based on formal technique and on intuitions about the subject matter at hand" (Arbib 1990, S. 55). Die Anerkennung der Legitimität informaler Mathematik ist deshalb auch eine Anerkennung großer Teile dessen, was Mathematiker alltäglich tun. Im Folgenden soll gezeigt werden, dass daraus aber kein Verzicht auf die Strenge und den Zwang resultieren (muss), die formaler Mathematik zugeschrieben wird. Denn Strenge ist kein Resultat der Formalisierbarkeit, sondern von Normen, die auf formalem, aber eben auch auf informalem Wege befolgt werden können.

2.4.2.1 Euklidische Geometrie als informales System inferentieller Handlungen

Im Folgenden soll das inferentielle System der euklidischen Geometrie näher beschrieben werden. Ich werde mich dabei vor allem auf das erste Buch der *Elemente* beschränken. Das Buch enthält ein System von 48 elementaren geometrischen Sätzen, die aufeinander aufbauend schließlich den Beweis des Satzes von Pythagoras erlauben. Auf dem Weg dahin werden viele weitere berühmte Sätze bewiesen: Der Innenwinkelsummensatz (I,32), die Konstruierbarkeit eines gleichseitigen Dreiecks (I,1), die Dreiecksungleichung (I,20) und viele mehr.

Der Schwerpunkt meiner Analyse liegt auf der Frage, welche Rolle die Anschauung, genauer: das Einzeichnen und Ablesen räumlicher Informationen aus Diagrammen in geometrischer Aktivität spielt. Dabei gehe ich wie folgt vor. Zunächst skizziere ich die allgemeinen Merkmale des normativen Systems euklidischer Geometrie. Einige dieser Merkmale sollen daraufhin genauer untersucht werden. Dabei soll insbesondere analysiert werden, unter welchen Bedingungen das Ablesen oder Verwenden räumlicher Informationen und vor allem räumlicher Überschüsse legitim sein kann. Eine zweite Frage betrifft das Phänomen des geometrischen Aspektsehens, d.h. die Fähigkeit, in einer Figur verschiedene Teilkonfigurationen ausfindig machen zu können.

Mathematische Praxis ist normativ. Dabei gilt, dass diese Normen sich zu einem System zusammenfügen müssen, zu einem „Netz von Normen", wie Wittgenstein schreibt (BGM, VII-67). Die Normen müssen dabei zusammenpassen, aneinander anschließen. Sie dürfen nicht aus einer Menge isolierter einzelner Elemente bestehen. Es darf keine Lücken geben. Die einzelnen Handlungen in der Geometrie sollen im Anschluss an Larvor (2012) als inferentielle Handlungen bezeichnet werden. Dabei gilt, dass „for every kind of inferential action, there must be a corresponding means of control, to ensure rigour" (Larvor 2012, S. 728). Es muss für jeden inferentiellen Zug, den ich im Spiel der Geometrie tue, klar sein, dass er ausgeführt werden darf. Das ist gerade unter Strenge zu verstehen. Das Gebot der Strenge schließt ebenfalls aus, dass Normen auf rhetorische Überredungen reduziert werden können. Rhetorik kann nicht die Art von Strenge erzeugen, die Mathematik braucht. Die Strenge wird durch Regeln (bzw. Normen) gesichert. Dabei werden die Regeln durch eine Praxis des Gebrauchs, durch ein gemeinsames Arbeiten verwoben und zusammengehalten. Sie beziehen ihre Sicherheit nicht aus einer syntaktisch totalen Lückenlosigkeit, sondern aus einer praktischen Kontinuität. Hinsichtlich der Form der Regeln sollen vier zentrale Punkte vorab erwähnt werden.

(1) Es ist eines der wichtigsten Merkmale der Mathematik, dass es in ihr im Allgemeinen keine längeren, schon gar keine dauerhaften Differenzen über die Gültigkeit einer Handlung gibt. Wittgenstein beschreibt das so:

> Es kann ein Streit darüber entstehen, welches das richtige Resultat einer Rechnung ist (z. B. einer längeren Addition). Aber so ein Streit entsteht selten und ist von kurzer Dauer. Er ist, wie wir sagen, ‚mit Sicherheit' zu entscheiden.

> Es kommt zwischen den Mathematikern, im allgemeinen, nicht zum Streit über das Resultat einer Rechnung. (Das ist eine wichtige Tatsache.) (Wittgenstein PU 2, S. 571).

Die Legitimität mathematischer Handlungen muss öffentlich und problemlos (hinreichende Kompetenz und Vertrautheit vorausgesetzt) feststellbar sein.

(2) Der nächste Punkt betrifft die Frage, in welcher Weise die Regeln dokumentiert sein müssen. Sie *können* explizit festgehalten werden, *müssen* das aber nicht. Auch implizite, nicht niedergeschriebene Normen können, sofern sie hinreichend streng sind, legitim sein. Damit ist nicht gesagt, dass es nicht wünschenswert sein kann, wenn möglichst alle Regeln notiert würden. Es ist nur gesagt, dass das Implizitbleiben der Regeln nicht zwingend die epistemische Kraft des Systems in Frage stellt.

(3) Es gilt ferner, dass die Normativität der Mathematik Handlungen unterschiedlichster Modalitäten erlaubt. Mathematik erkennt nicht nur schriftliche, sondern eine Vielzahl von Handlungen als legitim an (sofern sie den Regeln gehorchen). Dazu gehören auch diagrammatische Handlungen. Tatsächlich sind Beweise oft ein „kompliziertes Gebilde aus heterogenen Bestandteilen: Wörtern und Bildern“ (Wittgenstein BT, 22–86).

(4) Schließlich sind geometrische Handlungen wenigstens teilweise *funktional* bestimmt. Eine materiell differente Handlung, die den gleichen Platz im Verweisungszusammenhang einnimmt, kann die gleiche inferentielle Identität haben. So kann in euklidischer Geometrie vieles, was der Text leistet, auch durch mündliche Sprache oder durch Gesten übernommen werden. Die funktionale Bestimmtheit gilt nun allerdings oftmals nicht – und das ist bemerkenswert – für diejenigen Inferenzen, die an der Anschauung von Diagrammen hängen. Das hat zwei Gründe (Überschüsse und Aspektsehen), auf die ich weiter unten zu sprechen komme.

Wie sehen nun die Regeln des Systems aus? Beginnen wir mit dem einfacheren Teil, den *ersten Prinzipien*, die Euklid dem Buch I voranstellt.

Die Prinzipien sind, Mueller zufolge, „things agreed upon for the sake of an orderly and unconfused development of mathematics“ (Mueller 1969, S. 293). Sie ordnen geometrische Argumentationen. Doch dieser Ordnungsversuch darf nicht, wie historisch oft geschehen, als Axiomatik (oder zumindest als Versuch, wenn auch scheiternder Versuch einer Axiomatik) begriffen werden (Mueller 1969; Seidenberg 1975; Macbeth 2010). Stattdessen soll Euklids System im Folgenden als informales inferentielles System beschrieben werden. Das System ist informal, weil es informale Regeln enthält: d. h. Regeln, die nicht auf die logische Ableitung diskreter Symbolketten beschränkt sind. Was tun die Regeln? Sie legen fest, welche Handlungen an welcher Stelle erlaubt sind. Eine Handlung hat Voraussetzungen: Sie hängt davon ab, was vorher passiert ist. Außerdem hat eine Handlung Konsequenzen. Diese Konsequenzen sind als die Menge möglicher Anschlusshandlungen begreifbar. Nachdem ich eine bestimmte Konstruktionshandlung vollzogen habe, kann ich entweder bestimmte andere Konstruktionen ausführen oder bestimmte Schlüsse ziehen, andere wiederum nicht mehr:

> In Euclid's demonstrations, the definitions, common notions, and postulates are not treated as premises; instead they function, albeit only implicitly, as rules constraining what may be drawn in a diagram and what may be inferred given that something is true. They provide the rules of the game, not its opening positions. (Macbeth 2010, S. 237)

Euklids erste Prinzipien enthalten drei Arten solcher Regeln: 23 Definitionen, 5 Postulate und 5 Axiome. In den *Definitionen* werden Bestimmungen der verwendeten Typen von Figuren vorgelegt. Es beginnt mit der berühmten Definition: „Ein Punkt ist, was keine Teile hat". Es folgen Bestimmungen von Winkeln, Dreiecken, Kreisen und Rechtecken. Die Rolle der Definitionen für Euklids Geometrie ist in der Forschung seit umstritten (d. h. noch umstrittener als andere Teile der *Elemente*). Auffällig ist zunächst, dass Definitionen nicht in allen Fällen in Beweisen verwendet werden (das gilt aber nicht für alle Definitionen, so wird beispielsweise die Kreisdefinition, die angibt, dass alle Punkte auf einem Kreisdurchmesser die gleiche Entfernung zum Kreismittelpunkt haben, häufiger verwendet). Daher wird oft vermutet, dass die Definitionen zumindest *auch* eine pädagogische Funktion haben. Sie sollen eine Brücke bieten zwischen den mathematischen Beweisen und der physikalischen Erfahrungswelt. Dies kann tatsächlich eine Funktion sein, doch die eigentliche Aufgabe der Definitionen besteht in etwas anderem. Zusammen mit den Postulaten und Axiomen begründen sie das inferentielle System, innerhalb dessen dann die Verwendung von Diagrammen zu Beweiszwecken geregelt ist. Sie sind damit kritischer Erfolgsfaktor für die Möglichkeit der epistemisch wirksamen Verwendung von Diagrammen. Dazu später mehr.

Kommen wir zu den *Postulaten*. Sie lassen sich in zwei größere Rubriken unterteilen. Die ersten drei Postulate sind Konstruktionsregeln: Sie bestimmen die drei grundlegenden Konstruktionen, die in Euklids System erlaubt sind: Dass sich von jedem Punkt zu jedem Punkt eine gerade Linie ziehen lasse (Postulat 1); dass eine gerade Linie stetig und gerade verlängert werden könne (Postulat 2); dass man einen Kreis mit beliebigem Mittelpunkt und Radius zeichnen könne (Postulat 3). Die beiden anderen Postulate haben anderen Charakter. Das vierte Postulat gibt an, dass alle rechten Winkel einander gleich sind. Das fünfte Postulat ist das Parallelenpostulat. Es besagt (in moderner Formulierung), dass es zu einer Gerade *g* und einem Punkt P außerhalb dieser Gerade genau eine Gerade gibt, die zu g parallel ist und durch den Punkt P geht. Es fällt sofort auf, dass das fünfte Postulat ungleich komplexer ist als die anderen Postulate. Es gab immer wieder Versuche, das Postulat aus den anderen vier Postulaten abzuleiten, von denen jedoch keiner Erfolg hatte. Es hat sich als unabhängig von den anderen Postulaten erwiesen. Dies hat ab dem 18. Jahrhundert zur Entwicklung der nicht-euklidischen Geometrien geführt, in denen die ersten vier Postulate gelten, das Parallelenaxiom aber nicht (teilweise wird es ignoriert, teilweise durch andere Axiome ersetzt).

Schließlich gibt es die *Axiome*, die nicht spezifisch geometrisch sind, sondern eher allgemein logischen Charakter haben. Das erste Axiom gibt an, dass zwei Sachen, die so groß sind wie eine andere Sache, auch wechselseitig gleich groß sind. Axiome zwei und drei geben an, dass Dinge, die gleich groß sind, gleich groß bleiben, wenn man zu jedem Ding das Gleiche addiert oder subtrahiert. Das vierte Axiom wird traditionell als das Superpositionsprinzip gedeutet: Zwei geometrische Größen sind dann gleich, wenn sie sich zur Deckung bringen lassen. Das fünfte Axiom besagt, dass das Ganze größer ist als ein Teil.

Die zentrale Einsicht hinsichtlich der Normen euklidischer Geometrie lautet: Es gibt neben den *geschriebenen* Normen, den Prinzipien, ebenso wichtige *ungeschriebene* Normen. Mueller spricht von „tacit assumptions" (Mueller 1981, S. 5). Daraus ist ein Hauptvorwurf an Euklids *Elemente* entstanden, der lautet, dass seine Beweise *Lücken* haben. Es gibt zwei Fälle solcher Lücken (Macbeth 2010, S. 239). Erstens handelt es sich um Fälle, in denen Beweise bestimmte logische Schlussregeln erfordern, für die es aber keine Regel in den Prinzipien gibt. Zum Beispiel ein Schluss, der auf der Transitivität der kleiner-als Relation beruht: Wenn a kleiner ist als b, und b kleiner ist als c, dann ist auch a kleiner als c. Dieses Schlussmuster wird etwa im Beweis von I,7 verwendet, findet sich aber nicht in der Liste der Axiome (Heath 1956, S. 258–261). Diese Erkenntnis wird durch die historische Einschätzung gestützt, dass manche der Axiome – wie „Das Ganze ist größer als der Teil" – erst im Laufe der Zeit den *Elementen* hinzugefügt wurden, nämlich dann, als das Schlussmuster nicht mehr zwingend als natürlich und daher voraussetzungslos empfunden wurde (Mueller 1981, S. 35).

Der zweite Fall ist für den Kontext dieser Arbeit relevanter. Manche Beweise beruhen darauf, dass bestimmte Eigenschaften eines gezeichneten Diagramms *gesehen* werden und dann für Schlüsse oder Konstruktionen herangezogen werden können. Diese Eigenschaften aber können gerade nicht durch explizite Regeln erschlossen, sondern tatsächlich nur aus dem Diagramm selbst *erschaut* werden: „[O]ne must read various things off the relevant diagrams, again according to rules that seem nowhere to be stated" (Macbeth 2010, S. 239). Diese Bestandteile des

Beweises sind demnach – innerhalb des Systems der euklidischen *Elemente* – *irreduzibel auf diagrammatische Anschauung* angewiesen. Die zentrale Behauptung der folgenden Ausführungen lautet: Das Ablesen und Verwenden diagrammatischer Merkmale unterliegt strengen, aber impliziten Regeln. Es ist normativ bestimmt – und weil es auf strenge und eindeutige Weise normativ bestimmt ist, sind die Schlüsse, die auf dem Ablesen der diagrammatischen Merkmale beruhen, legitim.

2.4.2.2 Ein Beweis, eine Kritik am Beweis, eine Strategie zur Verteidigung

Wie funktioniert euklidische Geometrie? Welche Rolle spielt die Anschauung gezeichneter Diagramme in ihr? Fangen wir in concreto an, mit einem Beispiel, dem ersten Satz des ersten Buches. Der Beweis zeigt, dass es möglich ist, auf einer beliebig gegebenen Strecke ein gleichseitiges Dreieck zu konstruieren. Zunächst muss bemerkt werden, dass der Beweis in zwei Teile zerfällt: eine Konstruktions- und eine Inferenzphase. In der Konstruktionsphase wird das Diagramm konstruiert, in der Inferenzphase werden aus den bekannten Eigenschaften des Diagramms neue Eigenschaften geschlossen mit dem Ziel, den gewünschten Satz zu beweisen. Euklid trennt in der Präsentation der *Elemente*, was in tatsächlicher geometrischer Aktivität viel stärker verzahnt ist: Man wird im Allgemeinen etwas konstruieren, dann schauen, was sich daraus folgern lässt, feststellen, was fehlt, ergänzende Konstruktionen vornehmen (Hilfslinien!), untersuchen, ob aus der so ergänzten Figur das Gewünschte gefolgert werden kann usw. Zusammengefasst lassen sich bei Euklid also folgende Formen epistemisch relevanter Handlungen unterscheiden, die sich wiederum typischerweise in zwei unterschiedlichen Phasen des Beweises abspielen, wobei die Abfolge der Phasen sich mehrfach wiederholen kann und die Phasen auch ineinander geschachtelt auftreten können. Die *Konstruktionsphase* umfasst (i) das Zeichnen geometrischer Entitäten (Punkte, Linien, Kreise) gemäß der drei Postulate, sowie (ii) das Notieren bestimmter metrischer Verhältnisse: eine Linie ist *so lang wie* eine andere, ein Winkel *so groß wie* ein anderer usw. In der *Inferenzphase* wiederum geschieht das Schließen auf neue Sachverhalte aus bestehenden Sachverhalten. Dieses Schließen kann dabei auf der Basis von Texten, auf der Basis des Diagramms oder auf der Basis einer Kombination der beiden geschehen. Es kann die Form einer neuen Konklusion haben oder die Form des Erkennens eines neuen *Aspekts* im Diagramm (dazu unten mehr).

Beginnen wir mit der Konstruktionsphase. Sie besteht aus drei Schritten (Abbildung 11): (1) Als Ausgang des Beweises ist gegeben: Eine gerade Strecke AB. Die eigentliche Konstruktion zerfällt in zwei Handlungen. (2) Zunächst werden zwei Kreise auf symmetrische Weise konstruiert: Als Mittelpunkt des ersten Kreises

(CDB) wird einer der beiden Endpunkte der Strecke gewählt (sagen wir A), der Radius des Kreises ist die Länge der Strecke AB. Für den zweiten Kreis (CAE) wird gerade das umgekehrte Verfahren gewählt (Mittelpunkt B, Radius BA). Wichtig an dieser Stelle ist: Wir dürfen diese Kreise nicht etwa deshalb ziehen, weil es eine lebensweltliche Möglichkeit dazu gibt. Physikalische Möglichkeit spielt keine Rolle für das, was legitimerweise in einer euklidischen Konstruktion stattfinden darf. Es sind nur solche Konstruktionshandlungen erlaubt, die durch die drei Postulate oder einen früheren Satz gedeckt sind. Die drei konstruktiven Postulate sind Regeln, auf die mich berufen kann, die mir sagen, was ich tun kann. (3) Die Kreise schneiden sich in den zwei Punkten. Für den Beweis brauchen wir nur einen der beiden Punkte. Wählen wir, ohne dass sich dadurch eine Beschränkung der Allgemeinheit des Beweises ergibt, C. Jetzt ziehen wir jeweils von A nach C und von B nach C eine gerade Linie. Wir können (dürfen) das aufgrund des ersten Postulats.

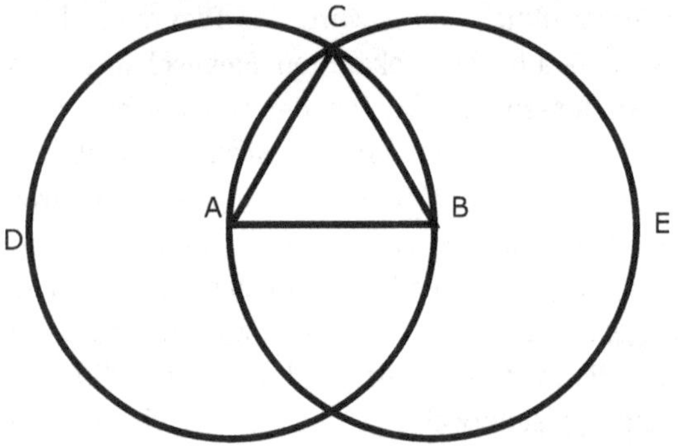

Abbildung 11: Euklid I,1

Damit ist die Konstruktionsphase abgeschlossen. Die anschließende Inferenzphase beruht darauf, Axiome, Definitionen und bereits bewiesene Sätze auf die konstruierte Figur anzuwenden, um neue Sachverhalte abzuleiten. In unserem Fall passiert das in zwei zentralen Schritten. Zunächst wird die Gleichheit einzelner Streckenpaare (CA, CB und BA, BC) nachgewiesen. Dann wird aus der paarweisen Gleichheit auf die Gleichheit aller drei Seiten des Dreiecks ABC geschlossen. Genauer gesagt wird geschlossen: (1) Die Punkte A und C liegen beide auf der Kreislinie des Kreises ACE mit Mittelpunkt B. Nach Definition 15 haben alle Punkte auf der Kreislinie den gleichen Abstand zum Mittelpunkt. Daher sind die Strecken AB und BC gleich lang. Analog lässt sich zeigen, dass auch die Strecken CA und BA gleich lang sind, denn B und C liegen ja auf der Kreislinie CDB. Der anschließende Schritt ist nicht spezifisch geometrisch. Unter Berufung auf Axiom

1 – „Things which are equal to the same thing are also equal to one another“ – lässt sich folgern, dass die drei Strecken AC, CB und BA gleich lang sind. Das wiederum bedeutet nichts anderes, als dass wir es mit einem gleichseitigen Dreieck zu tun haben, wie es in Definition 20 bestimmt wird: „Of trilateral figures, an equilateral triangle is that which has its three sides equal, an isosceles triangle that which has two of its sides alone equal, and a scalen triangle that which has its three sides unequal“ (Heath 1956, S. 154).

Die Schlüsselidee des Beweises besteht darin, auf der Strecke zwei Kreise zu konstruieren, die sich schneiden. Da der Schnittpunkt C auf den beiden Kreislinien liegt, haben wir einen Punkt, der von A wie von B gerade so weit entfernt ist, wie es A und B voneinander sind. Für die meisten Konstruktionen und Inferenzen gibt es nun Prinzipien, auf die man sich berufen kann. Doch für ein Element des Beweises gilt das nicht. Die Existenz des Schnittpunktes, der verwendet wird, um die beiden Dreiecksseiten CA und CB zu konstruieren, ist nirgendwo im Text gerechtfertigt. Wie Heath bemerkt: „It is a commonplace that Euclid has no right to assume, without permissing some postulate, that the two circles *will* meet in a point C“ (Heath 1956, S. 242).

Dieser einzig durch bloße Anschauung gerechtfertigte Schritt ist ausgerechnet das Herzstück des Beweises und zugleich einer der topologisch herausragenden Punkte der konstruierten Figur. Ohne die Annahme, dass sich die beiden Kreise schneiden, bricht der Beweis zusammen: „It is clearly true that in a Euclidean demonstration at least some steps in the chain of reasoning are in some way licensed by the diagram“ (Macbeth 2010, S. 250).

Es sind solche normativ anscheinend ungerechtfertigt bleibenden, anschauungsbasierten Schlüsse gewesen, die zumeist als Motivation der modernen Austreibung des Diagramms aus der Geometrie, wie auch anderer Mathematik, angeführt werden. Das gilt allen voran für die axiomatische Bewegung innerhalb der Mathematik. Pasch etwa weist darauf hin, dass die Existenz des Schnittpunktes nicht geschlussfolgert, sondern allein aus dem Diagramm entnommen werden kann (Pasch 1882, S. 45). Dieses Vorgehen steht für Pasch in klarem Widerspruch zu Euklids eigenen Ansprüchen strenger Deduktion. Um diesen zu genügen, hätte Euklid „beispielsweise in Rücksicht auf das erste Theorem den Satz mit aufnehmen müssen: ‚Zwei Kreise in einer Ebene, deren jeder durch den Mittelpunkt des andern hindurchgeht, schneiden sich‘“ (Pasch 1882, S. 44 – 45). Doch das tut Euklid eben nicht. Vielmehr scheint er zu sagen: „Schau hin, du siehst es doch.“ Doch ist damit nicht der Weg für Subjektivismus und Willkürlichkeit gebahnt? Russell hat dieser Furcht Ausdruck verliehen, als er schrieb: „If a figure is used, all sorts of things seem obviously to follow, which no formal reasoning can prove from the explicit axioms, and which, as a matter of fact, are only adapted because they are obvious“ (Russell 1954, S. 91 – 92).

Wie anders klingt da Hilbert, der über die griechische Geometrie bemerkt: „Eine systematische Darstellung von unübertroffener Klarheit und Schärfe des ganzen Gebietes gab Euklid in seinen 13 Bücher umfassenden *Elementen.*“ Hilberts Lob der Schärfe steht in der Tradition einer über zwei Jahrtausende währenden Wertschätzung der euklidischen Geometrie (Mueller 1969, S. 289). Auch wenn Euklid keine Axiomatik im modernen Sinne betreibt (Seidenberg 1975), erscheint rätselhaft, warum er einerseits offenbar evidente Sachverhalte beweist, andererseits aber logische Lücken in zentralen Beweisen lässt, noch dazu Lücken, die bereits in der Antike als solche erkennbar gewesen sind (Giaquinto 2011, S. 285). Eine falsche Strategie zur Verteidigung Euklids würde nun darin bestehen, zu behaupten, dass Euklids Geometrie kein mathematisches System in einem strengen, sondern eben nur in einem losen Sinne ist. Euklid sei es einfach nicht um strenge Mathematik im modernen Sinne gegangen. Diese Strategie führt vom Regen in die Traufe. Wir sollten nicht die Strenge von Euklids Geometrie durch ein Historizitätsargument relativieren, sondern wir sollten nach einem Weg suchen, ihre Strenge zu verteidigen! Euklids Geometrie ist genuine legitime Mathematik – und zwar nicht, weil man es in der Antike mit der Strenge von Beweisen nicht so genau genommen hätte, sondern weil Euklids System gerade strenge Beweise ermöglicht, *auch* bei Verwendung von Diagrammen.

Erinnern wir uns: Damit etwas streng ist, muss es in einem Netz von Normen und Rechtfertigungen stehen, über die es keinen Streit geben darf. Diese Bedingung wäre eindeutig verletzt, wenn Russell mit seinem Vorwurf der Willkür Recht hätte. Kein mathematisches System kann Lücken oder Sprünge vertragen, ohne seinen Anspruch auf Mathematizität aufzugeben. Die Strategie zu einer Verteidigung Euklids besteht daher darin, die Lücken als nur *scheinbare* zu entlarven. Der Schlüssel dazu liegt in der Erkenntnis, dass man nicht nur nach explizit formulierten Regeln fragen, sondern auch nach *impliziten* Regeln und Normen schauen muss, die in Euklids Geometrie am Werk sind. Die These, die im Folgenden unter Rekurs auf jüngere mathematikphilosophische Arbeiten aus der analytischen Tradition belegt werden soll, lautet: Diagrammbasierte Inferenzen folgen einem implizten Netz von Normen, die bestimmen, wann ein „Ablesen“ von Informationen eine legitime inferentielle Handlung darstellt und wann nicht. Diese Normen sind, obgleich implizit, nicht weniger streng und eindeutig als Regeln, die für diagrammlose, zeitgenössische Mathematik zutreffen (Avigad 2008, S. 345; Shabel 1998, S. 13). Eine Rekonstruktion dieser impliziten Normen erlaubt uns, die Schärfe und Systematik euklidischer Geometrie wieder oder besser: neu zu entdecken.

2.4.2.3 Geometrie als Hybrid aus diagramm- und textbasiertem Handeln

Im Folgenden wird eine Interpretation der euklidischen Geometrie vorgeschlagen, welche die Annahme der Existenz impliziter Normen für die anschauungsbasierten räumlichen Schlüsse konkretisiert. Meine Ausführungen basieren wesentlich auf jüngeren mathematikphilosophischen Arbeiten (Shabel 1998; Azzouni 2004; Manders 2008b; Sherry 2009; Mumma 2010), die Grundidee lässt sich allerdings schon bei Wittgenstein finden. Das Argument besteht aus zwei Teilen:

(1) Es gibt implizite Normen, die angeben, dass nur bestimmte geometrische Eigenschaften unter bestimmten Umständen von Diagrammen ablesbar sind, nämlich nur solche, die eindeutig erkenn- und wiederholbar und generalisierbar sind. Alle Eigenschaften, die diese Merkmale nicht erfüllen, werden nicht durch das Diagramm, sondern durch den zugehörigen Text verhandelt.

(2) Die diagrammatischen Normen sind zwar bei Euklid nur implizit gegeben, es gibt aber dennoch zwei Wege, sie zu entdecken. Einerseits lassen sie sich aus einer genauen Lektüre der Beweise rekonstruieren, wie es Manders getan hat. Andererseits lassen sich die expliziten Normen, nämlich die *ersten Prinzipien* der *Elemente* als Legitimation diagrammatischen Schließens lesen, so wie es Shabel und Azzouni vorgeschlagen haben.

Als erstes soll festgehalten werden, dass Euklid, wie oben angedeutet, keinesfalls beliebige Beobachtungen an den Figuren anführt, um seine Sätze zu rechtfertigen. Greaves bemerkt dazu:

> [H]is system does not involve unrestricted diagrams-based inference; many other kinds of natural diagram-based conclusions (such as those revolving around measurement) were forbidden, and other kinds Euclid appeared to view as problematic. (Greaves 2002, S. 24)

Welches Prinzip steht hinter der Differenz zwischen ablesbaren und nicht ablesbaren Eigenschaften? Die beste Ausarbeitung der Differenz hat Manders in einem Aufsatz aus den 1990ern vorgelegt (Manders 2008b). Darin unterscheidet er zwei Formen räumlicher Eigenschaften, die ein Diagramm haben kann: „exakte“ und „ko-exakte“ Eigenschaften. Exakte Eigenschaften sind etwa die Längen von Strecken, die Größen von Winkeln, die Gradheit oder Gekrümmtheit von Linien, die Parallelität von Strecken. Auch die für Euklid zentrale Frage, ob zwei Figuren kongruent sind, fällt in diese Kategorie. Exakte Größen sind im weitesten Sinne metrische Größen: Um sie festzustellen, muss etwas gemessen werden (eine Länge, ein Winkel). Ko-exakte Größen hingegen beziehen sich auf im weitesten Sinne topologische Aspekte, auf die Erfassung von Raumregionen und ihrer

Verhältnisse (Manders 2008b, S. 91–94). Beispiele sind etwa die Art einer Figur (Dreieck, Viereck...), das Erkennen von Winkeln, Seiten, Schnittpunkten, Nicht-Parallelität, Inklusionsverhältnisse (ein Dreieck in einem Dreieck usw.). Es gibt zwei zentrale Unterschiede zwischen exakten und ko-exakten Eigenschaften: (i) Die Möglichkeit ihrer Feststellbarkeit, (ii) ihre Abhängigkeit von Variationen der Figur.

Die erste Differenz betrifft die Frage zeichnerischer Realisierbarkeit. Entscheidend ist hier, dass es keine Frage sein darf, ob eine Eigenschaft in einem Diagramm vorliegt oder nicht. Es ist, so Azzouni, notwendig, „that certain relevant properties of inscriptions are entirely accessible to the proof-checker" (Azzouni 2004, S. 124). Die *Zugänglichkeit*, von der Azzouni spricht, ist dabei eine betrachterrelative Feststellung. Es geht nicht darum, ob die Eigenschaften in irgendeinem Sinne absolut verwirklicht sind, sondern darum, ob eine Gemeinschaft hinreichend kompetenter Geometer ohne Zweifel und einheitlich feststellen kann, ob eine Figur eine Eigenschaft aufweist oder nicht. Dies ist nun für exakte Eigenschaften nicht möglich. Sie erfordern einen Grad an Genauigkeit, der menschlicher Produktion und Rezeption entzogen ist. Niemand kann einen Winkel zeichnen, der *exakt* 90° groß ist. Daher kann man nicht garantieren, dass zwei Geometer bei einer Figur der gleichen Meinung hinsichtlich der Existenz einer Eigenschaft sind. Oder, andersherum formuliert: Wenn zwei Geometer sich darin einig sind, dass ein Winkel gerade ein rechter Winkel ist, dann kann diese Information nicht aus der Figur entnommen, sondern muss ihr zugeschrieben worden sein. Bei ko-exakten Eigenschaften ist dies anders. Denn diese Eigenschaften lassen sich prinzipiell eindeutig darstellen. Ob eine Figur ein Dreieck ist oder ein Viereck, ob zwei Kreise einander schneiden oder nicht, ist eine öffentlich zugängliche, leicht feststellbare Tatsache (Manders 2008a, S. 69: „Participants can apply these co-exact criteria immediately and decisively").

Der zweite Unterschied betrifft die Abhängigkeit der Eigenschaften von zeichnerischen Veränderungen. Exakte Eigenschaften sind hier sehr störungsanfällig. Schon bei kleinsten Unterschieden in der Zeichnung variieren sie. Sie sind kontinuierliche, unendlich differenzierte Größen. Ko-exakte Eigenschaften hingegen sind diskret. Sie können nicht nur zeichnerisch realisiert und sinnlich erfasst werden, sondern sie sind *stabil:* Auch bei größeren Verformungen werden sich zwei „Kreise", auch wenn sie vielleicht nicht mehr wie Kreise aussehen, schneiden, sofern sie gemäß der Konstruktionsanweisung in I,1 konstruiert werden. Sie sind zugleich *allgemein*, d.h. sie gelten für alle Diagramme einer bestimmten topologischen Klasse.

Wir können also festhalten: Exakte Eigenschaften von Diagrammen können graphisch nicht kontrolliert werden, weder in Produktions- noch in Rezeptionshinsicht; zudem ist ihre Ausprägung von dem Diagrammtoken, in dem sie vorkommen, abhängig. Sie gehören zu der Art *unwägbarer Evidenz*, von der Wittgenstein spricht: „Zur unwägbaren Evidenz gehören die Feinheiten des Blicks, der Gebärde, des Tons" (Wittgenstein PU 2, S. 576). Die ko-exakten Eigenschaften hingegen sind kontrollierbar und maximal stabil gegenüber Variationen in der Konstruktion.

Doch Manders macht mit seiner Unterscheidung nicht nur einen raumtheoretischen Punkt. Entscheidend ist vielmehr, dass er die Differenz verwendet, um für die Legitimität diagrammbasierter Geometrie zu argumentieren. Aus der Unterscheidung von exakten und ko-exakten Eigenschaften leitet er nämlich eine epistemische Arbeitsteilung ab. Sein Argument enthält zwei Teile, einen systematischen und einen historischen. Die systematische Behauptung lautet: (i) Nur Berufungen auf ko-exakte Eigenschaften von Diagrammen sind mathematisch zulässig, denn: „Justificatory diagram use requires strongly shared standards of inference" (Manders 2008a, S. 68). Und diese in hohem Maße geteilten Schlussstandards können nur für ko-exakte Eigenschaften gelten. (ii) Die historische Behauptung stellt nun klar: Euklid beachtet in den *Elementen* das epistemische Gebot, nur ko-exakte Eigenschaften von Diagrammen zu verwenden, strikt. Nie, so Manders, werden exakte Eigenschaften der Figuren in Beweisen angeführt.[6]

Aufbauend auf Manders Analyse können die *Elemente* als heterogenes oder multimodales System begriffen werden, das verschiedene Typen mathematischer Darstellungsformate kombiniert:[7] Das Diagramm notiert eine finite ko-exakte Konfiguration, der Text hingegen in Sätzen die exakten Eigenschaften, die in dem geometrischen Satz eine Rolle spielen.[8] Dass die geschlossene Kurve, die ich zeichne, ein Kreis ist, dass sich die Strecken AB, BC und AC in genau drei Eckpunkten treffen, ist nichts, was ich sehen *muss*, geschweige denn auch nur sehen *kann*, sondern etwas, das der Text notiert. Das Aussehen eines Diagramms darf bei exakten Eigenschaften keine epistemisch relevante Rolle spielen. Und tut es bei Euklid auch nicht. Wir glauben nur, dass es eine Rolle spielt, weil wir an präzisionsorientierte Figuren gewöhnt sind. Ein euklidischer Beweis besteht in der

6 Manders (2008b, S. 91).

7 Manders (2008b, S. 86–87): „[T]raditional geometric demonstration has a verbal part, which for contrast I will call the discursive text; and a graphical part, the diagram. The discursive text consists of a reason-giving ordered progression of assertions, each with the surface form of an ascription of a feature to the diagram (attributions). A lettering scheme facilitates cross-references to the diagram. A step in this progression is licensed by attributions either already in force in the discursive text or made directly based on the diagram as part of the step, or both. A step consists in an attribution in the discursive text, or a construction in the diagram, or both."

8 Netz (1999, S. 34): „The diagram is relied upon as a *finite* system of relations."

Anwendung von satz- und figurbasierten Schlussregeln und Wissensbeständen auf geometrische Objekte, die ihrerseits aus einer Kombination von Sätzen und Figuren bestehen.[9] Der geometrische Beweis bei Euklid ist eine Zusammenarbeit von Figur und Text, ein Hin- und Herwandern zwischen beiden, ein „continuous ‚dialogue‘ between language and figures“ (Giardino 2010, S. 37). Euklids Beweise sind weder überwiegend Figur-, noch überwiegend Schriftarbeit. Sie sind beides zusammen, Figur und Schrift dabei in einer spezifischen, genau geregelten Weise miteinander verzahnt. Damit haben wir auch eine Erwiderung auf Russells Vorwurf gefunden. Russell hatte ja behauptet, dass Euklids System von legitimatorischen Lücken durchzogen sei. Tatsächlich sind diese Lücken gar keine – es handelt sich um das Verwenden ko-exakter Eigenschaften und dies ist zulässig. Allerdings ist diese Norm nur in impliziter Praxis, nicht aber in expliziter schriftlicher Form vorhanden.[10]

Manders Einsichten wurden von Mumma (2006, 2012) als Basis für eine Formalisierung euklidischer Geometrie genutzt. Das Ziel seiner Arbeit war der Nachweis, dass es eine „mathematically precise form of geometric reasoning“ gibt, „where a logically unanalyzed assumption of spatiality plays a part in what does and does not have to be proved“ (Mumma 2012, S. 109). Er behauptet, dass Beweise in den *Elementen* als streng und gültig angesehen werden können, obwohl in ihnen das Ablesen räumlicher Eigenschaften eine irreduzible Rolle spielt. Mumma und Mitstreiter wie Avigad argumentieren dafür, indem sie zeigen, dass in den *Elementen* ein implizites System am Werk ist, das festlegt, unter welchen Bedingungen eine an dem Diagramm beobachtbare räumliche Eigenschaft abgelesen und im Beweis verwendet werden kann und wann sie aufgrund expliziter begrifflicher Regeln erschlossen werden muss. Sie rekonstruieren „subtle protocols that govern the proper use of diagrams“ (Avigad 2009, S. 106).

Mummas System basiert – wie jedes formale System – auf regelgeleiteten syntaktischen Transformationen diskreter Zeichenmengen. Die Pointe seiner Formalisierung ist, dass sowohl die Regeln als auch die Zeichenmengen medial zweigeteilt sind: Sie haben einen diagrammatischen und einen textuellen Teil. Daraus resultiert eine epistemische Arbeitsteilung zwischen Text und Diagramm in den *Elementen*. Mumma zufolge läuft ein geometrischer Beweis „on two tracks: a diagrammatic one, and a sentential one. The role of the diagrammatic track is to record non-metric positional information of the figure, and to provide a means for inferring this kind of information about it. The role of the sentential one is to record

9 Dazu Manders (2008a, S. 69).

10 Manders (2008b, S. 91): „Typical ‚gaps‘ in Euclid involve reading off some explicit co-exact feature from a diagram; and this is permissible.“

metric information about the figure and provide a means for inferring this kind of information“ (Mumma 2012, S. 111).

Es ist nun eine Sache, festzuhalten, *dass* es bei Euklid informelle Regeln gibt, die festlegen, wann Wahrnehmungen der Figur eine legitime Rolle in Beweisen spielen dürfen. Doch damit ist noch nichts über die Gründe dafür gesagt, *warum* es diese informellen Regeln überhaupt gibt. Eine vielversprechende Antwort findet sich bei Sherry (2009).

Sherry zufolge funktionieren Diagramme zwar grundsätzlich begrifflich-normativ. So beziehen diagrammbasierte Beweise ihre Gültigkeit nicht aus der Verallgemeinerung beobachtbarer räumlicher Sachverhalte, sondern aus begrifflichen Zusammenhängen, die auf Diagramme projiziert werden können. Allerdings gesteht Sherry bestimmten visuell rezipierbaren räumlichen Eigenschaften sehr wohl eine epistemische Rolle zu. Dafür gibt es aber eine kritische Bedingung. Diese lautet, dass die räumlichen Beziehungen, die vom Diagramm abgelesen werden, „simple empirical characteristics“ sind, also auf elementaren, alltäglich vertrauten Regelmäßigkeiten der Erfahrungswelt beruhen: „They correspond to the simplest and most general aspects of our experience with physical objects, aspects which are so pervasive that they have been elevated to the position of rules“ (Sherry 2009, S. 69). Eine elementare Erfahrungstatsache in diesem Sinne ist beispielsweise der topologische Sachverhalt, dass sich zwei überlappende Kreise (geschlossene Figuren) schneiden. Diese Sachverhalte sind nicht mathematisch, aber wohl physikalisch intuitiv klar, wie Wittgenstein schreibt (ich folge hier Steiner 2000).

> Könnte man nicht wirklich von Intuition in der Mathematik reden? Nicht so aber, daß eine *mathematische* Wahrheit intuitiv erfaßt würde, wohl aber eine physikalische oder psychologische. So weiß ich mit großer Sicherheit, daß ich jedesmal 625 errechnen werde, wenn ich zehnmal 25 mit 25 multipliziere [...]. Ist das nun eine Erfahrungstatsache? Freilich – und doch wäre es schwer Experimente anzugeben, die mich von ihr überzeugen würden. Man könnte so etwas eine intuitiv erkannte *Erfahrungs*tatsache nennen. (Wittgenstein BGM, IV-44)

Der elementare Charakter wird daran deutlich, dass Wittgenstein kein Versuch einfällt, der als kritisches Experiment über die Annahme oder Ablehnung des Sachverhaltes entscheiden könnte. Diese Tatsache gehört zu der Menge an leiblich verankerten Hintergrundannahmen, auf denen unser alltägliches Dasein in der Welt basiert. Sie sind Teil unserer Handlungsstruktur, unserer Lebensform, und können deshalb nur dann in Frage gestellt werden, wenn wir gleichzeitig diese Handlungsstruktur ändern würden. Wir haben es hier nicht mit begrifflichen, mathematischen Regeln zu tun, sondern mit Sätzen über die regelmäßige Verfasstheit unserer Erfahrung. Sind diese Erfahrungen hinreichend fundamental, dann, so behauptet Sherry, können sie in den Status begrifflicher Regeln erhoben werden. Es sind Regeln, die so klar sind, dass „no one bothers to formulate a corresponding proposition" (Sherry 2009, S. 66). Die informalen Regeln beziehen ihre mathematische Allgemeinheit daraus, dass sie fundamentalen Erfahrungssätzen entsprechen.

Bisher sind wir davon ausgegangen, dass die Gültigkeit der *Elemente* auf einer *ungeschriebenen Lehre* diagrammbezogener Regeln basiert. Doch dieser Zustand ist auf Dauer unbefriedigend: Gibt es wirklich in dem geschriebenen Text der *Elemente* keine Hinweise auf die Art und Weise, welche Art von Schlussfolgerungen man aus Diagrammen ziehen kann? Das *scheint* nicht nur unplausibel, sondern *ist* es auch. Man kann tatsächlich zeigen, dass der explizite Text Hinweise auf die impliziten Normen enthält, die das Wie des Ablesens ko-exakter räumlicher Eigenschaften von Diagrammen regeln. Dazu muss man die ersten Prinzipien, also die Definitionen, Postulate und Axiome in einer geeigneten Weise interpretieren. Wir müssen sie als „rules for reading diagrams" auffassen (Shabel 1998, S. 14). Wie ist das gemeint?

Euklid beginnt die Prinzipien mit den Definitionen. Traditionellerweise werden diese als weder mathematisch noch überhaupt nötig zurückgewiesen (Shabel 1998, S. 18). Für diese Sicht spricht auch zunächst, dass viele Definitionen in Beweisen keine Rolle spielen. Dazu zählt etwa die berühmte erste Definition des Punktes als dasjenige, was keine Teile hat. Man hat auch vermutet, dass Definitionen nichts anderes als psychologische Handreichungen sind, die mittels eines Appells an das visuelle Aussehen von Linien das Verständnis der Geometrie erleichtern sollen. Auch dann wird ihnen eine epistemische Relevanz abgesprochen. Dieser Schluss ist allerdings verfehlt. Denn tatsächlich haben die Definitionen eine epistemische Bedeutung auch außerhalb ihrer Verwendung zu Ableitungszwecken in Beweisen: Was sie nämlich zugleich tun, ist, eine *mereotopologische Charakterisierung* (Casati / Varzi 1999) geometrischer Objekte zu geben. Sie spezifizieren die Weisen, wie topologische und mereologische Eigenschaften von Diagrammen abgelesen werden können (meine Ausführungen gründen auf Shabel 1998 und Azzouni 2004).

Betrachten wir als Beispiel den Punkt. Die Definition des Punktes ist, wenn man sie als Regel dafür begreift, wie Diagramme gelesen werden sollten, keine bloße Beschreibung des visuellen Eindrucks, den ein Punkt macht, aber auch keine ontologische oder metaphysische Bestimmung. Es geht nicht darum, das Wesen des Punktes zu klären, sondern darum, die diagrammatischen Regeln hinsichtlich der Verwendung von Punkten im Spiel der Geometrie zu bestimmen. In dieser Hinsicht kann man den Bemerkungen über den Punkt in den *ersten Prinzipien* entnehmen (Azzouni 2004, S. 127): Zwei Linien, die durch einen Punkt gehen, treffen sich in dem Punkt; eine Strecke hat genau zwei Endpunkte; eine Linie, die eine andere Linie schneidet, tut das in einem und nur einem Punkt;

zwischen zwei Punkten kann genau *eine* gerade Linie gezogen werden und so weiter (für eine ausführliche Rekonstruktion Shabel 1998). Wir können eine große Liste solcher impliziter Regeln aufstellen, die wir immer dann gebrauchen, wenn wir mit euklidischen Diagrammen arbeiten. Viele davon sind so elementar, dass wir uns gar nicht bewusst sind, dass wir diesen Regeln folgen. Doch wie bereits früher betont, kann Mathematik nicht auf Evidenz oder Einsicht beruhen, sondern allein auf dem Handeln in Einklang mit eindeutigen Regeln. Daher ist es entscheidend, dass wir erkennen, dass auch unser Umgang mit Diagrammen nicht durch Intuition, sondern durch Normativität gesichert ist. Es ist daher beruhigend zu erkennen, dass die Normen des Diagrammgebrauchs nicht nur als Ergebnis detektivischer Indizienarbeit rekonstruiert, sondern in direkter Auseinandersetzung mit jenem Teil der *Elemente*, der sie auch enthalten sollte, nämlich den ersten Prinzipien, *sicher erschlossen* werden können.

2.4.2.4 Diagramme und Übersichtlichkeit

Wir machen, sagt Wittgenstein, gerne einen Fehler, wenn wir über die Rolle von Diagrammen in geometrischen Beweisen nachdenken. Wir verwechseln zwei verschiedene Weisen, Diagramme zu gebrauchen: erstens die Verwendung graphischer Elemente als mathematische Notation, zweitens die Verwendung von Diagrammen in Zusammenhängen, wo sie möglichst präzise aussehen sollen. Der Fehler liegt, wie Wittgenstein einmal schreibt, in „mixing up drawing used as symbolism with drawing as producing a certain visual effect" (Wittgenstein LFM, S. 134). Eine ähnliche Idee findet sich schon in einer Sokratischen Bemerkung in Platons *Politeia:*

> Wenn jemand, der etwas von Geometrie versteht, Diagramme sähe, die Dädalus oder ein anderer Handwerker oder Maler mit besonderer Sorgfalt gezeichnet oder ausgearbeitet hat, so würde er zwar die Schönheit der Arbeit bewundern, aber er würde es für lächerlich halten, sie ernsthaft zu untersuchen in der Erwartung, an ihnen herauszufinden, wie das Gleichgroße oder das Doppelte oder irgendein anderes Maßverhältnis in Wahrheit beschaffen ist. (Platon Politeia, 529e-530a; Übersetzung Künne 1983, S. 156).

Natürlich kann man Kreise und Geraden besser und schlechter zeichnen. Natürlich kann man es sich zur Aufgabe machen, Figuren möglichst präzise darzustellen. Doch entscheidend ist, dass es darum in der Geometrie nicht geht. Es kommt nicht darauf an, einen geometrischen Sachverhalt in der Figur in Gänze realisiert zu *sehen*, sondern den Sachverhalt mit der Figur regelgerecht zu beweisen.

Wie wir weiter oben diskutiert haben, kann man einen typischen geometrischen Satz auch gar nicht in Gänze in einer Figur verwirklicht sehen, hat er doch einen figuralen *und* einen satzartigen Bestandteil (Wittgenstein BGM, III-49). Doch dieser Sachverhalt wird ausgerechnet dadurch verschleiert, dass die meisten Diagramme in Lehrbüchern exakt (im Manderschen Sinne) gezeichnet sind. Der geometrische Beweis, schreibt Wittgenstein, „ist oft seinem Wesen nach mißverstanden worden“ (BGM, III-1). Auch im Geometrieunterricht in deutschen Schulen würde es als Fehler gewertet, wenn ein Schüler eine Dreieckseite ersichtlich krumm zeichnete. Um die beiden Gebräuche – Exaktheitsgebrauch und Beweisgebrauch – auseinanderzuhalten, böte sich aber gerade daher eine absichtlich anästhetische, irritierende Konstruktionsweise an. Wittgenstein spekuliert einmal anlässlich der Darstellung eines physikalischen Mechanismus darüber, Diagramme in wechselnder Farbgebung zu zeichnen, um jeden Einfluss von Evidenzeffekten zu vermeiden:

> Denken wir uns die Konstruktionen der Stadien des Mechanismus mit Strichen von wechselnder Farbe ausgeführt. Die Striche seien zum Teil schwarz auf weißem Grund, zum Teil weiß auf schwarzem Grund. Denke dir die Konstruktionen im Euklid so ausgeführt; sie werden allen Augenschein verlieren. (Wittgenstein BGM, IV-49)

Eine alternative Technik bestünde darin, „schlechte“ Zeichnungen für geometrische Beweise zu verwenden. Doch wenn es bei Beweisdiagrammen also nicht auf Mandersche Exaktheit ankommt, worauf dann? Wittgenstein gibt als Antwort: Wiederholbarkeit. Diese ist für ihn Bedingung sine qua non geometrischer Beweise, er bezeichnet sie auch als *Übersichtlichkeit:*

> ‚Ein mathematischer Beweis muß übersichtlich sein.‘ ‚Beweis‘ nennen wir nur eine Struktur, deren Reproduktion eine leicht lösbare Aufgabe ist. Es muß sich mit Sicherheit entscheiden lassen, ob wir hier wirklich zweimal den gleichen Beweis vor uns haben, oder nicht. Der Beweis muß ein Bild sein, welches sich mit Sicherheit genau reproduzieren läßt. Oder auch: was dem Beweise wesentlich ist, muß sich mit Sicherheit genau reproduzieren lassen. Er kann z. B. in zwei verschiedenen Handschriften oder Farben niedergeschrieben sein. Zur Reproduktion eines Beweises soll nichts gehören, was von der Art einer genauen Reproduktion eines Farbtones oder einer Handschrift ist. (Wittgenstein BGM, III-1)

Zwar bemerkt Wittgenstein, dass es hinsichtlich der Reproduzierbarkeit einen Vorteil „des geschriebenen im Vergleich zum gezeichneten Beweis“ gebe (Wittgenstein BGM, III-1). Allerdings handelt es sich nicht um eine absolute, sondern nur um eine relative Überlegenheit, denn:

> The figure of the Euclidean proof as used in mathematics is just as rigorous as writing – because it has nothing to do with whether it is drawn well or badly. The main difference between a proof by drawing lines and a proof in writing is that it doesn't matter how you draw lines, or whether the *r*'s and *l*'s and *m*'s and *e*'s are written well. (Wittgenstein LFM, S. 134)

Ebenso wie es nicht darauf ankommt, wie gut oder schlecht man Buchstaben zeichnet, solange sie als Buchstaben erkennbar sind, ist es auch nicht relevant, wie man Linien oder Kurven zeichnet, solange sie in einer Weise wiederholbar sind, die eine Reproduktion des Beweises ermöglicht. Natürlich ist es möglich, dass man eine Figur so schlecht zeichnet, dass die beweisrelevanten Merkmale nicht länger erkennbar sind, und dass man die Figur daher nicht richtig verwenden kann. Doch auch ein schriftlicher Beweis kann so schlecht geschrieben sein, dass ich ihn nicht verstehe oder nachvollziehen kann. Wittgenstein beschreibt nun allerdings nicht genauer, auf welchen Faktoren die Reproduzierbarkeit geometrischer Beweise beruht. Diese Lücke lässt sich aber unter Bezugnahme auf die Arbeiten Manders' und Mummas füllen.

Damit wird zugleich eine Alternative gegenüber der philosophischen Tradition erkennbar, die geometrische Diagramme zumeist als unendliche Objekte begriffen hat: Unendlich in dem Sinne, dass jede minimale Variation eines Bestandteils ein neues und verschiedenes Einzelexemplar erzeugt, für das nicht garantiert werden kann, dass es in wichtigen Eigenschaften mit dem ursprünglichen Exemplar übereinstimmt. In dieser Perspektive stellen sich Genauigkeits- und Generalitätsprobleme mit Brisanz. Eine Lösungsstrategie dafür war, den Mathematikern Mittel zuzusprechen, der Unendlichkeit des Objekts erfolgreich zu begegnen. Die Unendlichkeit des Objekts wird in dieser Strategie mit einer Verunendlichung des menschlichen Geistes bekämpft. Man könnte Mathematikern etwa die Fähigkeit zusprechen, ein partikulares Dreieck in Gedanken kontinuierlich zu variieren und so zu sehen, dass sich die behaupteten Eigenschaften nicht verändern würden. Über eine solche „Methode der Variation" (Mach 1926, S. 183) würde die Allgemeingültigkeit eines geometrischen Satzes über ein Dreieck dadurch gesichert, dass wir in der Fantasie eine kontinuierliche Variation durchspielen, die zeigt, dass die Eigenschaft allen möglichen Dreiecken zukommt: „By imaginatively performing the transformative change of angle size on the sheet we see that the tripartition of angles into acute, rectangular, obtuse is complete, because we can make the angle pass through all values between 0 and 180" (Stjernfelt 2007, S. 115). Doch dies läuft am Ende wiederum auf eine Form von Spatiozentrismus hinaus und ist mit den Problemen unmöglicher Genauigkeit und der falschen Modalität (Erfahrungssatz statt Konditionalsatz) konfrontiert. Hier wird einfach vorausgesetzt, dass „die Phantasievorstellung [...] leisten können [soll], was die Wahrnehmung nicht vermag" (Künne 1983, S. 156), dass man, anders gesagt, mit geschlossenen Augen schärfer sehen könne als mit offenen. Die Erklärung eines Rätsels wird durch ein noch größeres Rätsel angestrebt.

Der hier vertretene Ansatz wählt einen umgekehrten Weg: Statt einer Infinitisierung des endlichen Geistes gründet sie auf einer Finitisierung unendlicher Diagramme. Diese werden „operationally discrete" gemacht (Mumma 2006, S. 17).

Die Behandlung dessen, was infinite Präzision erfordert, wird zur Aufgabe des Textes erklärt. Der Schlüssel zum Verständnis der Rolle von Diagrammen in der Geometrie ist die Anerkennung ihrer Eingebundenheit in ein multimodales System, das auf repräsentationaler und inferentieller Arbeitsteilung basiert: Jedes Format ist für diejenigen Gehalte zuständig, die es am besten darstellen kann: „The key to reconstructing standards for producing and reading diagrams is the realization that diagram and text contribute differently, so as to make up for each other's weaknesses" (Manders 2008b, S. 88).

Dadurch passiert eine bemerkenswerte Verschiebung: Diagramme erfüllen die Kriterien von Hilberts *finiter Einstellung:* In seinem Formalismus hatte Hilbert behauptet, dass Mathematik allein auf einer überschaubaren Menge finiter Zeichen beruhen dürfe. In der traditionellen Sicht disqualifizierte das Diagramme als legitime mathematische Notationsformen. Manders' Einsicht hingegen legt die ironische Wendung nahe, dass bereits euklidische Geometrie Hilbertschen Kriterien genügt. Übrigens bestätigt sie damit eine frühe Intuition Hilberts, der in seiner berühmten Rede vor dem Mathematik-Kongress zu Paris 1900 sagte:

> Die arithmetischen Zeichen sind geschriebene Figuren und die geometrischen Figuren sind gezeichnete Formeln, und kein Mathematiker könnte diese gezeichneten Formeln entbehren, so wenig wie ihm beim Rechnen etwa das Formen und Auflösen der Klammern oder die Verwendung anderer analytischer Zeichen entbehrlich sind. (zit. n. Greaves 2002, S. 74).

2.5 Geometrisches Aspektsehen

Wir haben bisher die Spielregeln der euklidischen Geometrie in Form eines normativen Systems rekonstruiert, das teilweise explizit, teilweise implizit gegeben ist. Im Folgenden soll es nun weniger um die Regeln, denn um den Charakter des Spiels der Geometrie gehen. Die These lautet, dass das Spiel der Geometrie wesentlich durch eine Aktivität gekennzeichnet ist, die ich im Anschluss an Wittgenstein als Form des *Aspektsehens* bestimmen möchte. Ich möchte darüber hinaus deutlich machen, warum Aspektsehen als generelles Charakteristikum des Arbeitens mit Diagrammen verstanden werden sollte. Ich knüpfe darin an jüngere Arbeiten von Macbeth (2009) und Coliva (2012) an, welche den Begriff des Aspektsehens für eine Analyse geometrischer Wissensgewinnung vorschlagen. Doch fehlt es den bisherigen Vorschlägen an Schärfe und Tiefe. Mein Vorschlag weicht daher in zentralen Punkten ab. Die Differenz zeigt sich schon in der Anlage: Während die bestehenden Vorschläge Wittgensteins Diskussion des Hasen-Enten-Kopfs zum Vorbild nehmen, argumentiere ich dafür, dass geometrisches Aspektsehen gerade nicht nach diesem Muster abläuft.

Worum geht es bei geometrischem Aspektsehen? Ein euklidischer Beweis startet mit einer Ausgangsfigur. Diese wird in der Konstruktionsphase durch Verbinden von Punkten, Ziehen von geraden oder gekrümmten Linien (Kreise) erweitert. Dabei können auch als gültig erwiesene Konstruktionen aus vorherigen Sätzen verwendet werden. So wird in Satz I,2 die Konstruktion des gleichseitigen Dreiecks, die in I,1 bewiesen wurde, verwendet. Nachdem das Diagramm fertig konstruiert wurde, beginnt die Schlussphase. Diese beruht nun auf einem zentralen Prinzip: Dem Erkennen von Teilfiguren, die in dem Diagramm enthalten sind, aber nicht in der Konstruktion intendiert wurden. Ich sehe eine Menge an Linien und Kreisen *als* eine bestimmte geometrische Entität oder Relation. Betrachten wir als typisches Beispiel Satz I,7 der *Elemente*. Der Beweis beruht auf der Einsicht, dass sich in dem konstruierten Diagramm zwei gleichschenklige Dreiecke identifizieren lassen. Hat man sie einmal erkannt, lässt sich Satz I,5 anwenden. Zwar erwähnt Euklid in dem Beweis an keiner Stelle explizit, dass man die beiden Dreiecke in dem Diagramm wahrnimmt. Doch sein ganzer Beweis beruht darauf. Ähnliche Vorgänge des Identifizierens von Teilfiguren in dem konstruierten Diagramm spielen in vielen der Beweise des ersten Buches eine zentrale Rolle. Es handelt sich hier um eines der wichtigsten Phänomene in geometrischem Denken. Dies möchte ich als *geometrisches Aspektsehen* bezeichnen.

Erinnern wir uns, dass wir im ersten Kapitel Diagramme als Raum*strukturen* bestimmt haben. Physische Inskriptionen werden als bestimmte Figuren in einem bestimmten Raum begriffen. In vielen Fällen wird einer physischen Markierung *ein* bestimmter räumlicher Sinn zugesprochen: Ich sehe diesen krummen Strich *als* geschlossene Kurve, welche die Ebene in zwei Teile, ein Innen und ein Außen, trennt. Inskriptionen haben hier eine eindeutige raumstrukturale Interpretation. In geometrischem Aspektsehen ist dieses Prinzip der eindeutigen Zuordnung von räumlichem Sinn und physischer Inskription nicht mehr erfüllt. Geometrische Beweise beruhen vielmehr konstitutiv darauf, dass die gleiche Inskription unter verschiedenen Weisen gesehen werden kann.

Macbeth zufolge gründen geometrische Beweise in der Fähigkeit, ein- und dieselbe physikalische Inskription als Teil zweier verschiedener Dinge sehen zu können (Macbeth 2009, S. 372–384). Eine Linie kann – wie im ersten Beweis der *Elemente* – einerseits als Radius eines Kreises, andererseits als Seite eines Dreiecks betrachtet werden. Für Macbeth ist die Fähigkeit, „to see various drawn lines and points now as part of one iconic figure and now as parts of another“ die Quintessenz euklidischer Geometrie. Sie deutet dieses Phänomen einerseits mit Hilfe von Freges Unterscheidung von Sinn und Bedeutung, andererseits mit Wittgensteins Überlegungen zum Aspektsehen. In Fregeschem Vokabular kann man sagen, dass Kreisradius und Dreiecksseite zwar die gleiche *Bedeutung* haben, dass aber zugleich ihr *Sinn*, ihre Gegebenheitsweise unterschiedlich ist. Frege vergleicht den Sinn eines Namens mit einer Lichtquelle, die einen Blick auf die Bedeutung erlauben würde. Allerdings würde die Bedeutung durch einen Sinn immer nur „einseitig beleuchtet“ (Frege 2008, S. 25). Bemerkenswerterweise stammt Freges allererstes Beispiel in seinem berühmten Aufsatz über „Sinn und Bedeutung“ aus der Geometrie:

> Es seien a, b, c die Geraden, welche die Ecken eines Dreiecks mit den Mitten der Gegenseiten verbinden. Der Schnittpunkt von a und b ist dann derselbe wie der Schnittpunkt von b und c. Wir haben also verschiedene Bezeichnungen für denselben Punkt, und diese Namen („Schnittpunkt von a und b“, „Schnittpunkt von b und c“) deuten zugleich auf die Art des Gegebenseins, und daher ist in dem Satze eine wirkliche Erkenntnis enthalten (Frege 2008, S. 24).

Frege stellt Geometrie hier als ein Beispiel seiner Idee dar, dass in der Feststellung, dass zwei unterschiedliche Dinge den gleichen Gegenstand bezeichnen, eine „wirkliche Erkenntnis“ liegt. Wenn wir erfahren, dass Morgenstern und Abendstern zwei Namen für den gleichen Stern, die Venus, sind, haben wir einen informativen Mehrwert, also Erkenntnis. In Freges Metaphorik ließe sich sagen, dass die Feststellung des gleichen Bezuges der beiden Sinne nun erlaubt, den von ihnen bedeuteten Gegenstand von zwei Seiten beleuchtet zu sehen (Frege 2008, S. 24–25).

Geometrisches Aspektsehen als Wahrnehmen der inferentiellen Relevanz von Diagrammteilen

Die Metapher des (Auf-)Leuchtens taucht auch in den Überlegungen eines anderen Philosophen auf, die noch hilfreicher scheinen, die Rolle der Wahrnehmung und Identifizierung unterschiedlicher Gegebenheitsweisen in der Geometrie zu untersuchen. Die Rede ist von Wittgensteins Überlegungen zum Aspektsehen. Allerdings handelt es sich um eine andere Form als das berühmte holistische Aspektsehen, das Wittgenstein am Beispiel von Jastrows Hasen-Enten-Kopf erläutert (Abbildung 12).

Diese bekannte, viel diskutierte Form des Aspektsehens bei Wittgenstein scheint mir nun *nicht* gut geeignet für eine Beschreibung dessen zu sein, was in euklidischen Beweisen passiert. Erstens ist Aspektsehen im Falle des H-E-Kopfs *holistisch*, während es im Falle der Geometrie mereotopologische *Teile* des ganzen Diagramms betrifft. Es verändert sich bei geometrischem Aspektsehen gerade *nicht* alles. Wir sehen vielmehr ein neues Detail *in* der gleichen Gesamtordnung. Daher sind auch alle anderen Beispiele in der Art von Vexier-Bildern, die Wittgenstein bringt – der Necker-Würfel, die Profilvase – weniger geeignet für die

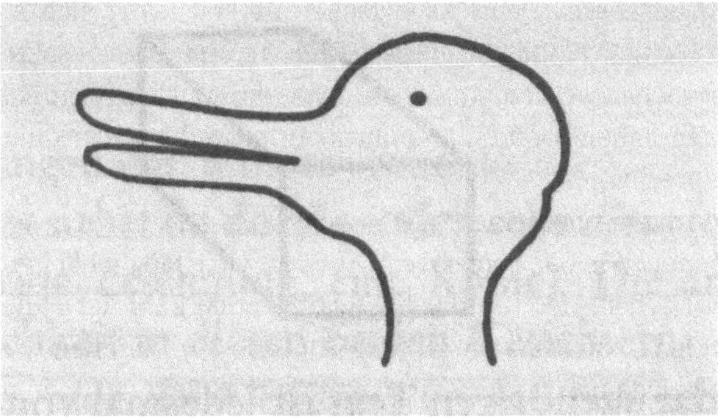

Abbildung 12: Hasen-Enten-Kopf

Analyse geometrischen Aspektsehens. Zweitens ist geometrisches Aspektsehen weniger ein *ästhetisches*, perzeptives Phänomen – wie beim H-E-Kopf -, sondern ein *logisches, mathematisches*. Geometrische Aspekte gibt es nur *innerhalb* des Systems der Geometrie.

Der H-E-Kopf ist also kein gutes Modell für die Analyse geometrischen Aspektsehens. Doch glücklicherweise finden sich bei Wittgenstein selbst, auch wenn das weit weniger bekannt ist, weitere Formen von Aspektsehen. Es gibt gleichsam verschiedene ‚Aspektspiele'. Und *eine* dieser Formen trifft nun sehr gut das, was in euklidischen Beweisen eine so große Rolle spielt. Wittgenstein beschreibt diese Form wie folgt: „Eine *Art* der Aspekte könnte man ‚Aspekte der Organisation' nennen. Wechselt der Aspekt, so sind Teile des Bildes zusammengehörig, die früher nicht zusammengehörig waren" (Wittgenstein PU 2, S. 543). Wir haben es mit dem Aufleuchten eines Teils *innerhalb* des Ganzen zu tun, nicht mit einer Umwälzung des Ganzen. Im Falle eines typischen Beweises von Euklid erkenne ich in dem konstruierten Diagramm Teilfiguren, die dann bestimmte Schlüsse erlauben, welche das konstruierte Diagramm nicht zu ziehen erlaubt hätte. Es macht nun weder Sinn zu sagen, dass die Teilfiguren in dem Diagramm vorhanden waren, noch, dass sie nicht vorhanden waren. Vielmehr waren sie vorher bereits latent vorhanden, wurden aber noch nicht wahrgenommen. Hinzu kommt, dass man Aspekte sehen kann, die visuell nicht gegeben sind. Man kann etwa zwei kongruente Dreiecke in einem Diagramm erkennen, die *optisch* gar nicht kongruent sind. Aspektsehen ist nicht auf einfache Wahrnehmung reduzierbar.

Ein weiterer Punkt kommt hinzu. Wittgenstein wird häufig so verstanden, dass sein Aspektsehen an einem entlegenen Fall zeige, wie Wahrnehmung allgemein verlaufe: nämlich als sehen von etwas *als* etwas (Lauer 2008, S. 234). Mir scheint diese Behauptung schon auf Wittgensteins allgemeinen Begriff von Aspektsehen nicht zuzutreffen, erst recht aber nicht auf den hier zur Diskussion stehenden

Begriff geometrischen Aspektsehens. Denn Aspektsehen unterscheidet sich in mindestens zwei Weisen von einem einfachen *etwas als etwas sehen*. Erstens sollte nur dort von Aspekten gesprochen werden, wo wir auf etwas aufmerksam werden, was wir zuvor nicht gesehen haben. Wenn man immer nur dasselbe sieht, kann man nicht von Aspekten sprechen.

Doch auch das bloße Anderssehen einer Sache reicht nicht aus, um von Aspektsehen sprechen zu können. Wie Baz bemerkt, gibt es sehr viele Möglichkeiten im Leben, Dinge anders zu sehen, doch in der überwältigenden Zahl der Fälle haben wir gar kein besonderes Interesse daran (Baz 2000, S. 99). Nehmen wir folgendes Diagramm Wittgensteins, in dem zwei ungleiche Stücke zu einem Rechteck zusammgesetzt sind (Abbildung 13).

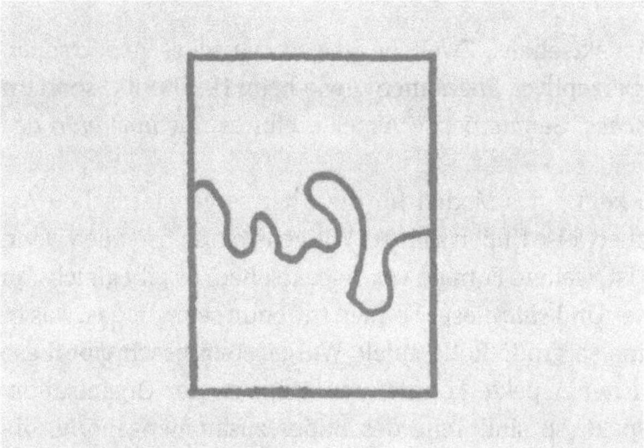

Abbildung 13: Wittgenstein BGM, I-70

Die Abbildung „zeigt doch auch, daß zwei Stücke ein Rechteck geben. ‚Aber das ist uninteressant', will man sagen" (Wittgenstein BGM, I-70). Dies ist nicht wert, als Aspekt wahrgenommen zu werden. Damit haben wir eine weitere wichtige Bedingung für Aspektsehen identifiziert: Es muss sich für uns lohnen, einen Aspekt in einer Sache wahrzunehmen. Aspektsehen ist keine wertneutrale Beschreibung unserer Wahrnehmungsvorgänge: Nur da, wo etwas „worth noting and articulating" (Baz 2000, S. 99) ist, wo uns etwas interessiert, wo wir es wichtig finden, dieses hier jetzt *als* so-und-so-etwas zu sehen, nur in diesen Fällen sollten wir von Aspektsehen sprechen.

Es sind nun verschiedene Möglichkeiten denkbar, dieses „es wert sein" eines Aspektes zu konkretisieren. Ich will mich auf eine beschränken, die mir im Zusammenhang der Überlegungen zu geometrischem Aspektsehen besonders wichtig erscheint: Der Wert eines Aspekts ist als das Handlungspotential begreifbar, das mit seiner Wahrnehmung verbunden ist. In einem Aspekt sieht man deshalb nicht nur eine Figur, sondern man sieht auch zugleich die Handlungsmöglichkeiten, die auf dieser Figur beruhen. Die Wahrnehmung der Figur ist nicht ablösbar von der inferentiellen Relevanz, also der Menge und Produktivität von Handlungsmöglichkeiten, die man mit ihr verbindet. So ist in Euklid I,7 nicht allein entscheidend, dass man zwei gleichschenklige Dreiecke in dem Diagramm ausmacht, sondern dass man zugleich weiß, dass man etwas mit ihnen tun kann.

Es geht dabei nicht allein um Handlungen, die im Spiel der Geometrie *logisch* möglich sind, sondern um die Handlungen, die *sinnvoll* sind. Unter einem geometrischen Aspekt soll daher die Wahrnehmung einer Figur *und* ihrer inferentiellen Relevanz verstanden werden. Die inferentielle Relevanz besteht zumeist in einem ganzen Bündel an Handlungen. Ich schlage vor, sie mit einem Begriff Azzounis, den ich in einem etwas anderen Sinn verwenden möchte, als *inferentielles Paket* (inferential package) zu bezeichnen. In einem inferentiellen Paket ist eine Menge von Annahmen mit einer Menge von Schlüssen aus diesen Annahmen verbunden. Azzouni (2005, S. 25) zufolge ist besonders die Wahrnehmung bestimmter typischer Diagrammkonfigurationen geeignet, die Anwendung eines Inferenzpakets auszulösen (zu triggern). Dabei geschieht die Anwendung des Pakets oft unbewusst, automatisch. Daher fällt es uns auch oft schwer, die einzelnen Annahmen und Schlüsse eines Pakets auszubuchstabieren, wenngleich es möglich ist.[11]

Wenn man geometrisches Aspektsehen nicht nur als Wahrnehmung einer Figur, sondern auch als Wahrnehmung einer inferentiellen Relevanz einer Figur bestimmt, dann wird deutlich, dass es sich auf keinen Fall um ein rein visuelles Ereignis handeln kann. Macbeths Beschreibung des Aspektsehens als „perceptual skill“ (Macbeth 2009, S. 377) ist daher irreführend. Es mag zwar sein, dass ich die Strecke einmal als Teil eines Dreiecks und einmal als Seite eines Dreiecks *sehe*, dass sich die jeweiligen Figuren vom Grund des Diagramms abheben. Doch schon für die Frage der inferentiellen Relevanz ist die visuelle Wahrnehmung weniger entscheidend. Vielmehr kommt es darauf an, dass wir zugleich an der Figur wahrnehmen, was wir mit ihr machen können, d. h. vor allem, welche Schlüsse wir aus ihr ziehen können. Daraus folgt zugleich, dass geometrisches Aspetksehen nur

11 Azzouni zeigt sich skeptisch, was die Möglichkeit des Explizitmachens eines Inferenzpakets angeht. Er spricht von einer „introspective invisibilty“ bezüglich der Inferenzpakete (2005, S. 24). Ich sehe darin dagegen kein grundsätzliches Problem. Wir sind uns zwar im Vollzug eines Inferenzpakets nicht der ganzen Bestandteile dieses Pakets bewusst, doch das heißt nicht, dass wir nicht auf Nachfrage erklären können, was wir getan haben. Im Gegenteil: Die Fähigkeit, die Anwendung eines Inferenzpakets erklären zu können, ist gerade Voraussetzung dafür, dass wir jemanden als kompetenten Geometer bezeichnen.

einem kompetenten Benutzer möglich ist, also jemandem, der sich in der Technik der Geometrie auskennt. Man kann nur davon sprechen, dass jemand einen Aspekt sieht, wie Wittgenstein bemerkt, wenn eine „Geläufigkeit des Operierens in der Zeichnung", „eine gewisse Art des ‚sich Auskennens'" (PU 2, S. 534–535) vorhanden ist. Und weiter: „Nur von dem würde man sagen, er sähe es jetzt *so*, der *imstande* ist, mit Geläufigkeit gewisse Anwendungen von der Figur zu machen" (PU 2, S. 544). Der Begriff des Aspektsehens verdeutlicht damit, dass Diagramme nicht bloß statische Zeichen, sondern handlungsorientierte Darstellungen sind (Action-Oriented Representation nach Clark 1997, S. 149), die *direktive* Kraft (Lopes 2004) aufweisen, in dem sie etwa nahelegen, bestimmte Schlussfolgerungen zu ziehen.

Ein zentrales Fazit aus diesen Überlegungen ist die Einsicht in die Bedeutung des Aspektsehens für den Umgang mit Geometrie. Lassen sich die gewonnenen Aussagen auf andere diagrammatische Systeme übertragen? Grundsätzlich ja. Doch die Art und Weise, wie diagrammatische Systeme Aspekte aufweisen, ist von System zu System unterschiedlich. Für Macbeth etwa weisen Euler-Diagramme keinerlei Aspekte auf. Denn in ihnen hat jede Raumregion ja genau *eine* Interpretation: Einer Kreisfläche ist genau einer Menge zugeordnet. Ich würde allerdings argumentieren, dass auch im Umgang mit Euler-Kreisen Aspektsehen ins Spiel kommt. Immerhin gehört zum Gebrauch von Euler-Diagrammen die Fähigkeit, beispielsweise einen Kreis A (i) einmal als von Kreis B und (ii) einmal als von Kreis C eingeschlossen zu erkennen. Dies ist eine Form von Aspektsehen, aber eine andere, gleichsam schwächere Form. Denn Aspektsehen in der Geometrie spielt eine weitaus stärkere, grundlegendere und komplexere Rolle als Aspektsehen bei Euler-Diagrammen. Man kann Geometrie damit als *aspektstarkes* und Euler-Diagramme als *aspektschwaches* diagrammatisches System bezeichnen. Aspektschwache und aspektstarke Systeme unterscheiden sich in mehreren Punkten.

Erstens zeigt geometrisches Aspektsehen *neue Entitäten*, neue Figuren in dem Diagramm auf. Man kann in diesem Fall von einem *figuralen Überschuss* sprechen: Die Verbindung bestimmter Figuren führt zu einem Diagramm, in dem *neue*, in der Konstruktion nicht intendierte Figuren entdeckt werden können. Im Fall von Euler-Diagrammen entdecken wir zwar *neue Relationen* zwischen den einzelnen Entitäten, aber nicht *neue Entitäten*, wie es in euklidischen Diagrammen passiert. Dieser figurale Überschuss ist in Euler-Diagrammen nicht gegeben. Kreise bleiben Kreise. Die Aspekte sind von derselben Art wie die Konstruktion. Es entsteht mehr von demselben, aber nicht etwas qualitativ anderes. Die Menge der Figuren und Beziehungen, die überhaupt entstehen können, ist von vornherein determiniert.

Zweitens sind die Aspekte, die in Euler-Diagrammen auftreten, auch deshalb schwach, weil sie aus einer Handlungsperspektive nicht besonders interessant sind. Die Wahrnehmung eines Aspekts ist mit maximal einer Anschlusshandlung verbunden: dem Ablesen der Konklusion. In geometrischen Diagrammen hingegen sind Aspekte auch deshalb interessant, weil sie in fast allen Fällen mit der Wahrnehmung möglicher komplexer Inferenzpakete einhergehen.

Schließlich besteht auch ein Unterschied in der unterschiedlichen Herangehensweise an die Diagramme. Aspektschwache Diagramme erlauben immer noch eine direkte semantische Interpretation von Raumregionen und -verhältnissen. Bei aspektstarken Systemen wie euklidischer Geometrie ist das nicht mehr möglich. Denn hier ist die holistische Raumstruktur des Diagramms nicht mehr als ein Agglomerat, ein Zusammenspiel von Geraden, Schnittpunkten und Kreisen, das als *Potential* funktioniert, nämlich als Potential, das auf verschiedene Weise in unterschiedliche Aspekte aufgeteilt werden kann. Statt Zuordnung findet hier etwas statt, was ich eine *Zerlegung* des Diagramms nennen möchte. Geometrische Arbeit funktioniert darin ungefähr umgekehrt wie Gombrich einmal die Betrachtung kubistischer Bilder beschrieben hat. Nehmen wir ein Bild wie Picassos *Stilleben mit Geige und Trauben* von 1912, das über die Leinwand verteilte Fragmente zeigt, die jeweils aus unterschiedlicher Perspektive Ausschnitte einer Geige darstellen. Gombrich spricht von einem Spiel, in dem der Betrachter aufgefordert wird, „die Vorstellung eines greifbaren Dinges aus ein paar körperlosen Andeutungen auf der Leinwand" aufzubauen (Gombrich 1996, S. 575). Während es hier darum geht, aus Fragmenten ein Ganzes zu synthetisieren, ist die Aufgabe, vor der ein Leser der euklidischen *Elemente* steht, ein Ganzes so zu zerlegen, dass er passende Teile findet, die ihm wiederum erlauben, andere passende Teile zu finden, bis er schließlich diejenige Figur erhält, die er suchen sollte. Geometrie ist darin wie ein Spiel (und also nicht nur in dem Sinne, dass es regelbasiert ist). Es ist auch deshalb ein Spiel, weil man es sich als ein Rätsel denken kann, das ein Spielleiter namens Euklid aufgegeben hat. Das Rätsel ist, in einer gegebenen Figur einen Aspekt zu entdecken, wobei die Pointe gerade darin besteht, dass die Lösung schon da ist, offen zu Tage liegt, aber eben noch nicht gesehen, noch nicht bemerkt werden kann. Denn die Zerlegung eines aspektstarken Diagramms findet nicht bloß in der Weise einer Zergliederung eines Komplexes in seine Teile statt. Die Zerlegung legt stattdessen überhaupt erst fest, was die zerlegten Teile sind. In der einen Zerlegung etwa mag eine Linie die Seite eines Dreiecks darstellen, doch in der nächsten Zerlegung ist die gleiche Linie der Radius zwischen Mittelpunkt und Bogen eines Kreises. Offenkundig folgt aus dieser räumlichen Potentialität auch eine deutlich größere Komplexität aspektstarker gegenüber aspektschwacher Systeme.

Folgen des Aspektsehens: Geometrisches Können und Zeitlichkeit

Die hier vorgeschlagene Erklärung von Aspektsehen als der Wahrnehmung von Inferenzmöglichkeiten hat zwei bemerkenswerte Implikationen. Sie erlaubt uns zum einen besser zu verstehen, worin geometrisches Können besteht. Zum zweiten zeigt sie, dass und inwiefern Denken mit geometrischen Diagrammen eine intrinsisch zeitliche Aktivität ist. Beginnen wir mit dem ersten Punkt.

Was unterscheidet einen geometrischen Experten von einem geometrischen Laien? Was bedeutet es, *gut* in Geometrie zu sein? Koedinger und Anderson haben in ihrem *Diagram Configuration Model* (1989) untersucht, wie Experten geometrische Probleme lösen. Eine typische Fragestellung ihrer Arbeit lautet (Abbildung 14):

Gegeben sei: Ein Dreieck ABC; wobei die Linie BD rechtwinklig auf AC stehe und BD den Winkel ABC halbiere. Zeige: D ist der Mittelpunkt von AC.

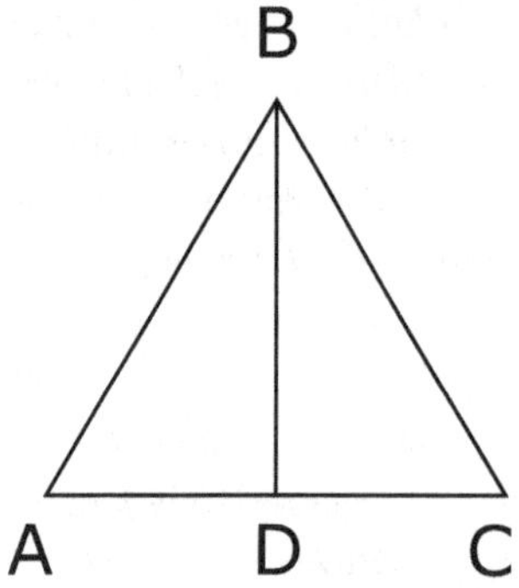

Abbildung 14: Problem aus Koedinger / Anderson

Hier ein Transkript der Äußerungen eines Probanden:

> We're given a right angle – this is a right angle, perpendicular on both side [makes perpendicular markings on diagram]; BD bisects angle ABC [marks angles ABD and CBD] and *we're done.* We know that this is reflexive [marks line BD], we know that we have congruent triangles; we can determine anything from there in terms of corresponding parts and that's what this [looking at the goal statement for the first time] is going to mean ... that these are congruent [marks segments AD and AC as equal on the diagram]. (Koedinger / Anderson 1989, S. 443)

Was passiert hier? Der Experte erkennt in dem Diagramm die Konfiguration „Winkel – Seite – Winkel". Diese löst instinktiv ein zugehöriges Schlussfolgerungsschema aus: Aus der Übereinstimmung der beiden Dreiecke in zwei Winkeln und der von den Winkeln eingeschlossenen Seite folgt die Kongruenz der beiden

Dreiecke (I.26), d. h. die Kongruenz der Dreiecke. Diese ganzen Folgerungen laufen automatisch ab, *ohne* dass der Benutzer sich die Problemstellung angesehen hat. Erst jetzt wirft er einen Blick darauf und kann argumentieren, dass natürlich D in der Mitte von AC liegen muss. Dies ist direkte Konsequenz der Kongruenz der beiden Dreiecke. Verblüffend ist insbesondere, dass die Schlussfolgerungen sofort ausgelöst werden, ohne dass die Fragestellung auch nur betrachtet wird. Es ist, als ob der Proband an diesem Punkt alles ableiten kann, was überhaupt über die im Diagramm dargestellte geometrische Situation ausgesagt werden kann (Koedinger / Anderson 1990, S. 514). Dies ist natürlich nur möglich, weil wir es mit einer eng begrenzten finiten Konstellation von Sachverhalten zu tun haben.

Koedinger und Anderson erklären das Verhalten des Probanden mit dem Begriff der *diagrammatischen Konfiguration*. Darunter wird dreierlei verstanden: (i) eine diagrammatische Konfiguration ist eine wahrgenommene Gestalt des Diagramms, ein *perceptual chunk*; (ii) diese Gestalt löst eine Vielzahl an Schlussfolgerungen aus, die (iii) oftmals sogar Makroinferenzen sind, d. h. mehrere Schritte auf einmal beinhalten (Koedinger / Anderson 1990, S. 516). Geometrische Expertise kann dann als das Ausmaß definiert werden, in dem eine Person in der Lage ist, diagrammatische Konfigurationen wahrzunehmen und zum Problemlösen einzusetzen (ähnliche Ideen sind schon früh als Erklärung für Schachspielen verwendet worden, z. B. in Chase / Simon 1973).

Meine These lautet: Koedingers und Andersons aus kognitionswissenschaftlichen Arbeiten heraus behauptete *diagrammatische Konfiguration* entspricht – weitgehend – dem, was ich *geometrischen Aspekt* genannt habe. Die Wahrnehmung eines solchen Aspekts besteht wie die Wahrnehmung einer diagrammatischen Konfiguration nicht nur in der Wahrnehmung einer bestimmten Figur, sondern darüber hinaus vor allem in der Wahrnehmung von Handlungsmöglichkeiten. Etwas als ein gleichseitiges Dreieck zu sehen, bedeutet zugleich, bestimmte Handlungsoptionen zu erkennen. Diese Handlungsoptionen habe ich mit Azzouni als Inferenzpakete bezeichnet. Ich halte allerdings Koedingers und Andersons Auffassung, dass es ein *perceptual chunk* sei, der ein bestimmtes Schlussschema auslösen würde, nicht für richtig. Vielmehr zeigen die Transkripte der Äußerungen der Versuchsperson, dass Konfigurationen in starkem Maße begriffsgeleitete Vorgänge sind. Erinnern wir uns an den ersten Satz des Protokolls: „We're given a right angle – this is a right angle, perpendicular on both side [makes perpendicular markings on diagram]; BD bisects angle ABC [marks angles ABD and CBD] and *we're done.*" (Koedinger / Anderson 1989, S. 443). Auffällig ist, sich dass die Versuchsperson zunächst verbal die gegebenen begrifflichen Bedingungen vergegenwärtigt, die sie dann sogar in ein Diagramm einträgt. Die Person schematisiert damit die visuelle Erscheinung der Zeichnung, sie transfomiert sie in ein genau bestimmtes geometrisches, regelgebundenes Objekt. Dieses geometrische Objekt legt dann wiederum einen bestimmten Schlussfolgerungsprozess nahe.

Allerdings bedeutet der Hinweis auf die Begriffsgeleitetheit von Aspekten nicht, dass die Erscheinung der gezeichneten Figur keine Rolle spielt. Weist die Inskription etwa eine für gleichseitige Dreiecke typische Gestalt auf, dann kann daraus die Erwartung entstehen, dass man es auch tatsächlich mit einem solchen geometrischen Objekt zu tun hat. Doch das ist nur eine Vermutung, die so lange folgenlos bleibt, bis sie durch entsprechende begriffliche Festlegungen bestätigt wird. Umgekehrt gilt das nicht: Auch eine Inskription, die nicht so aussieht wie ein gleichseitiges Dreieck, kann als Aspekt eines gleichseitigen Dreiecks wahrgenommen werden, wenn man weiß, dass die begrifflichen Voraussetzungen gegeben sind.

Kommen wir schließlich zur Ausgangsfrage zurück. Sie lautete: Worin besteht geometrische Expertise? Coliva definiert geometrisches Talent als „ability to experience switches of aspects in such a way that signs and figures, which in many other subjects would elicit just one kind of experience, would give rise to several ones“ (Coliva 2012, S. 142). Dieses Talent sei teils angeboren, könne aber auch gefördert und in Grenzen gelehrt werden. Ein wesentlicher Teil geometrischen Könnens besteht nun tatsächlich darin, Aspekte wahrnehmen zu können. Dies ist allerdings erst dann richtig, wenn man unter Aspekten mehr als nur die Wahrnehmung von Teilen versteht, nämlich die Wahrnehmung von Inferenzpotentialen.

Die Aspektbasiertheit euklidischer Geometrie demonstriert damit zugleich die Zeitlichkeit geometrischen Denkens. Beweise erweisen sich als Abfolge aspekthafter Zerlegungen eines Ganzen. Natürlich stehen in einem Beweis die einzelnen Aspekte nicht im luftleeren Raum. Sie werden vielmehr durch die Regeln des euklidischen Systems zusammengehalten. Diese funktionieren wie Brücken zwischen den Aspekten. Ein Beweis ist das Nacheinanderaufleuchten von Teilen des gesamten Diagramms, wie man mit Wittgenstein sagen könnte. Diese Zeitlichkeit wird gerne dadurch einzufangen versucht, dass man die unterschiedlichen Aspekte in Diagrammen *zeigt* oder *farbig markiert.*

Die Zeitlichkeit hängt eng mit der Freiheit des Rezipienten zusammen, Diagramme unterschiedlich lesen zu können. Es ist im Allgemeinen nicht vorgeschrieben, *welche* Aspekte man in einem Diagramm entdeckt. Solange man regelkonform schließt, ist die aspektive Zerlegung eines Diagramms nicht determiniert. Bei Bogen und Thürlemann findet sich eine gute Beschreibung dieses Vorgangs, wenn Diagramme als *synthetische Kondensatoren* bezeichnet werden, die der Benutzer in seiner Lektüre einer „diskursiven Expansion oder Entfaltung“ unterzieht: „Für die Benutzer heißt das ‚Lesen‘ des Diagramms dann auch, aus dem Spektrum an Operationsmöglichkeiten auszuwählen, aktiv individuelle Pfade der Lektüre einzuschlagen" (Bogen / Thürlemann 2003, S. 8). Entscheidend ist dabei, dass die Freiheit der Lektüre sich weiterhin *innerhalb* eines normativen Systems bewegt. Es gibt zwar alternative Lektürepfade, aber keine willkürlichen (Siegel 2009, S. 83). Insbesondere dürfen die Lektüren nicht zu einander inkompatiblen Resultaten führen (es sei denn, wir haben es mit einem Widerspruchsbeweis zu tun, dessen Ziel gerade der Nachweis einer solchen Inkompatibilität ist).

2.6 Zur Übertragbarkeit der Ergebnisse auf andere diagrammatische Systeme

Inwieweit lassen sich die Ergebnisse, die für euklidische Geometrie gewonnen wurden, auf andere Bereiche diagrammatischen Denkens übertragen? Im ersten Kapitel wurde bereits argumentiert, dass Phänomene wie der Überschuss räumlicher Information als generelle Merkmale diagrammatischer Darstellungen anzusehen sind. Jetzt möchte ich an zwei Beispielen untersuchen, welche Rolle Normativität und Aspektivität in nicht geometrischen Diagrammen spielen können.

2.6.1 Generalisierung der Normativität: Wittgensteins Maschine

Diagramme schaffen Wissen, wenn man sie auf die richtige Art und Weise gebraucht. Diese besteht darin, dass den Wahrnehmungen und Manipulationen von Diagrammen gültige Plätze in inferentiellen Systemen zugewiesen werden können. Mit anderen Worten: Nur wenn die Verwendung von Diagrammen die richtigen Normen einhält, ist es überhaupt möglich, dass sie Wissen erzeugen können. Daraus ergibt sich, dass die philosophische Analyse epistemischen Diagrammgebrauchs eine Rekonstruktion der wissensgarantierenden Normen enthalten muss. Diese Aufgabe wird häufig dadurch erschwert, dass die Normen, wie es bei Euklid der Fall war, ganz oder teilweise implizit bleiben. Man ist dann schnell in Versuchung, von Evidenz oder Einleuchten zu sprechen oder davon, dass Diagramme Fenster zu einem platonischen Himmel darstellen (Brown 1997, S. 174). Es geht aber nicht darum, dass wir etwas einleuchtend finden, sondern dass wir es an der richtigen Stelle auf die richtige Weise gebrauchen.

Das Gesagte gilt auch in umgekehrter Richtung. Wer die Normen kennt, kann auch aus einer falschen Zeichnung das Richtige ablesen. Ein bemerkenswertes Beispiel dafür ist Wittgensteins Reflektion über ein Maschinendiagramm, das wiederholt in den *Bemerkungen über die Grundlagen der Mathematik* vorkommt

(Abbildung 15). Brown hat darauf aufmerksam gemacht, dass „there is something remarkably about this particular diagram, something quite instructive. It's faulty" (Brown 1999, S. 131). Es sind sogar zwei Fehler, die Wittgensteins Mechanismus aufweist.

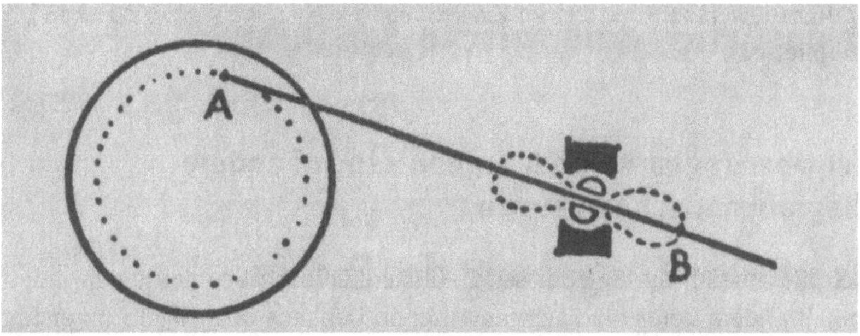

Abbildung 15: Wittgensteins Maschinendiagramm

Erstens müsste, da der Punkt A sich horizontal in mittlerer Position innerhalb des Kreises befindet, B sich ebenfalls in der Mitte der beschriebenen 8er-Figur befinden. Zweitens ist die 8er-Figur schräg gegen die Horizontale verschoben, sie müsste aber gerade sein (Brown 1999, S. 131). Brown nennt diese Fehler instruktiv. Warum? Sie sind deswegen instruktiv, weil das Diagramm trotz seiner offenbaren Fehlerhaftigkeit fehlerfrei funktioniert: „Yet it works perfectly well at helping us grasp what's going on" (Brown 1999, S. 131). Wir erkennen trotz der Fehler den korrekten Sinn des Diagramms. Dieser Sinn liegt in der Bewegung, die die Maschine beschreiben würde. Natürlich bewegt sich eine Zeichnung nicht. Es ist auch kein Bild einer richtigen Maschine in Bewegung. Wir können vielmehr den Bewegungsverlauf der Maschine aus dem Diagramm entnehmen, weil es das ist, was man mit dem Diagramm tut. Wir haben gelernt, aus solchen Diagrammen Bewegungsverläufe nach Regeln abzuleiten. Im Hinblick auf diese Regeln spielen die Fehler keine Rolle. Sie *zählen* nicht, genauso wenig wie die exakten Größen im Umgang mit geometrischen Diagrammen eine Rolle spielen.

Damit stützt das Diagramm zugleich Wittgensteins und Reichenbachs These, dass Diagramme in Beweisen nicht als physikalische Experimente funktionieren. Wäre das Diagramm ein Experiment, dann würde es uns ein irreführendes Ergebnis anzeigen. Es mutet paradox an: Um das richtige Ergebnis aus der Figur abzulesen, müssen wir gerade von den visuellen Details absehen. Wir dürfen gerade nicht *zu genau* untersuchen, was die Figur zeigt. Je länger man darüber nachdenkt, desto vertrackter wird es. Wir können überhaupt nur von Fehlern in dem Diagramm sprechen, weil wir wissen, was sein Sinn sein soll, weil wir die

Normen kennen, die es bestimmen. Wüssten wir nicht, was wir daraus ablesen sollten, könnten wir die Fehler erst gar nicht feststellen. Ein Fehler ist ja nur erkennbar, wenn man weiß, was richtig wäre. Doch damit ist die Bedingung dafür, dass wir die Fehler erkennen können, zugleich der Grund dafür, warum es sich bei ihnen nicht wirklich um Fehler handelt. Denn schließlich gilt ja: Wir erkennen den Sinn, wir können das Diagramm verstehen, trotz aller zeichnerischen Mängel. Wie ist das möglich? Die Erklärung lautet, dass wir es mit einem unbemerkten bleibenden Sprung zu tun haben, der zwischen zwei verschiedenen Weisen, ein Diagramm zu gebrauchen, stattfindet. Ich erinnere an Wittgensteins Bemerkung über geometrische Diagramme, in der er zwischen „drawing used as symbolism" und „drawing as producing a certain visual effect" (Wittgenstein LFM, S. 134) unterscheidet. Ähnliches passiert hier. *Symbolisch* funktioniert das Diagramm einwandfrei und erlaubt uns daher, Fehler hinsichtlich seiner *visuellen Erscheinung* aufzuweisen.

2.6.2 Generalisierung geometrischen Aspektsehens: Peirces Alpha-Graphen

Die zweite mögliche Generalisierung betrifft die Eigenschaft des *Aspektsehens*. Lassen sich die getroffenen Beobachtungen über geometrisches Aspektsehen auf andere diagrammatische Systeme ausweiten? Ich habe das in den obigen Ausführungen suggeriert, doch nicht gezeigt. Dies soll jetzt an zumindest einem Beispiel nachgeholt werden. Ich greife hierzu auf die Studien Shins zu Peirces *existential graphs* zurück. In ihren Untersuchungen von Peirces Alpha-Systemen hat Shin ein Merkmal dieses diagrammatischen Systems herausgearbeitet, das klar als aspekthaft erkennbar ist. Um dies zu zeigen, ist es notwendig, kurz auf Peirces Alpha-Graphen und Shins Interpretation einzugehen. An einem möglichst einfachen Beispiel sollen dazu einige formale Ableitungen betrachtet werden. Die Mühe lohnt sich, zeigen die Ableitungen doch, wo und wie Aspekte in Peirces Graphen wirksam sind. Peirces Alpha-Graphen werden als *aspektstarkes* System erkennbar.

Beginnen wir mit einer kurzen Darstellung von Peirces Alpha-Graphen. Es handelt sich bei ihnen um ein graphisches System zur Darstellung logischer Beziehungen zwischen Sätzen. Die Alpha-Graphen gehören damit zur Gattung der logischen Diagramme. Insgesamt weisen sie die gleiche Aussagekraft auf wie klassische propositionale Logik, d. h. jede logische Kombination von Sätzen, die sich mit Alpha-Graphen zeigen lässt, lässt sich auch in propositionaler Logik zeigen und umgekehrt (Shin 2002, S. 59). Die erste bemerkenswerte Eigenschaft der Alpha-Graphen ist ihre sparsame Zeichenverwendung. Es gibt gerade einmal zwei primitive Elemente: (i) Buchstaben, die jeweils für eine Proposition stehen und (ii) *Cuts*, geschlossene Umrandungen, die eine Negation repräsentieren. Damit weisen Alpha-Graphen ein primitives Element weniger auf als propositionale Logik, die insgesamt drei Elemente aufweisen muss: neben den Repräsentanten für die Propositionen zwei geeignete logische Konnektoren, die etwa Konjunktion und Negation darstellen. Wie ist die größere Zeicheneffizienz möglich? Ihr Grund liegt in der Tatsache, dass der Konnektor *Konjunktion* in Alpha-Graphen durch den Raum und nicht durch ein Symbol dargestellt wird: Zwei Buchstaben, die nicht durch Cuts getrennt sind, gelten konjunktiv.

Die zweite Beobachtung über Alpha-Graphen lautet, dass ein und derselbe Graph auf verschiedene Weise als Darstellung propositionaler Verhältnisse gelesen werden kann. Das unterscheidet Alpha-Graphen grundlegend von klassischer propositionaler Logik. Dieses Merkmal von Alpha-Graphen ist allerdings erst seit kürzerer Zeit bekannt. Bis zu Shins Arbeiten dominierte in der Forschung die sogenannte endoporetische Lesart, die jedem Graphen eine und nur eine propositionale Formel zuwies (Shin 2002, insb. S. 61–63; locus classicus der endoporetischen Lesart ist Roberts 1973). Diese Lesart beruhte auf der Idee, eine *Richtung* vorzuschreiben, in der Graphen gelesen werden müssten, konkret: von außen nach innen. Aufbauend auf diesem Ansatz lassen sich zwar leicht grundlegende Eigenschaften zeigen, vor allem die logische Äquivalenz des Systems der Alpha-Graphen und propositionaler Logik, zugleich aber verliert man die aus diagrammatischer Sicht interessanteste Eigenschaft aus dem Blick. Diese trat mit Shins Vorschlag der *multiplen Lesarten* wieder in den Blick. Shin weist darin den Ansatz einer vorgeschriebenen Leserichtung zurück und plädiert für einen Lesealgorithmus, dessen Kerngedanke lautet, dem Rezipienten Freiheit darüber zu geben, in welcher Reihenfolge und Richtung er einen gegebenen Alpha-Graphen auswerten möchte (das Folgende basiert insbesondere auf Shin 2002, S. 71–97 und Shin 2011). Die Regeln von Shins Algorithmus begründen ein System des *Aspektsehens* für Alpha-Graphen. Ich gebe die Regeln zunächst formal wieder und erläutere sie dann an einem Beispiel. Dabei werde ich die lineare Schreibweise der Alpha-Graphen verwenden, die auch Peirce selbst vorgeschlagen hat. In dieser wird ein *Cut* durch eine eckige Klammer repräsentiert. Man könnte denken, diese lineare Notation würde die Diagrammatizität der Graphen aufheben – doch tatsächlich ist das Gegenteil der Fall. Es wird sich zeigen, dass nicht die Linearität der Notation, sondern die aspektbasierte Mehrdimensionalität der Rezeption das entscheidende und auch eigentlich diagrammatische Merkmal der Peirceschen Graphen ist.

Noch eine technische Anmerkung vorweg: Shins Algorithmus überträgt dabei Graphen in ein System, das eine größere Menge an Konnektoren aufweist als minimal nötig wären. Es ist das System, wie es in den meisten Logiklehrbüchern vermittelt wird. Es enthält die Konnektoren Negation (¬), Konjunktion (∧), Disjunktion (∨) und Implikation (→). Hier nun der Algorithmus:

Seien X und Y Subgraphen eines Alpha-Graphen
(1) Wenn X ein leerer Subgraph ist, dann ist er eine leere Proposition.
(2) Wenn X ein Buchstabe ist, dann lautet die Übersetzung X.
(3) Wenn die Übersetzung von X α ist, dann ist die Übersetzung von [X] ¬α.
(4) Wenn die Übersetzung von X α ist, und die Übersetzung von Y β, dann
(4a) ... ist die Übersetzung von XY (α ∧ β)
(4b) ... ist die Übersetzung von [XY] (¬α ∨ ¬β)[12]
(4c) ... ist die Übersetzung von [X[Y]] (α → β)
(4d) ... ist die Übersetzung von [[X][Y]] (α ∨ β)

Der Algorithmus ist nichts anderes als eine Menge von Regeln, auf die wir uns berufen können, wenn wir einen gegebenen Alpha-Graphen lesen wollen. Er entspricht damit funktional den inferentiellen Regeln euklidischer Geometrie. Solange er allerdings so isoliert dasteht, sagt uns der Algorithmus nicht viel. Die faszinierende Idee, die in ihm steckt, wird schnell deutlich, wenn wir ihn auf ein Beispiel anwenden. Nehmen wir der besseren Diskutierbarkeit halber einen einfachen Fall, an dem sich jedoch alle wichtigen Merkmale zeigen lassen. Gegeben sei folgender Alpha-Graph:

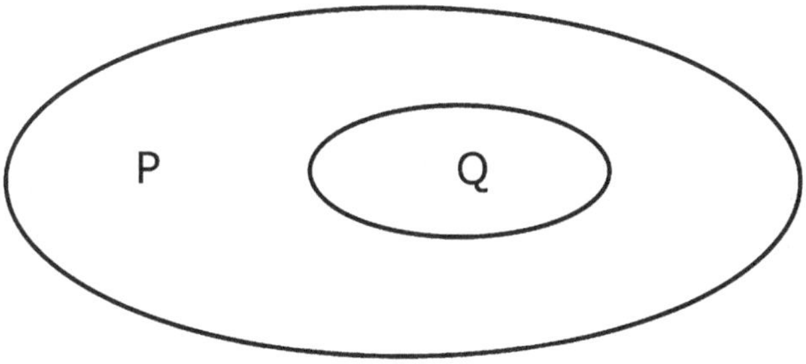

Abbildung 16: Alpha-Graph

Nach der endoporetischen Lesart gibt es jetzt genau eine Weise, den Graphen zu lesen: Von außen nach innen.

12 Shin (2011) gibt den zweiten Halbsatz der Regel 4b als „Übersetzung von [XY] (¬ α ∧ ¬ β)" wieder. Dabei muss es sich allerdings um einen Fehler handeln, denn logisch ergibt nur der Oder-Konnektor hier Sinn.

Endoporetische Lesart: ¬ (P ∧ ¬ Q).

Dabei geht man folgendermaßen vor:
1. Wir notieren zuerst eine Negation für den äußeren Cut. Damit haben wir: ¬ (P [Q]).
2. Als nächstes bemerken wir die Konjunktion von P und [Q], also P ∧ [Q], damit erhalten wir insgesamt: ¬ (P ∧ [Q]).
3. Schließlich wandeln wir den Cut um Q herum in eine Negation um: Aus [Q] wird ¬ Q. Damit haben wir insgesamt ¬ (P ∧ ¬ Q).

Was passiert nun, wenn wir statt der endoporetischen Lesart Shins Algorithmus benutzen? In diesem Fall gibt es nicht nur eine, sondern *drei* Möglichkeiten, den Graphen zu lesen: „The multiple-readings algorithm allows us to read off one and the same graph in more than one way" (Shin 2011, S. 338). Die unterschiedlichen Möglichkeiten basieren darauf, dass wir an einer Stelle der Übersetzung jeweils verschiedene Regeln auf verschiedene *Teile* des Graphen anwenden können. Betrachten wir die verschiedenen Lesarten der Reihe nach:

Shin-Lesart 1: P → Q

Dies ist möglicherweise die einfachste Lesart. Wir brauchen nichts zu tun, als die Regel 4c auf den Graphen mit der Struktur [P[Q]] anzuwenden.

Shin-Lesart 2: ¬ P ∨ Q

Dieses Ergebnis lässt sich folgendermaßen rechtfertigen.
1. Wir wenden zunächst Regel 4b auf die Struktur [PX] an, wobei X=[Q] ist. Wir behandeln also die Struktur [Q] für den Moment, als wäre sie eine Einheit. Unter dieser Voraussetzung erhalten wir mit Regel 4b als Übersetzung für den Graphen: ¬ P ∨ ¬ X
2. Wir wenden jetzt auf X=[Q] Regel 3 an, was als Übersetzung ¬Q ergibt. Insgesamt erhalten wir damit aus ¬ P ∨ ¬ X die verfeinerte Übersetzung ¬ P ∨ ¬ ¬ Q bzw. wenn wir die doppelte Negation ¬ ¬ löschen: ¬ P ∨ Q.

Shin-Lesart 3: ¬ (P ∧ ¬ Q)

Die Vorgehensweise in diesem Fall lautet:
1. Wir wenden Regel 4a auf die Struktur P X an, wobei wir wiederum X=[Q] annehmen. Wir starten, anders gesagt, in dieser Lesung im Innern des äußeren Cuts. Aus Regel 4a folgt die Übersetzung P ∧ X.

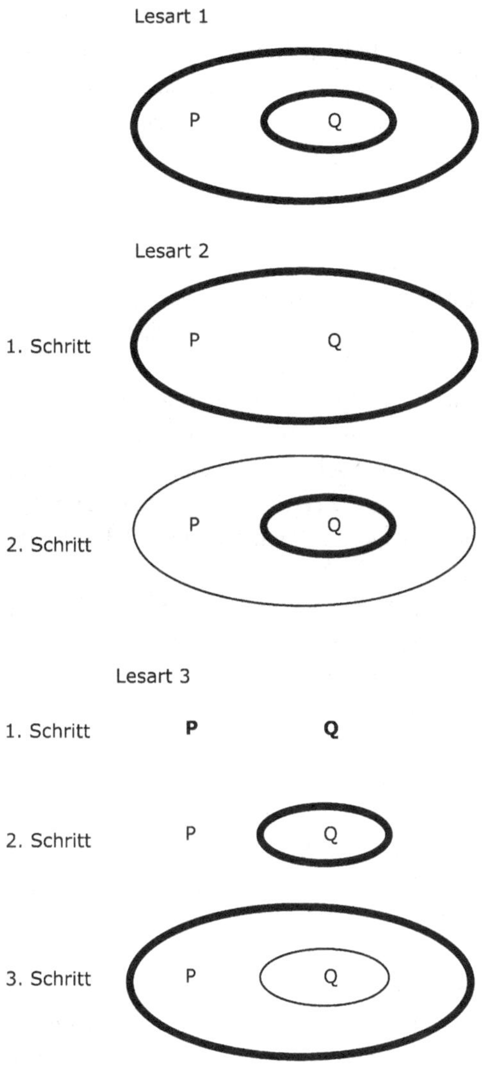

Abbildung 17: Alpha-Graph, Multiple Readings

2. Wenn wir jetzt auf X=[Q] Regel 3 anwenden, erhalten wir P ∧ ¬ Q.
3. Schließlich müssen wir noch den äußeren Cut übersetzen. Dazu dient erneut Regel 3, die wir auf die Struktur [Y] anwenden, wobei wir Y=(P ∧ ¬ Q) begreifen. Damit übersetzen wir [Y] als ¬ Y und erhalten nach Wiederersetzung von Y=(P ∧ ¬ Q) die endgültige Übersetzung des Alpha-Graphen als ¬ (P ∧ ¬ X).

Alle drei Ergebnisse sind logisch äquivalent. Sie können mit Hilfe gängiger Transformationsregeln leicht ineinander überführt werden. Die Vielheit der Lesarten geht also nicht auf Kosten der Eindeutigkeit dessen, was dargestellt wird. Alles, was dergestalt aus dem Diagramm abgelesen werden kann, ist gültig (Shin 2011, S. 345). Das ist die erste bemerkenswerte Einsicht. Die zweite betrifft die Existenz gleichberechtigter multipler Lesarten. Woher stammt sie? Shin vermutet ihren Ursprung in der Räumlichkeit des Diagramms. Dabei bestimmt sie Räumlichkeit als Nicht-Linearität. Dies scheint mir kein glücklicher Begriff. Denn tatsächlich beruht ja der Nachweis der multiplen Lesarten gerade auf in linearer Form notierten Transkriptionen der Alpha-Graphen. Es ist zwar visuell eingängiger, macht aber logisch keinen Unterschied, ob ich statt eines Graphen in der Fläche eine lineare Abfolge von Symbolen betrachte. Worauf es ankommt, ist nicht die Linearität oder Nicht-Linearität der Darstellung, sondern ob unsere Interaktion mit ihr linear oder nicht-linear ist. Die endoporetische Lesart kommt deswegen zu einem Ergebnis, weil sie uns eine Lesart vorschreibt, weil sie uns zu einer linearen Abfolge unserer Interaktionen mit dem Diagramm zwingt. Dies ist bei Shins multipler Lesart gerade nicht der Fall. Shin trifft das schön, wenn sie von einer *Freiheit der Einteilung* („freedom to parcel up"), spricht (Shin 2011, S. 338). Zurecht weist sie daraufhin, dass in üblichen linearen Systemen diese Freiheit gerade nicht gegeben ist, ja nicht gegeben werden darf, weil sie zu gefährlich mehrdeutigen Ergebnissen führen und das logische System dadurch unbrauchbar machen würde. So ist die lineare Formel $A \rightarrow B \vee Q$ nur dann eindeutig, wenn wir sie linear lesen. Diese Linearität wird über Klammerungen bzw. über Priorisierungen einzelnen Konnektoren sicher gestellt (z. B. „$\rightarrow$" vor „$\vee$"). Fehlen diese, dann ist die obige Formel nicht eindeutig. Man könnte aus ihr (i) $A \rightarrow (B \vee Q)$ ablesen, genauso gut aber auch (ii) $(A \rightarrow B) \vee Q$. Doch natürlich sind (i) und (ii) syntaktisch und semantisch verschieden.

Handelt es sich bei den Alpha-Graphen um ein aspektstarkes System? Wir hatten zwei grundlegende Kriterien dafür: (i) Es gibt mehr als eine Möglichkeit, in einem gegebenen Komplex neue Teile (Aspekte) auszumachen. (ii) Die Wahrnehmung eines Aspekts legt bestimmte inferentielle Konsequenzen nahe, wie etwa die Anwendung einer bestimmten Regel. Erkenne ich eine bestimmte Struktur, dann weiß ich, welche Schlüsse ich ziehen kann. Alpha-Graphen erfüllen beide Kriterien. Je vertrauter ich mit dem System der Alpha-Graphen bin, desto stärker bin ich in der Lage, auch in größeren Strukturen potentielle Schlussschemata zu erkennen.

Weitere Indizien verdeutlichen die Aspektivität der Alpha-Graphen: (i) Das Denken besteht in dem unterschiedlichen Erkennen von Aspekten einer Figur und den Begründungen, wie man von einem Aspekt zum nächsten kommt. Es bleibt aber in jedem Fall an *eine* Figur gebunden, anders als in Schriften, wo das Denken hauptsächlich im Übergang zwischen Sätzen stattfindet. (ii) Aspekte sind keine perzeptive, sondern eine begriffliche Angelegenheit. Die Schlussmuster sind prinzipiell auch mit anderen Darstellungsformen verträglich, wie man allein daran sieht, dass auch die linearen Transkriptionen der Formeln das Sehen von Aspekten erlauben. (iii) Auch das Denken mit Alpha-Graphen ist ein zeitlicher Vorgang. Es ist in diesem Zusammenhang interessant, dass auch Shin mit Hervorhebungen der syntaktischen Struktur des Diagramms arbeitet, um den jeweiligen Aspekt zu markieren, der in einem gegebenen Moment an der Zeit ist. Die Auffächerung in verschiedene Schritte in den beiden letzten Lesarten zeigt die Zeitlichkeit des Schließens mit Diagrammen. Die Hervorhebung macht außerdem deutlich, dass mit der Wahrnehmung eines Makroaspekts zugleich unterschiedliche, gleichermaßen mögliche Schlussschemata gegeben sind. Insgesamt lässt sich erkennen, dass und auf welche Weise Alpha-Diagramme ein aspektstarkes diagrammatisches System darstellen. Es ist zu vermuten, dass die Ergebnisse, die wir im Falle euklidischer Geometrie gewonnen haben und mit Hilfe von Shins Analyse bei Alpha-Graphen bestätigen konnten, auch in anderen Diagrammsystemen auftreten.[13] Damit kann man außerdem darüber spekulieren, ob Aspektivität ein allgemeines Merkmal diagrammatischer Systeme darstellt.

Diese Spekulation wird auch durch die Tatsache gestützt, dass meine Analyse im Ergebnis Parallelen zu anderen jüngeren Konzepten der Diagrammatik hat, etwa zur Theorie der *whiteness*, die von Bender / Marrinan (2010) in die Debatte eingebracht wurde. Bender und Marrinan entwickeln ihre Diagrammatik aus der Analyse der Tafeln in Diderots und d'Alamberts *Enzyklopädie*. Das epistemische Herz der Tafeln besteht für sie in der weißen Fläche, die weder Leere noch empirischer Raum sei, sondern „simply a material whiteness", ein „virtual space", eine „arena of potentiality", in der sich heterogene Dinge versammelten (Bender / Marrinan 2010, S. 23). Entscheidender Effekt der *whiteness* sei, eine Vervielfältigung der Blicke und Perspektiven auf die Dinge, das Entdecken neuer Sachverhalte zu ermöglichen. Diagramme „foster many potential points of view, from several different angles" (Bender / Marrinan 2010, S. 14): „The whiteness is an arena of potentiality that fosters connections without fixing them or foreclosing thought experiments" (Bender / Marrinan 2010, S. 23). Hier klingen Ähnlichkeiten zum geometrischen Aspektsehen an. Allerdings muss man bedenken, dass es Bender und Marrinan mit ganz anderen Diagrammen zu tun haben, genauer gesagt mit Tafeln, auf denen eine Reihe von Dingen mehr oder weniger unverbunden nebeneinander stehen. Da diese Tafeln nicht durch Regeln der Konstruktion und

---

13 Macbeth (2012) weist die Aspektivität von Freges Begriffsschrift nach.

Inferenz eingefasst sind, würde ich sie nicht als Diagramme bezeichnen. So ist es denn auch nicht die Vertrautheit mit den Regeln des Systems, die neue Aspekte entdecken lässt, sondern ein „composite play of imagery and cognition" (Bender / Marrinan 2010, S. 23). Doch trotz dieser Differenzen weisen die unübersehbaren Parallelen zwischen beiden Theoriesträngen darauf hin, dass Aspektivität von Diagrammen in unterschiedlichen Bereichen verstärkt in den Blick der Forschung gerät. Mir scheint, dass sich Aspektivität als zentraler Begriff für das Verständnis des epistemischen Gebrauchs von Diagrammen erweist, der insbesondere verspricht, das Zusammenwirken von Begriffs- und Wahrnehmungleistungen besser zu erklären.

2.7 Konklusion

Wir haben gesehen, *dass* Diagramme in euklidischer Geometrie eine epistemische Rolle spielen und rekonstruiert, *worin* diese Rolle besteht. Ich habe gezeigt, dass wir diagrammatische Geometrie als normatives, multimodales, erkenntnisschaffendes und aspektives Unternehmen auffassen sollten.

Geometrie ist *normativ*, weil jeder Schluss durch intersubjektiv unstrittig überprüfbare Regeln legitimiert sein muss. Es darf nicht auf Willkürlichkeit, Subjektivität oder private visuelle Erlebnisse ankommen. Jene *unwägbare Evidenz*, die Wittgenstein kritisiert, hat keinen Platz in geometrischem Diagrammgebrauch. Anders als die vorherrschende Deutung bin ich der Auffassung, dass Euklids Geometrie auch Regeln für das enthält, was man an Diagrammen ablesen darf.

Geometrie ist *multimodal*, weil sie zwei verschiedene Darstellungsformate kombiniert: ein figurales und ein textuelles. Beide wirken in einer fein abgestimmten epistemischen Arbeitsteilung zusammen: Das Diagramm notiert die finiten und diskreten mereotopologischen Eigenschaften einer Figur. Diese lassen sich problemlos zeichnen und ablesen. Der Text hingegen ist für die exakten, metrischen Eigenschaften zuständig. Diese lassen sich zeichnerisch nicht realisieren, wohl aber schriftlich *angeben*. Beide Formate kümmern sich so um das, was sie am besten können. Diagrammatisches Denken ist deshalb in starkem Maße eine Verschränkung von Figur und Satz, Anschauung und Begriff. Nicht das isolierte Diagramm, sondern vielmehr „text-plus-diagram" zusammen erzeugen Erkenntnis (Giaquinto 1993, S. 91). Euklidische Geometrie ist insofern ein Paradebeispiel für jene Schriftbildlichkeit, die Krämer (2010, S. 30) als konstitutiv für Diagramme überhaupt ansieht.

Geometrie ist *synthetisch*, d. h. erkenntniserweiternd, insofern als die Konstruktion eines Diagramms stets mehr ablesbare Informationen enthält als in den Vorgang der Konstruktion eingegangen sind. Euklidische Beweise beruhen kritisch auf diesem konstruktiven Überschuss, wie exemplarisch am berühmten ersten Beweis der *Elemente* deutlich wurde: Hier wird der Schnittpunkt zweier Kreise dazu verwendet, ein gleichseitiges Dreieck zu konstruieren. Dabei wurde allerdings zugleich deutlich, dass nicht beliebige Überschüsse abglesen werden dürfen, sondern nur solche, die intersubjektiv erkennbar sind. Dafür wiederum lassen sich bei Euklid, wenn auch etwas versteckt, Regeln entdecken. Nur solche Überschüsse, die von den Regeln erlaubt werden, zählen. Es kommt nicht darauf an, was ich in einem Diagramm sehen *kann*, sondern was ich in ihm sehen *darf*. Es handelt sich hier um eine Art kontrollierte Souveränitätsaufgabe. Ich gestehe zu, dass es im Umgang mit Zeichnungen zu Emergenzeffekten kommt, doch ich lasse nur bestimmte, nicht alle Emergenzen zu. Das ist die Lehre, die sich aus der euklidischen Geometrie ziehen lässt und die ungebrochen für heutige diagrammatische Systeme gilt.

Geometrie ist schließlich *aspektiv*, weil der tatsächliche Beweisvorgang essentiell darauf beruht, in einem gegebenen Diagramm Teilfiguren zu erkennen, an denen bestimmte Schlussfolgerungen vollzogen werden können. Diese Wahrnehmung der Teilfiguren habe ich als Aspektsehen bezeichnet, wobei Aspektsehen zwar an Wittgensteins Bemerkungen anknüpft, aber nicht dem Paradigma des Hasen-Enten-Kopfs folgt. Entscheidend für das Aspektsehen ist, dass es nicht nur in der Wahrnehmung einer Figur, sondern vor allem in der Wahrnehmung dessen, was man inferentiell mit der Figur machen kann, besteht. Ich sehe weniger eine Figur, als vielmehr eine Menge von Schlüssen, eine epistemische Handlungsmöglichkeit.

2.8 Exkurs: Kants Philosophie der Mathematik

Das Kapitel begann mit der Frage, wie mit Diagrammen neues Wissen produziert werden kann. In diesem Exkurs möchte ich kurz darlegen, warum ich glaube, dass die skizzierte moderne mathematikphilosophische Position zur epistemischen Rolle von Diagrammen (insbesondere ihre Normativität, Multimodalität und Synthetizität) letztlich in einer Tradition steht, die man auf Kant zurückführen kann, allerdings auf einen Kant, der in einer sehr bestimmten Weise gelesen wird (in etwa so, wie ihn Koriako 1999 liest). Neben dem Aufweis einer mindestens impliziten Traditionalität moderner Diagrammatik möchte ich damit zugleich andeuten, dass und wie moderne Diagrammtheorien dabei helfen können, Kants Philosophie der Geometrie besser zu verstehen.

In Kants kritischem Unternehmen kommt der Geometrie (und, in schwächerem Umfang, der Mathematik allgemein) die Rolle eines Modells zu, das die Möglichkeit synthetischer Urteile a priori demonstrieren sollte (Kant Prol., §5).

Kants Analyse der Geometrie basiert auf einer geeigneten Kombination zweier Komponenten geometrischer Urteile: Sie müssen erstens *synthetisch* und zweitens *a priori* erfolgen. Die entscheidende Frage ist natürlich, wie man diese beiden Komponenten interpretiert. Aus meiner Arbeit lässt sich ein Vorschlag entnehmen, der freilich nicht als exegetisch exakte Deutung der Kantischen Ausführungen gedacht ist. Der Vorschlag lautet, Synthetizität als raumbasierte Produktion von Überschüssen und Apriorizität als Normativität zu lesen.

Die Synthetizität der Geometrie meint bei Kant, dass eine geometrische Konstruktion mehr Sachverhalte enthält als für die Konstruktion verwendet wurden. Kant betont immer wieder, dass die mathematische Betrachtung „mit dem bloßen Begriffe nichts ausrichten" kann. Stattdessen eilt sie „sogleich zur Anschauung, in welcher sie den Begriff in concreto betrachtet" (KrV, A 715–716). Nirgendwo kommt das klarer zum Ausdruck als in dem berühmten Vergleich des Philosophen und des Geometers.

> Man gebe einem Philosophen den Begriff eines Triangels, und lasse ihn nach seiner Art ausfündig machen, wie sich wohl die Summe seiner Winkel zum rechten verhalten möge. Er hat nun nichts als den Begriff von einer Figur, die in drei geraden Linien eingeschlossen ist, und an ihr den Begriff von eben so viel Winkeln. Nun mag er diesem Begriffe nachdenken, so lange er will, er wird nichts Neues herausbringen. Er kann den Begriff der geraden Linie, oder eines Winkels, oder der Zahl drei, zergliedern und deutlich machen, aber nicht auf andere Eigenschaften kommen, die in diesen Begriffen gar nicht liegen. Allein der Geometer nehme diese Frage vor. Er fängt sofort davon an, einen Triangel zu konstruieren. Weil er weiß, daß zwei rechte Winkel zusammen gerade so viel austragen, als alle berührende Winkel, die aus einem Punkte auf einer geraden Linie gezogen werden können, zusammen, so verlängert er eine Seite seines Triangels, und bekommt zwei berührende Winkel, die zweien rechten zusammen gleich *sind*. Nun teilet er den äußeren von diesen Winkeln, indem er eine Linie mit der gegenüberstehenden Seite des Triangels parallel zieht, und sieht, daß hier ein äußerer berührender Winkel entspringe, der einem inneren gleich sei, usw. Er gelangt auf solche Weise durch eine Kette von Schlüssen, immer von der Anschauung geleitet, zur völlig einleuchtenden und zugleich allgemeinen Auflösung der Frage (Kant KrV, A 716–717).

Kant beschreibt hier den klassischen euklidischen Beweis des Innenwinkelsummensatzes. Die Erkenntnis, dass die Innenwinkelsumme in einem (euklidischen) Dreieck stets 180° beträgt, ist nichts, was mit der Definition eines Dreiecks gegeben ist. Sie ist mehr als der Begriff. Darum ist die Erkenntnis synthetisch. Kant formuliert das wenig später so: „Denn ich soll nicht auf dasjenige sehen, was ich in meinem Begriffe vom Triangel wirklich denke, (dieses ist nichts weiter, als die bloße Definition,) vielmehr soll ich über ihn zu Eigenschaften, die in diesem Begriffe nicht liegen, aber doch zu ihm gehören, hinausgehen" (Kant KrV, A 718). Die Konstruktion erlaubt ein *Hinausgehen* über die Eigenschaften, die der Begriff bereitstellt. Hoffmann fasst das so: „Die Konstruktion des Begriffes ‚enthält' etwas, was der Begriff allein nicht enthalten konnte“ (Hoffmann 2005, S. 103). Hinausgehen bedeutet also, dass neben den Eigenschaften, die ich zur Konstruktion verwende, weitere Eigenschaften auffindbar sind, die es erlauben, „dem anschaulichen Einzelfall mehr Information zu entnehmen, als im Begriff gegeben war“ (Koriako 1999, S. 221–222). Woher aber stammt die zusätzliche Information? Bei Kant ist die Synthetizität ein Ergebnis der Konstruktion eines Begriffs in der Anschauung. Kitcher (1975, S. 43–50) hat schön beschrieben, wie wir uns das denken können. Die Form der Anschauung unterwirft die partikulare Konstruktion bestimmten Gesetzen. Diese äußern sich darin, dass zusätzliche räumliche Sachverhalte bestehen. Ich habe diesen Effekt zuvor als raumbasierten informationellen Überschuss beschrieben. Soviel zur Synthetizität.

Es ist in der Forschung umstritten, wie Kant die *Apriorizität* geometrischer Urteile sichern wollte. Wenn man von den Details abstrahiert, gibt es grundsätzlich zwei verschiedene Möglichkeiten. Apriorizität kann einerseits durch eine *Purifizierung*, also eine Reinigung der Anschauung von allem Empirischen, geschaffen werden, andererseits aber durch die *Normativität* des Gebrauchs der Anschauung. Es lassen sich in Kants Schriften für jede der beiden Auffassungen Belege finden. Doch nur eine der beiden Lesarten macht Sinn.

Die Idee, Apriorizität auf die Reinheit der Anschauung zu gründen, geht von dem Vorgang einer *Purifizierung* empirischer Anschauungen aus, die Kant (Prol., §10) als *Weglassen* alles Empirischen beschreibt. Wenn wir alles, was empirisch ist, weglassen, bleibt allein die Form der Anschauung übrig. Diese Form der Anschauung ist die gesetzesartige Matrix, die alle empirische Materie strukturiert. Aufgabe der Geometrie ist es, die Gesetze der Form der räumlichen Anschauung zu identifizieren. Kants Pointe scheint zu lauten, dass wir nicht nur Gegenstände anschauen können, die durch die Form der Anschauung strukturiert, formatiert werden, sondern dass wir auch die Form der Anschauung selbst, nichts außer der Form anschauen können. Diese Anschauung wäre nicht eine von Gegenständen *im* Raum, sondern eine von der *Form* des Raumes selbst. Es wäre eine reine Anschauung, die uns die Gesetze und Merkmale der Form des Raumes enthüllen würde. Diese Idee ist aus vielerlei Gründen nicht aufrecht zu erhalten. Zunächst ist es schlicht nicht gelungen, verständlich zu machen, wie eine solche reine Anschauung funktionieren sollte. Was soll es auch bedeuten, alles Empirische wegzulassen? Wie haben wir uns das konkret vorzustellen? Sehen wir nur farblose Formen, unsichtbare Punkte, ausdehnungslose ideale Dreiecke?[14] Die ganze Idee,

14 „Die konische Gestalt wird man ohne alle empirische Beihülfe, bloß nach dem Begriffe, anschauend machen können, aber die Farbe dieses Kegels wird in einer oder anderer Erfahrung zuvor gegeben sein müssen“ (Kant KrV, A715 / B734).

die Form der Anschauung selbst anschauen zu können, erinnert fatal an jenes Philosophem, wonach der Geist selbst die Bilder, die durch das Auge auf eine innere Leinwand projiziert würden, betrachtete. Doch man muss gar keine prinzipiellen Einwände vorbringen. Kant selbst legt mehrfach dar, warum die Reinheit der Anschauung nicht wirklich auf der Reinigung von allem Empirischen beruht. So grenzt er etwa die Konstruktion eines Dreiecks durch „bloße Einbildung" in der reinen Anschauung von einer Konstruktion „auf dem Papier" in der empirischen Anschauung ab (Kant KrV, A713). Doch er fügt sogleich hinzu: „beidemal aber völlig a priori". Kurz darauf schreibt er: „Die einzelne hingezeichnete Figur ist empirisch, und dient gleichwohl den Begriff, unbeschadet seiner Allgemeinheit, auszudrücken" (Kant KrV, A713 – 714). Eine Anschauung ist für Kant nicht deshalb rein, weil sie sich an einem besonderen Ort abspielt, etwa vor einem inneren Auge, nicht deshalb, weil sie außerhalb der verunreinigen Sphäre der erfahrbaren, sinnliche Welt liegt: „Kant räumt daher ein, daß es völlig gleichgültig sei, auf welche Anschauung der mathematische Beweis sich beruft, weil dasjenige Moment, auf welches sich die Mathematizität dieser Anschauung gründet, nicht die Anschauung selbst ist, sondern der konstruierte Begriff und die von diesem abhängende Interpretation oder ‚Idealisierung'" (Koriako 1999, S. 267). Doch worauf beruht die Reinheit dann?

Konstruierte Anschauungen sind für Kant rein, wenn sie bestimmten, strengen Bedingungen des Gebrauchs genügen. Die empirischen Zeichnungen müssen „unter gewissen allgemeinen Bedingungen der Konstruktion" bestimmt sein (Kant KrV, A716). Koriako hat in einer überzeugenden Interpretation dafür plädiert, dass wir diese „allgemeinen Bedingungen der Konstruktion", das Unterworfensein der Anschauungen und Begriffe, *normativ* verstehen müssen. Er schreibt:

> Die Fähigkeit, geometrische Sachverhalte an empirischen Zeichnungen vollgültig ablesen zu können, ist also nichts anderes als die Fähigkeit, Anschauungen unter Begriffe zu bringen, die von diesen Anschauungen niemals instanziiert werden. Der empirisch gezeichnete Kreis wäre demnach kein Beispiel eines Begriffs, sondern nur ein Bild, das nach einer Regel zu interpretieren ist. Indem wir nur diejenigen Eigenschaften des Bildes, die sich aufgrund dieser Regel ergeben, berücksichtigen, kommen wir zu einer Erkenntnis dieses Bildes, die zugleich anschaulich und allgemein ist. (Koriako 1999, S. 268)

Diese Regelgebundenheit der Geometrie scheint mir zu sein, was Kant geometrische *Schemata* nennt. Die Schemata geometrischer Begriffe sind nichts, was man sehen kann, sondern sie sind die Regeln, die sicherstellen, wie (i) aus einem Begriff eine Konstruktion produziert wird, (ii) wie die Konstruktion ausgewertet werden muss. Die eigentliche geometrische Aktivität, das Tun des Geometers, ist eine begriffliche, regelgeleitete Tätigkeit, und keine, die auf die Evidenz einer von allem Empirischen befreiten Anschauung setzt.

Ich schlage also vor, dass man das Zusammenspiel von Apriorizität und Synthetizität in Kants Beschreibung der Geometrie systematisch nach dem Modell der Interaktion von raumbasierten Überschüssen und Normativität begreifen kann, wie ich es für die euklidische Geometrie dargestellt habe. Ich beanspruche hiermit nicht, das sei noch einmal gesagt, eine hermeneutisch angemessene Deutung Kants zu geben. Aber es zeigt, inwiefern die hier vorgeschlagene Theorie zugleich ein neues Licht auf Kants Philosophie der Geometrie werfen kann.

3 Instrumente. Oresmes Konfigurationsdoktrin und die surrogative Revolution der Geometrie

3.1 Einleitung

1914 schreibt Felix Auerbach in seiner *Graphischen Darstellung:*

> Für alle räumlichen Dinge der Welt haben wir, dank der Organisation unseres Auges, eine Methode der Aufnahme, die ganz unvergleichlich ist: die *Erzeugung von Bildern.* Beruht doch hierauf nicht nur die gesamte Wissenschaft des Körperlichen, also alles das, was man noch jetzt vielfach als Naturgeschichte bezeichnet, sondern auch das große und hohe Gebiet der bildenden Künste, auf dem der Mensch jene Fähigkeit produktiv verwendet. Alles übrige, was uns in der Um- und Innenwelt an Mannigfaltigkeiten entgegentritt, ist unserer räumlichen Anschauung entzogen, wir können es nur denkend, nicht aber darstellend erfassen. Wie nun, wenn wir diesem natürlichen Mangel künstlich abhülfen, wenn wir uns entschlössen, auch Nichträumliches, also Zeitliches und ferner alles, was sich auf Temperatur und Elektrizität, auf Helligkeit und Farbe, auf stoffliche und geistige Quantität und Qualität und auf hunderterlei anderes bezieht, unter dem Bilde des Räumlichen zu erfassen und zeichnerisch darzustellen? (Auerbach 1914, S. 3)

Dreierlei an diesem Zitat verdient Hervorhebung. Erstens beschreibt Auerbach ein Grundfaszinosum aller Diagrammatik: die räumliche Darstellung nicht räumlicher Sachverhalte. In bewundernswert ahistorischer Rhetorik ruft er die Rätselhaftigkeit solcher Verräumlichung auf, nur um sie eine Seite später „als äußerlich anspruchslose Kunst“ zu kennzeichnen, „denn sie führt dem Auge nichts vor als Linien und Linienscharen und immer wieder Linien, zuweilen auch Flächen“ (Auerbach 1914, S. 4). Er berührt damit einen Topos, der Diagrammatik zwischen Rätselhaftigkeit und Simplizität, zwischen kunstvoller Erfindung und Appell an die Natürlichkeit der Zeichen oszillieren lässt. Zweitens fällt auf, dass Auerbach zwar Diagramme oder Graphen meint, aber von *Bildern* spricht, sich gar explizit auf die bildende Kunst beruft. Darin ist eine Spannung zwischen Strukturalität und Mimetizität angelegt, die in der Geschichte der Diagrammatik immer wieder aufbricht. Drittens schließlich sticht der diagrammatische Universalismus hervor. Auerbach geht es um nichts weniger als darum, alles, „was uns in der Um- und Innenwelt an Mannigfaltigkeiten entgegentritt“, in diagrammatischer Form darzustellen. Die ganze Welt gilt es zu verräumlichen.

Im Folgenden soll es um einen abendländischen Entstehungsherd dieser Motive gehen. Ich möchte untersuchen, wie Diagramme dazu verwendet werden, um über Nichträumliches nachzudenken, und welche Folgen das haben kann. Die Untersuchung hat dabei die Form einer für das Thema zentralen Fallstudie. Untersucht wird Oresmes spätmittelalterliche Konfigurationsdoktrin, die man als erstes abendländisches Auftreten einer systematischen, wohl begründeten, mit universalem Anspruch versehenen Technik des Verwendens von Diagrammen zum Nachdenken über nicht räumliche Dinge bezeichnen kann. Oresmes Doktrin ist damit eine Schlüsselepisode abendländischer Diagrammatik.

Oresme (zirka 1320 – 1382) war ein französischer Philosoph und Universalgelehrter des 14. Jahrhunderts, der bedeutende Arbeiten zur Naturphilosophie, Theologie, Kosmologie, Ökonomie sowie zur Mechanik, zur Theorie der Seele, zur Mathematik und zu vielem anderen vorgelegt hat. Er ist als „greatest of the French writers of the period on mathematics“(Funkhouser 1937, S. 274, FN 7), als „unquestionably one of the most talented and versatile men of the later Middle Ages“ (Durand 1941, S. 170) und sogar als „greatest of all medieval scientists“ beschrieben worden (Lindberg 2010, S. 32). Um 1350 herum verfasst Oresme den *Tractatus de configurationibus qualitatum et motuum*, der seit dem 19. Jahrhundert mehrfach als Theorie eines kartesianischen Koordinatensystems avant la lettre rezipiert wurde (etwa Spengler 1923). Einige Jahre zuvor entstehen die *Questiones super geometriam Euclidis* (späte 1340er), in denen bereits zentrale Ideen der Konfigurationsdoktrin formuliert werden. In beiden Schriften entwirft Oresme die Kulturtechnik der Verwendung zweidimensionaler geometrischer Figuren zur quantitativen Analyse qualitativer Naturvorgänge. Mindestens ebenso interessant wie die Technik selbst ist Oresmes Begründung ihrer Möglichkeit, seine Antwort auf die Frage, warum es überhaupt legitim ist, mittels räumlicher Strukturen über nicht räumliche Strukturen nachzudenken und Schlüsse zu ziehen. Oresme legt erstmals in der abendländischen Geschichte eine systematische Begründung und Diskussion von Diagrammatik vor.

Dieses Kapitel knüpft an die Ausführungen über die Räumlichkeit von Diagrammen und ihre Verwendung in euklidischer Geometrie an, führt sie aber auf eine neue Ebene. Denn Oresme setzt die Figuren der Geometrie als Instrumente ein, um über etwas nachzudenken, was gerade selbst nicht mehr von geometrischer Beschaffenheit ist. Darin wird, als zugespitzte These formuliert, Oresme zum ersten Vertreter einer surrogativen Revolution von Geometrie.

Erstaunlicherweise spielt Oresme in zeitgenössischen diagrammatischen Debatten kaum eine Rolle. Die diagrammatische Forschung zu Oresme erschöpft sich in knappen Absätzen oder Fußnoten (z. B. Rottman 2007; eine (eigenwillige) Ausnahme bildet Châtelet 2000). Die Auseinandersetzung mit Oresme findet allein in spezialisierten Diskursen der Wissenschafts- und Philosophiegeschichte statt. Außerhalb dieser wird Oresme zumeist auf die Rolle eines Vorläufers kartesianischer Koordinatengeometrie reduziert. Diese Frage, obgleich interessant, soll in meinen Ausführungen keine prominente Rolle spielen. Sie wurde bereits ausgiebig diskutiert,[1] es gibt weniger Parallelen, als es zunächst scheint, vor allem aber verdient es Oresmes System, für sich selbst bedacht zu werden. Oresme ist mehr als ein Descartes avant la lettre.

Das Kapitel hat zwei Teile. Das erste rekonstruiert Oresmes Technik, zweidimensionale geometrische Figuren für die Darstellung und Analyse qualitativer Naturprozesse zu verwenden. Oresmes System ruht auf der Annahme einer *proportio* zwischen dem Verhältnis zweier unterschiedlicher Intensitätsgrade einer Qualität und dem Verhältnis zweier unterschiedlicher Streckenlängen. Resultat ist eine Figur, deren Fläche ein Maß für die *Quantität der Qualität* ist. Ferner wird gezeigt, dass es für Oresme nicht nur möglich, sondern sogar *notwendig* ist, auf Geometrie zurückzugreifen, um qualitative Naturvorgänge quantitativ erfassbar zu machen. Der zweite Teil des Kapitels diskutiert dann die historischen und epistemischen Implikationen von Oresmes diagrammatischem System. Es wird zunächst die besondere Leistung herausgestellt, die darin besteht, erstmalig intensive und extensive Größen in einer Darstellung zu kombinieren, ohne dabei ihre Differenzen aufzulösen. Darüber hinaus steht vor allem die Frage im Fokus, inwieweit es gerechtfertigt ist, Oresme eine surrogative Revolution der Geometrie

---

1 Ob die Konfiguration tatsächlich eine Vorwegnahme des Koordinatensytems ist, wird seit Beginn der Erforschung der mathematischen Schriften Oresmes in den 1860ern durch Curtze diskutiert (Durand 1941). Dabei legte Curtze den Grundstein dafür, die Konfigurationsdoktrin als Vorform der analytischen Geometrie und Oresme damit als Vorläufer Descartes zu sehen (Durand 1941, S. 170). Ebenfalls in diese Richtung argumentiert Günther (1877). Spengler (1923, S. 116–117) zufolge gebrauchte Oresme zwar „archaisch, primitiv und suchend", aber dennoch „zum erstenmal im Abendland eine freie Art von Koordinaten" und wird damit zum „Erfinder der Koordinatengeometrie" (Spengler 1923, S. 476). Dotzler (1998) erkennt in den Konfigurationen „die zwar nicht formalisierte, aber auch nicht bloß verbale, sondern als Graph aufgezeichnete Darstellung einer ‚forma' oder Veränderlichen". Ähnliche Bemerkungen bei Rottmann (2007, S. 290–291). Skeptisch hingegen zeigte sich früh Wieleitner (1913), später auch Maier (1952). Maier weist auf den großen begrifflichen Graben hin, der Oresmes Methode von der neuzeitlichen Koordinatenmathematik trennt. Longitudo und latitudo ließen sich keineswegs mit Abszisse bzw. Ordinate eines Graphen identifizieren. Die longitudo repräsentiere vielmehr die Gesamtstrecke des betrachteten Subjekts, weshalb man auch „nicht von der longitudo eines Punkts im Subjekt sprechen, sondern nur von der longitudo des ganzen Subjekts" (Maier 1952, S. 294). Die latitudo wiederum repräsentiert nicht den Abstand eines Punktes vom Nullpunkt, sondern sie „interessiert sozusagen als Ganzes, als Linie, mit all ihren Punkten, und nicht nur mit ihrem höchsten, denn eben in ihrer Ganzheit repräsentiert sie die Intensität." (Maier 1952, S. 296) Und an späterer Stelle fasst sie zusammen: „Es ist immer wieder dasselbe: was Oresme interessiert, ist die geometrische Figur des Dreiecks oder Vierecks und nicht die Linie in ihrer relativen Lage und ihrer Bezogenheit auf die Achsen eines Koordinatensystems. Es ist [...] elementare euklidische Geometrie, mit der er arbeitet, und nicht analytische, auch nicht in ihrer einfachsten Form." (Maier 1952, S. 300) Clagett (1968, S. 31) vertritt hingegen ebenfalls eine Lesart der Konfigurationsdoktrin, die diese in Cartesianische Nähe rückt.

zuzuschreiben. Darunter soll die Entdeckung und Befürwortung der Möglichkeit verstanden werden, geometrische Figuren zur Darstellung und Analyse nicht geometrischer Sachverhalte zu verwenden. Dies wird am Beispiel von Oresmes Beweis der Merton Rule gezeigt, die noch für Galilei zentral ist. Oresme löst Geometrie hier von ihrer Anbindung an den Gegenstand Raum und macht sie zu einem universalen, formalen Instrument zur Analyse von Phänomenen. Während diese methodische Wende üblicherweise erst Galileis geometrischer Physik zugeschrieben wird, argumentiere ich, dass die Idee systematisch bereits bei Oresme zu finden ist.

3.2 Darstellung des Systems

3.2.1 Kontext: Die Quantifizierung der Intensitäten

Bedeutung und Originalität von Oresmes Konfigurationsdoktrin können erst dann richtig eingeschätzt werden, wenn man ihren Entstehungskontext kennt. Dieser wird durch die Debatte um die sogenannten *latitudines* beziehungsweise die *intensio et remisio formarum* gebildet, die das späte Mittelalter durchzieht. Die Diskussion nimmt ihren Ausgang von der Unterscheidung quantitativer und qualitativer Größen. Qualitäten wie etwa Wärme, Farbigkeit, Geschwindigkeit und Großzügigkeit können in unterschiedlichem Maße *intensiv* sein. Sie kommen in *Graden*. Wärme oder Farbigkeit sind keine unteilbaren Qualitäten, die einem Subjekt entweder zukommen oder nicht. Intensive Größen sind solche, von denen es *mehr* oder *weniger* geben kann, ohne dass damit auch eine räumliche oder zeitliche Ausdehnung stattfinden muss. Die Spannweite der Grade, die eine Qualität annehmen kann, wird in der Scholastik als *latitudo* bezeichnet.

Oresme definiert Intensität wie folgt: „[I]ntensity is that according to which something is said to be ‚more such and such', as ‚more white' or ‚more swift'" (Oresme DC, I.1). Die Rede vom Mehr oder Weniger ist antikes Erbe (Lennox 1980, insb. S. 329 – 330). Platon bemerkt im *Philebos:* „Und immer, behaupten wir doch, ist in dem Kälteren sowohl als Wärmeren das Mehr und Weniger" (Platon Philebos, 24b). Und Aristoteles vermerkt in den *Kategorien:* „Eins wird mehr oder weniger weiß als ein anderes genannt, und eins mehr gerecht als ein anderes" (Aristoteles Kategorien 10b, 26 – 29). Aristoteles betont zugleich, dass eine Unterscheidung hinsichtlich des Grades immer nur bezogen auf eine Gattung stattfinden kann. Etwas kann nicht heißer sein als es weiß ist. Diese Einschränkung der Vergleichbarkeit auf homogene Größen ist eine zentrale Einschränkung, die Oresme im Aufbau seiner Konfigurationsdoktrin berücksichtigt.

Neben ihrer Gradualität in Form eines Mehr / Weniger weisen Qualitäten für Oresme noch eine zweite Eigenschaft auf: Sie sind stetig. Letzteres bedeutet im Spätmittelalter, im Rückgriff auf die Antike, unendliche Teilbarkeit. Diese Teilbarkeit verläuft allerdings nur entlang einer Dimension (*uno modo*, I.i), gerade so wie eine euklidische Linie.[2]

Zu den intensiven Größen zählt das 14. Jahrhundert eine Vielzahl heterogener Dinge, von denen nur manche sich in der Neuzeit als tatsächlich quantifizierbar erwiesen haben. Beispiele sind Wärme und Kälte, Stärke und Schwäche, Geschwindigkeit, Farbigkeit, Großzügigkeit, Freundlichkeit. Die Quantifizierungsbemühungen des 14. Jahrhunderts haben Vorläufer in scholastischer Medizin, die im Anschluss an Galen Quantifizierungen von Kälte- und Wärmegraden vornahm (Sylla 2003, S. 51; Crombie 1961, S. 151). Ein weiterer Entstehungsherd wird durch theologische Fragen gebildet. Sie nehmen ihren Ausgang von der siebzehnten *distinctio* im ersten Buch der Sentenzen des Petrus Lombardus, in der dieser Caritas (Gnade, Liebe) mit dem Heiligen Geist gleichsetzt (Lombardus, Sentenzen, I-17; dazu: Sylla 2003, S. 51 und Crombie 1961, S. 150 – 151). Die Diskussion der intensiven Größen dreht sich dann zunächst um die Klärung philosophischer Grundlagen, allen voran um die Frage, wie die Zunahme einer intensiven Qualität ontologisch zu verstehen ist. Was passiert, wenn ein Körper heißer wird? Die dominierende Ansicht war die Additionstheorie, wie sie etwa von Duns Scotus, Wilhelm von Ockham und anderen vertreten wurde. Diese ging davon aus, dass Zu- oder Abnahme einer Intensität mit einer Zu- oder Abnahme relevanter Teile in der Substanz korreliert (Sylla 1971, S. 15).

Neben diese ontologischen Fragen treten aber ab dem 14. Jahrhundert verstärkt messtheoretische Fragen nach der Quantifizierbarkeit bzw. Mathematisierbarkeit der Qualitäten. Wie lassen sich intensive Qualitäten darstellen und messbar machen? Das Hauptproblem aller Quantifizierungsversuche besteht dabei in dem Einfluss von Aristoteles' strikter Trennung der Kategorien von Qualität und Quantität. Diese machte zwar Aussagen der Art möglich, dass etwas „wärmer oder kälter“, „weißer oder weniger weiß“, „schneller oder weniger schnell“ sei. Doch das Verhältnis zwischen einer kleinen, heißen Wassermenge und einer großen, lauwarmen Wassermenge ließ sich nicht bestimmen. Die Anwendung quantitativer Methoden auf qualitative Dinge fällt unter das Verbot einer

---

2 Die traditionelle Diskusison der Intensität findet sich auch noch in der jüngeren Gegenwart. Extensive Größen sind durch eine „directly observable additive relation“ gekennzeichnet (Michell 2006, S. 416). Die paradigmatische extensive Größe ist Raum. Eine 2 cm lange Strecke und eine 4 cm lange Strecke ergeben zusammen 6 cm. Intensive Größen hingegen werden als graduell bestimmt.

metabasis, die Aristotelische Form eines Kategorienfehlers. In der zweiten Analytik heißt es: „Es ist folglich nicht möglich in der Art zu beweisen, daß man von einer Gattung zu einer anderen übergeht (*ex allou genos metabanta*)“ (Aristoteles Ana. Post., I, 7, 1).[3] Die hier postulierte Unmöglichkeit, Qualitäten quantitativer Darstellung und Analyse zuzuführen, bleibt noch bis in die jüngere Gegenwart einflussreich, sie findet sich etwa bei Koyré: „Quality can be ordered, but not measured“ (zit. n. Molland 1991, S. 303). Doch selbst der innergeometrische Vergleich etwa einer Linie mit einer Fläche widersprach dem Gebot der Homogenität des Maßes, wie Aristoteles in der Metaphysik erklärte: „Immer ist das Maß dem Gemessenen gleichartig, für Größen eine Größe, und im einzelnen für Länge eine Länge, für Breite eine Breite, für Laute einen Laut, für Schwere eine Schwere, für Einheiten eine Einheit“ (Aristoteles, Metaphysik 1053a; dazu Funkenstein 1986, S. 304). Im 14. Jahrhundert gibt es zwei große Schulen, die mit jeweils unterschiedlichen Darstellungsweisen Quantifizierungsunternehmen verfolgen. In England arbeiten die *Calculatores*, die sich vor allem in Oxford finden, an einer arithmetischen, mit den Mitteln der Proportionentheorie argumentierenden Quantifizierung (dazu Murdoch / Sylla 1978, S. 234–237). In Paris hingegen arbeitet Oresme an einer mit geometrischen Mitteln betriebenen Quantifizierung. Diese bewahrt einerseits die Aristotelische Trennung zwischen Quantität und Qualität, zwischen Extensität und Intensität, zugleich aber kann Oresme mit ihr das Aristotelesche Verbot überwinden. Doch dazu gebraucht er ein indirektes Mittel. Dieses Mittel ist die Idee der Proportionalität bzw. Strukturanalogie.

3.2.2 Begriff: Technik und Entstehungskontext der Konfigurationen

Bei Oresmes Konfigurationen handelt es sich um externe, tatsächlich gezeichnete oder vorgestellte, zweidimensionale geometrische Figuren, deren Zweck es ist, zur Darstellung und Analyse qualitativer Naturvorgänge zu dienen. Spezifischer gesagt, sollen durch die Konfigurationen intensive Größen und Bewegungen einer quantitativen Erfassung zugeführt werden. Die graphischen Konfigurationen sind wie folgt aufgebaut (Abbildung 18):

Eine horizontal einzuzeichnende Subjektlinie (linea subiectis) stellt die Ausdehnung, die Extension des Subjekts dar. Das Subjekt ist der Träger der untersuchten Qualität. Bei der Extension kann es sich dabei um die räumliche

3 Zum Aristotelischen Verbot einer metabasis vgl. auch Funkenstein (1986, S. 304). Die zweite bekannte Referenz auf metabasis findet sich in *De caelo* I, 1, in der sie sich auf Grenzüberschreitungen in der Physik bezieht.

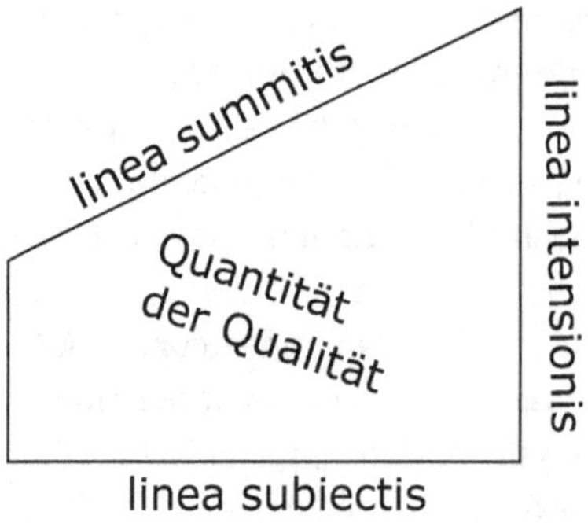

Abbildung 18: Grundbestandteile der Konfigurationen

Ausdehnung oder um die Dauer der Zeit etwa einer qualitativen Veränderung handeln. Senkrecht auf der Subjektlinie wird die *Intensitätslinie* (linea intensionis) eingetragen, die den relativen Grad der Qualität in dem jeweiligen Ort bzw. zu dem jeweiligen Zeitpunkt angibt. Die Intensitätslinie ist ausdehnungslos und bezieht sich stets nur auf einen einzelnen, singulären Punkt des Subjekts. Für jeden Punkt des Subjekts wird eine Intensitätslinie eingetragen. Der philosophische Reiz von Oresmes Arbeit liegt vor allem in seiner Ausführung, warum und wie die Intensitätslinien zu konstruieren sind: Schlüssel ist hier die Annahme einer Strukturähnlichkeit zwischen dem Verhältnis der Länge der Strukturlinien zueinander einerseits und dem Verhältnis des Grades der dargestellten Intensitäten andererseits (dazu gleich mehr). Aus der Konstruktion resultiert eine Fläche, die Oresme eigentlich „Konfiguration" nennt. Die Größe dieser Fläche ist die *Quantität der Qualität* (quantitas qualitatis).[4] Oresme versteht darunter, wie der Name bereits andeutet, ein Maß für die Gesamtmenge der Qualität in dem Subjekt.

Nach Vorstellung der Grundidee liefert Oresme im *Tractatus* eine Typologie der Konfigurationen (Abbildung 19) (Oresme DC, I.xv). In dieser lassen sich vier Grundformen von Konfigurationen unterscheiden (Murdoch / Sylla 1978, S. 239).

(1) *Uniforme* Konfigurationen. Hier stehen die einzelnen Intensitätslinien in einem Verhältnis, das sich nach einem gleichbleibenden Prinzip ergibt. Die einfachste uniforme Form lässt sich als *uniform uniforme* Konfiguration bezeichnen: Jede Intensitätslinie hat den gleichen Grad wie alle anderen. Als Figur ergibt sich ein Rechteck.

(2) *Uniform difforme* Konfigurationen. Hier verändert sich der Grad zwischen einer Intensitätslinie und ihren beiden benachbarten Linien auf gleichblei-

4 Maier (1952, S. 293, FN 13) weist daraufhin, dass Oresme das ontologische Problem, dass „eine noch so grosse Vielheit von indivisibila keine endliche magnitudo ergeben" könne, nicht kläre, sondern nur „mit Stillschweigen" darüber hinweggehe.

bende Weise: Der Intensitätsgrad auf einer Seite ist geringer, der Intensitätsgrad auf der anderen Seite höher. Als Figur ergeben sich Dreiecke. Beachtenswert ist, dass sich Oresmes Theorie nicht für den Steigungswinkel des Dreiecks interessiert. Es kommt ihm allein auf die Verhältnisse zwischen den Graden an. Diese haben Formen wie „höherer Grad als", „doppelt so hoher Grad wie...". Man kann diesen Konfigurationstyp ferner danach unterscheiden, ob die Dreiecke rechtwinklig sind oder nicht. Rechtwinklige Dreiecke enden oder beginnen mit einer Nullintensität, nicht rechtwinklige enden oder beginnen mit einem bestimmten Intensitätsgrad.

(3) *Difform difforme* Konfigurationen schließlich sind solche, bei denen sich der Grad zwischen einzelnen Intensitätslinien ungleichmäßig ändert. Beispiele sind etwa Treppenfunktionen oder Kreisbögen.

(4) Schließlich ist noch auf die *unmöglichen Figuren* hinzuweisen. Unmögliche Figuren sind solche, bei denen einer gegebenen Stelle der Subjektlinie mehr als eine Intensitätslinie zugeordnet wird. Dies wäre etwa bei kreisförmigen Konfigurationen der Fall, die deshalb in Oresmes System nicht erlaubt sind.

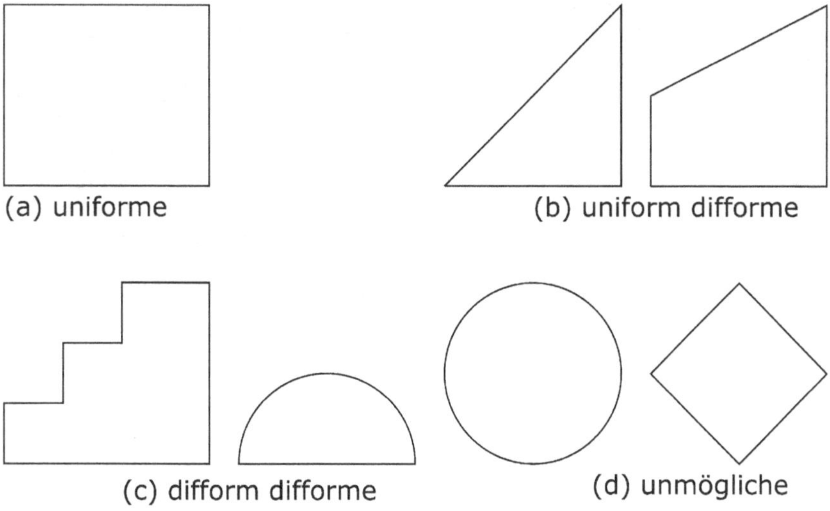

Abbildung 19: Typologie der Konfigurationen

3.2.3 Prinzip: Strukturanalogie

Für Oresme gründet die Möglichkeit einer konfigurationalen Darstellung von Natur auf dem Prinzip einer Strukturähnlichkeit zwischen dargestellter Qualität und darstellenden Linienverhältnissen. Aus dieser Konstruktionsvorschrift folgt als Konsequenz die Tauglichkeitslehre, derzufolge jede verhältniserhaltende Graphik gleichermaßen zur Darstellung der Qualitätsverteilung geeignet ist. Diese strukturanaloge Verräumlichung hat aber wiederum eine Voraussetzung: eine geeignete Formatierung der zu untersuchenden Naturphänomene, die eine geometrische Darstellung und Analyse erlauben. Natur muss geometrisch gedacht werden, um geometrisch darstellbar zu sein.

Oresme Methode zur Quantifizierung qualitativer Größen ist also geometrisch. Er überträgt die intensiven Verhältnisse eines Subjekts, die nicht quantitativ erfassbar sind, in geometrische Verhältnisse, die quantitativ bestimmbar sind. Doch worauf gründet diese Übertragung? Oresme schlägt hier das Prinzip der Strukturanalogie vor, das in ähnlicher Form noch den Großteil zeitgenössischer Diagrammtheorien dominiert:

> Every measurable thing except numbers is imagined in the manner of continuous quantity. Therefore, for the mensuration of such a thing, it is necessary that points, lines and surfaces, or their properties, be imagined. For in them (i. e. geometrical entities), as the Philosopher has it, measure or ratio is initially found, while in other things it is recognized by similarity as they are being referred by the intellect to them (i. e., to geometrical entities). Although indivisible points, or lines, are nonexistent, still it is necessary to feign them mathematically for the measures of things and for the understanding of their ratios. Therefore, every intensity which can be acquired successively ought to be imagined by a straight line perpendicularly erected on some point of the space or subject of the intensible thing, e. g., a quality. For whatever ratio is found to exist between intensity and intensity, in relating intensities of the same kind, a similar ratio is found to exist between line and line, and vice versa. [...] Therefore, the measure of intensities can be fittingly imagined as the measure of lines, since an intensity could be imagined as being infinitely decreased or infinitely increased in the same way as a line. (Oresme DC, I.i.)

Oresmes Argument beginnt mit der Aufteilung aller überhaupt messbaren Dinge in zwei Gattungen: *numeris* und *quantitatis continue*, Zahlen und stetige Größen. Unter letztere fasst Oresme sämtliche qualitativen Größen, die er wiederum noch genauer als intensive Größen bestimmt. Auffällig ist, dass Oresme zufolge die Dinge nicht einfach „quantitatis continue" *sind*, sondern als solche *imaginiert* werden. Unter Berufung auf Aristoteles, den *Philosophus*, führt Oresme genauer aus, dass Maß (mensura) oder Verhältnis (proportio) zuerst in geometrischen Dingen zu finden seien, und in allen anderen, nicht geometrischen Dingen allein aufgrund der Ähnlichkeit (similitudo), die sie mit geometrischen Dingen hätten, erkannt würden. Da es Maß und Verhältnis nur im Geometrisch-Räumlichen gibt, muss also, wer eine nicht räumliche Größe messen will, sich diese in der Form von Punkten, Linien und Flächen vorstellen.

Dabei gilt aber, dass nicht allein das Nichtgeometrische als geometrisch imaginiert wird, sondern dass bereits die Geometrie selbst nichts anderes ist als eine Imagination. Die mathematischen Entitäten, von denen sie handelt, existieren nicht. Es gibt keine unteilbaren Punkte. Trotzdem darf und muss man sie erfinden (fingere), um Dinge messbar machen zu können. Wer die Welt vermessen will, braucht dazu etwas, was es nicht gibt: geometrische Entitäten. Oresme vertritt hier und an anderen Stellen die Ansicht, dass es erlaubt sei, Begriffe zu benutzen, denen keine realen Entitäten außerhalb des Geistes korrespondierten. Die Motivation dafür ist instrumentalistisch. Man darf auch fiktive Begriffe benutzen, da sonst Erkenntnis nicht oder nur sehr viel schwieriger zu erreichen sei: „Entities such as points, lines, and planes are fictions posited by mathematicians – without supposing such fictions, mathematicians could not do their work or it would be much more cumbersome than it normally is“ (Sylla 2002, S. 268).

Jede stetige (bzw. als stetig vorgestellte) Qualität kann nun Oresme zufolge als eine Strecke dargestellt werden, die auf einem Punkt der räumlichen Extension des Subjektes, das Träger der zu quantifizierenden Qualität ist, eingezeichnet wird. Es scheint zunächst, als wolle Oresme sagen: Hier, an diesem Punkt, hat diese Qualität eine Intensität dieser Größe. Doch tatsächlich ist diese Ausdrucksweise missverständlich. Denn es werden nicht einzelne Intensitäten abgebildet, sondern nur Intensitäts*verhältnisse*. Das ist ein entscheidender Punkt, da es nur so Oresme möglich ist, das Aristotelische Verbot einer *metabasis* einzuhalten. Verglichen wird nur, was von der gleichen Art ist. Intensitäten und Extensitäten sind zwar wechselseitig heterogen, was aber von der gleichen Art ist, sind die Proportionen, die zwischen den beiden Größenarten liegen. Wir können einen Wärmegrad nicht mit einer Strecke vergleichen, was wir aber tun können, ist das Verhältnis zweier Wärmegrade durch das Verhältnis zweier Strecken wiederzugeben. Das Prinzip lautet: *Jedem Verhältnis zweier Intensitäten zueinander entspricht ein Verhältnis zweier geometrischer Strecken.* „An diesem Punkt ist mehr Wärme als an jenem“ entspricht etwa dem geometrischen Verhältnis „Diese Linie ist länger als jene“. Diese Entsprechung ist möglich, weil sowohl Qualitäten als auch Quantitäten kontinuierlich sind. Für jedes Verhältnis zweier nicht geometrischer kontinuierlicher Größen lässt sich daher ein entsprechendes Verhältnis zweier geometrischer Größen finden: „For whatever ratio is found to exist between intensity and intensity, in relating intensities of the same kind, a similar ratio is found to exist between line and line, and vice versa“ (Oresme DC, I.i.). Daher lässt sich jedes Verhältnis von Qualitäten mit geometrischen Mitteln darstellen.

Mittels der gleichen Argumentionsfigur argumentiert Oresme später auch für die Darstellbarkeit von Geschwindigkeitsverläufen über die Zeit:

> [A]lthough a time and a line are incomparable in quantity, still there is no ratio found as existing between time and time which is not to be found among lines, and vice versa; and it is found originally in lines according to Aristotle in the sixth [book] of the Physics. And it is the same with respect to intensity of velocity, namely that every ratio which is found as existing between velocity intensities is also found between lines [...] Therefore, we can arrive at knowledge of the difformities of velocities by means of the imagery (per ymaginationem) of lines and also figures. (Oresme DC, II.viii.)

Aus der Bestimmung der Konfiguration über Strukturähnlichkeit folgt eine bemerkenswerte Konsequenz: die *Tauglichkeitsdoktrin* (Clagett 1968, S. 17), derzufolge jede strukturerhaltende Figur gleichermaßen zur Darstellung einer Intensitätsverteilung geeignet ist. Oresme selbst formuliert sie so:

> Any linear quality can be designated by every plane figure which is imagined as standing perpendicularly on the linear quality and which is proportional in altitude to the quality in intensity. Moreover, a figure erected on a line informed with a quality is said to be ‚proportional in altitude to the quality in intensity‘ when any two lines perpendicularly erected on the quality line as a base and rising to the summit of the surface or figure have the same ratio in altitude to each other as do the intensitites at the points on which they stand. (Oresme DC, I.vii.)

Der Tauglichkeitsdoktrin zufolge sind zwei beliebig aussehende Konfigurationen gleichermaßen gültige Darstellungen einer Qualitätsverteilung, solange sie die intensiven Verhältnisse der Qualität angemessen wiedergeben. *Wie* sie das tun, ist unerheblich. Entscheidend ist allein die Einhaltung der Regel der Erzeugung einer Konfiguration, also die Wahrung der Strukturanalogizität. Jede Figur aber, die in Übereinstimmung mit dieser Regel steht, ist eine angemessene Darstellung der Qualität. Die Konfigurationen interessieren also nicht in ihrer konkreten, partikularen Gestalt, in ihrer visuellen Erscheinung, sondern allein als Verkörperung einer Struktur. Es ist etwa in Oresmes System unerheblich, welchen Grad der Steigungswinkel einer uniform difformen Dreiecksform hat.

Aus der *Tauglichkeitsdoktrin* folgt eine erstaunliche Konsequenz. Eine identische Konfiguration bezieht sich potentiell auf eine unendliche Klasse von Qualitäten, deren jeweilige Verhältnisse sie korrekt darstellt. Es gibt nichts an ihr, was sie eher zur Konfiguration dieser oder jener Qualität macht. Jede Konfiguration stellt also für sich selbst genommen eine unendliche Menge an Intensitätsverteilungen dar (Maier 1952, S. 296–297; Duhem 1982, S. 382). Dieser Sachverhalt weist interessante Parallelen zur neuzeitlichen Technik geometrischer

Perspektivzeichnungen auf. Auch hier gilt, dass eine Zeichnung als Abbildung unendlich vieler Objekte gesehen werden kann, wie etwa Gombrich festhält:

> [T]he projection itself does not give us adequate information about the object concerned, since not one but an infinite number of related configurations would result in the same image [...], just as not one but an infinite number of related objects would cast the same shadow if placed in the beam emanating from a point source. (Gombrich 1975, S. 133)

Anders als bei der Perspektivzeichnung gilt im Falle der Konfigurationen aber noch nicht einmal, dass wenigstens eine bestimmte Qualität eine eindeutige Abbildung hat. Auch sie kann prinzipiell durch unendlich viele verschiedene Konfigurationen dargestellt werden (solange sie gemäß der Regel der Strukturanalogie konstruiert wird). Daraus folgt aber, dass eine Konfiguration ein gegebenes Objekt nur insofern beschreiben kann, als es allgemein und austauschbar ist. Der Preis für die Möglichkeit diagrammatischer Darstellbarkeit in Oresmes System ist der Verzicht auf referentielle Eindeutigkeit.

3.2.4 Nutzen: Kognitive und epistemische Relevanz der Konfigurationen

Oresmes Strategie zur Legitimation der Konfigurationen enthält zwei Teile (und zeigt darin erneut eine Nähe zu zeitgenössischen Diagrammtheorien). Den ersten Teil haben wir bereits angesprochen: Es handelt sich um eine *metaphysische* Rechtfertigung der Möglichkeit einer geometrischen Darstellung qualitativer Verhältnisse. Doch darüber hinaus verweist Oresme auch immer wieder auf die kognitiv-ökonomischen Vorteile des Denkens mit Konfigurationen. Er erläutert mehrfach, wie stark das Erkennen der qualitativen Verfasstheit eines Objekts durch eine konfigurale Darstellung erleichtert werde. Bereits in den früheren *Questiones* führt er als einen der Gründe, warum man Intensitäten durch Strecken vorstellen sollte, die resultierende kognitive Produktivität an: „Following this imagination I can more easily understand those things which are said about qualities uniformly difform and so on" (Oresme Q, 10). Im *Tractatus de Configurationibus* finden sich weitere Aussagen in diese Richtung, etwa, dass das Erkennen der charakteristischen Verteilung einer Qualität in einem Subjekt einfacher (facilius), schneller (citius) und klarer (clarius) ist, wenn man entsprechende Verhältnisse in einer sichtbaren Figur (in figura visibilii) betrachtet: „[I]t is apparent that we ought to imagine a quality in this way in order to recognize its disposition more easily, for its uniformity and its difformity are examined more quickly, more easily, and more clearly when something similar to it is described in a sensible figure" (Oresme DC, I.iv.). Argumente dieser Art fallen öfter.[5] Als prinzipiellen Grund für die Effizienz führt Oresme an, dass etwas grundsätzlich leichter und besser verständlich sei, wenn es an einem sichtbaren Beispiel erklärt werde: „[This is true] because something is quickly and perfectly understood when it is explained by a visible example" (Oresme DC, I.iv.). Das Erfassen sinnlicher Strukturen sei einfach, während das Erfassen abstrakter Sachverhalte hohe, mitunter zu hohe kognitive Anforderungen stelle: „Thus it seems quite difficult for certain people to understand the nature of a quality that is uniformly difform. But what is easier to understand than that the altitude of a right triangle is uniformly difform? For this is surely apparent to the senses."(Oresme DC, I.iv.) Er kommt zu dem Schluss: „[T]he imagining of figures is a great help in the understanding of things" (Oresme DC, I.iv.).

Doch für die Verwendung der Figuren spricht nicht nur kognitive Effizienz. Konfigurationen lassen nicht nur Dinge leichter und schneller erkennen, sie machen sie überhaupt erst *erkennbar.* Die Konfiguration ist mehr als ein Surrogat für etwas, das auch auf andere Weise, wenn auch mühsamer, erkannt werden könnte. Für Oresme ist geometrische Verräumlichung *conditio sine qua non* für die quantitative Erkenntnis der Natur: „In order to have measures and ratios of qualites and velocities one must have recourse to geometry" (Oresme DC, III.v.).

Der wichtigste Punkt ist aber, dass die Konfigurationen nicht nur eine *Darstellungsform*, sondern vor allem ein Analyseinstrument sind. Was als geometrische Figur dargestellt ist, kann mit den Mitteln der Geometrie untersucht werden. Die große epistemische Leistung der Konfigurationen besteht darin, dass Oresme das ganze seit Euklid bekannte Instrumentarium der Geometrie anwenden kann, um über nicht geometrische Verhältnisse nachzudenken.[6]

5 Z. B. in DC, I.xi: „The [...] differences of intensities cannot be known any better (melius), more clearly (clarius), or more easily (facilius) than by such mental images and relations to figures (tales ymaginationes et relationes ad figuras)".

6 Mit Schemmel (2014, S. 15) kann man die Diagramme Oresmeschen Typs daher als epistemische Katalysatoren für die Entwicklung der modernen Mechanik bezeichnen. Schemmel betont die Annahme der Strukturikonizität (also die Strukturanalogie) zwischen Geometrie und Natur als wichtigsten Grund für die große wissenschaftliche Produktivität der Diagramme. Wie wir gesehen haben, ist diese Annahme bei Oresme eine pragmatische Fiktion und keine realistische Überzeugung.

3.2.5 Genealogie: Das aristotelische Erbe

Wie kommt Oresme überhaupt darauf, Qualitäten *geometrisch* darstellen zu wollen? Zum einen knüpft er die zeitgenössische Praxis der Verwendung von Geometrie für wissenschaftliche Zwecke, etwa in der Astronomie, an. Die andere, und für diese Studie interessantere Quelle, ist ein aristotelisches Erbe. Immer wieder beruft sich Oresme in den *Questiones* und dem *Tractatus* auf aristotelische Ausführungen zur Ähnlichkeit zwischen Raum, Zeit- und Veränderungsstrukturen. Es lohnt sich, diese Bezugnahmen genauer anzuschauen. In der zehnten seiner *Questiones* verhandelt Oresme, nachdem er die prinzipielle Idee der Vorstellung von Intensitäten durch Strecken entwickelt hat, folgenden Einwand: „But one might say: ‚Master, it is not necessary for it to be so imagined.' I answer that the imagination is a good one. This is evident by Aristotle who imagines time by means of a line" (Oresme DC, Q 10). In *De Configurationibus* beruft sich Oresme ebenfalls auf Aristoteles, demzufolge Maß und Verhältnis ursprünglich in geometrischen Entitäten wie Punkten, Strecken und Flächen gefunden würden, während es in anderen Dingen Maß und Verhältnis nur aufgrund einer (vom Intellekt festgestellten) Ähnlichkeit zu den geometrischen Dingen gäbe (Oresme DC, I.i; dazu Clagget 1968, S. 438). Clagett vermutet: „[P]resumably it was consideration of Aristotle's *Metaphysics* that clinched the transference of the concept of rations between lines to that of rations between intensities" (Clagett 1968, S. 54). Dies wird durch eine Stelle aus Oresmes *Questiones super septem libros physicorum bestätigt*, in der es heißt:

> This conclusion is evident by the tenth of the Metaphysics of Aristotle where he says that measure, ratio, comparison, equality, inequality, etc. are initially found in quantity and [then] transmuted to all other things by means of similarity to this quantity, either extended or discrete quantity. From this it is evident by corollary that comparison is initially in quantity and secondarily in [those] species of quantity like angles, and thirdly in qualities with respect to their intensity. ... Then finally I say by way of conclusion that in every comparison it is necessary to imagine extension, intensity, discreteness, or order, and I say that intensity is always imagined by means of extension (intension semper ymaginatur ad modum extensionis) *(*zit. n. Clagett 1968, S. 54).

Der letzte Satz des Absatzes verdient besondere Beachtung. Oresme behauptet, dass jedweder Vergleich zwischen zwei Intensitäten bzw. Qualitäten zur Voraussetzung hat, dass die Qualitäten ad modum extensionis vorgestellt werden. Ohne Berufung auf räumliche Verhältnisse ist keine Vergleichsaussage möglich.

Oresmes Ansätze werden vor dem Hintergrund der Auseinandersetzung mit dem Erbe der Aristotelischen These zum Zusammenhang von Raum-, Zeit- und Veränderungsstrukturen verständlich. Sie verdienen aber nicht nur deshalb einen genaueren Blick. Denn wenn Aristoteles im vierten Buch der *Physik* versucht, die Eigenschaften von Zeit und Veränderung aus den Eigenschaften des Raumes abzuleiten, dann lässt sich das als nichts weniger als einen der ersten Versuche einer metaphysischen Rechtfertigung von Diagrammatik lesen. Das aristotelische Argument besteht aus zwei Teilen: (i) Aristoteles behauptet eine Strukturähnlichkeit von Raum, Veränderung und Zeit hinsichtlich der Eigenschaften des „Davor und Danach" und der Kontinuität; (ii) er führt die Stuktureigenschaften von Zeit auf die Eigenschaften von Veränderungen und die Sturktureigenschaften von Veränderung wiederum auf die Struktur des Raumes zurück. Er behauptet mithin ein Primat des Raumes in strukturaler Hinsicht: Das *davor und danach* – also die Geordnetheit, Gerichtetheit einer Struktur – ist zuerst und eigentlich im Raum gegeben. Von Zeiten und Veränderungsprozessen, wie Bewegungen, lässt sich nur sagen, dass sie ein Davor und Danach haben, insofern sie den Strukturen des Raumes analog sind bzw. ihnen folgen: „Es folgt ja nach [...] der (Raum-)Größe die Bewegung, und dieser die Zeit, wie wir behaupten" (Aristoteles Physik, 219b15 – 16). Sein Vorhaben ist damit als „Demystifikation" des Begriffes Zeit beschrieben worden, als Versuch, eine „non-temporal basis for the before and after in time" zu geben (Coope 2005, S. 69). Kritiker wie Bergson hingegen haben in ihr die Begründung der vulgären, da verräumlichten Auffassung von Zeit gesehen.

Wie genau Aristoteles vorgeht, und ob gelingt, was er anstrebt, ist umstritten, was vor allem an der Knappheit und Rätselhaftigkeit seiner Ausführungen liegt (so z. B. Coope 2005, S. 47). Im Folgenden kommt es mir auf eine kompakte Skizze der aristotelischen Idee an, insofern sie Aufschluss über Oresmes Konfigurationsdoktrin gibt. Hintergrund bildet Aristoteles' Suche nach einer Bestimmung von Zeit. Aristoteles bestimmt Zeit in einem ersten Anlauf als etwas, das mit Bewegung zu tun hat, aber nicht Bewegung ist. Sie ist etwas „an dem Bewegungsverlauf" (Aristoteles, Physik 219a3). Doch was genau an dem Verlauf ist sie? Die Antwort ist in der folgenden rätselhaften Stelle enthalten:

> Da nun ein Bewegtes sich *von etwas fort zu etwas hin* bewegt und da jede (Ausdehnungs-) Größe zusammenhängend ist, so folgt (hierin) die Bewegung der Größe: Wegen der Tatsache, daß Größe immer zusammenhängend ist, ist auch *Bewegungsverlauf* etwas Zusammenhängendes, infolge der Bewegung aber auch die *Zeit:* Wie lange die Bewegung verlief, genau so viel Zeit ist anscheinend jeweils darüber vergangen. Die Bestimmungen ‚davor' und ‚danach' gelten also ursprünglich im Ortsbereich; da sind es also Unterschiede der Anordnung; indem es nun aber auch bei (Raum-)Größen das ‚davor' und ‚danach' gibt, so muß notwendigerweise auch in dem Bewegungsverlauf das ‚davor' und ‚danach' begegnen, entsprechend den (Verhältnissen) dort. Aber dann gibt es auch in der Zeit das ‚davor' und ‚danach', auf Grund dessen, daß hier ja der eine Bereich dem anderen unter ihnen nachfolgt. (Aristoteles Physik, 219a10 – 219a19).

Ich möchte das aristotelische Argument (mit Blick auf Oresmes Darstellung) in vier Schritten rekonstruieren: (i) Aristoteles behauptet, dass der Raum fundamentale Struktureigenschaften aufweist, nämlich (a) Kontinuität (*synecheia*) und (b) eine Geordnetheit im Sinne eines Davor und Danach (*proteron kai hysteron*). (ii) Auch Zeit und Bewegung weisen die Struktureigenschaften der Kontinuität und der Geordnetheit auf. (iii) Doch während der Raum die Struktur originär aufweist, kommt sie Veränderungen und Zeit nur derivativ zu.[7] Zeit und Bewegung hingegen haben sie nur, *weil* der Raum sie hat. Ihre Strukturen sind aus der Struktur des Raumes *abgeleitet*. Doch worin besteht, worauf gründet diese Ableitung? (iv) Aristoteles sagt, dass Bewegung dem Raum folgt (*alokuthein*). Was darunter zu verstehen ist, lässt sich an dem Beispiel einer Ortsbewegung verdeutlichen. Eine Person bewegt sich von A über B nach C. Der Raum, durch den sie sich bewegt, ist kontinuierlich, die Orte, durch die sie kommt, sind angeordnet. Dann gilt zunächst, dass auch der Bewegungsprozess jeweils in einem anderen Verwirklichungszustand ist (Zustand 1, 2 bw. 3). Und es gilt, dass jedem unterschiedlichen Zustand der Bewegung ein unterschiedlicher Zeitpunkt zugeordnet ist (die Bewegung beginnt in t=1, hat die Hälfte erreicht in t=2, und endet in t=3). Coope zufolge bedeutet *alokouthein* daher zweierlei: Eine Abhängigkeit dessen, was folgt, von dem, was vorausgeht, und eine *strukturale Korrespondenz* zwischen dem, was folgt, und dem, was vorausgeht:

> The claim that X follows Y is the claim (i) that to every part of X there corresponds some particular part of Y and vice versa (with the precise nature of this correspondence depending on the particular X and Y in question) and (ii) that certain structural relations between the parts of X are explained by the fact that there are analogous structural relations between the *corresponding* parts of Y. (Coope 2005, S. 48 – 49)

Diese Bestimmung ist aber gerade im Kern nichts anderes als die Behauptung einer Strukturisomorphie. Die Abhängigkeit wiederum fasst Coope als *explanatorische Abhängigkeit*, d. h., wir können die Strukturen von Zeit nur über die Strukturen von Veränderung verstehen und die Strukturen von Veränderungen nur über die Strukturen von Raum. Wir können uns keinen Begriff der Strukturierung von Zeit und Bewegung machen, ohne dabei, sei es explizit oder implizit, Raumstrukturen einzubringen.

7 Auch in der *Metaphysik*, 5 – 13, führt Aristoteles die Eigenschaften von Zeit und Veränderung auf Eigenschaften des Raumes zurück. Er unterscheidet zwischen Dingen, die von Natur aus quantitativ sind und solchen, die es nur in einem abgeleiteten Sinne sind. Während räumliche Dinge, wie Linien, von sich aus quantitativ sind, werden Zeit und Veränderung als Attribute des Raumes bestimmt.

Soweit zum aristotelischen Argument. Es kann systematisch nicht überzeugen. Dies beginnt bereits mit dem Problem, dass Raum symmetrisch, Zeit und Bewegung aber asymmetrisch sind. Raum kann zwar dann als asymmetrisch geordnet begriffen werden, wenn man ihm eine Richtung gibt, in dem man einen Ursprungs- oder einen Endpunkt auszeichnet.[8] Doch diese Ordnung würde auf der Einführung einer Konvention (Start-/Endpunkt) beruhen. Aber, wie Inwood zurecht bemerkt, „it is hard to see how the claim that the before and after are in place *by convention* is to be reconciled with the claim that they are in it *primarily*" (Inwood 1991, S. 173, FN 29). Eine andere Antwortstrategie besteht darin, die Strecke als erzeugt durch die Bewegung eines Punktes zu verstehen. Damit hätte die Strecke eine natürliche Richtung. Doch dies würde wiederum bedeuten, nicht Bewegung aus Raum abzuleiten, sondern Raum aus Bewegung und damit dem Ziel der aristotelischen Reduktion entgegenlaufen. Daher verwundert es nicht, dass historisch von dem zweiteiligen Argument zumeist die Behauptung einer strukturalen Korrespondenz, nicht aber das metaphysische Primat des Raumes übriggeblieben ist. Das gilt auch für Oresme. Er übernimmt von Aristoteles den Gedanken, dass Maß und Verhältnis genuin räumlichen Dingen zukommen und dann auf alle anderen Dinge übertragen werden müssen. Doch er sieht diese Übertragung nicht ontologisch, sondern ‚nur' epistemisch gerechtfertigt: Wir geometrisieren Natur nicht deshalb, weil sie im Innersten bereits geometrisch ist, sondern weil wir sie nur dann, wenn wir sie geometrisieren, quantitativ erkennen können.

3.2.6 Wissensproduktion I: Konfigurationen als geometrische Recheninstrumente

Wir haben bisher die Darstellungsfunktion von Konfigurationen diskutiert. Im Folgenden soll es nun um die Produktion *neuen Wissens* mit Hilfe der Konfigurationen gehen. Dabei ist zunächst zu bemerken, dass wir zwei unterschiedliche epistemische Funktionen unterscheiden müssen, die Oresme mit den Konfigurationen verbindet. Sie dienen (i) als *Instrumente zum quantitativen Vergleichen* verschiedener Gesamtmengen an Qualität, (ii) als *Instrumente zur qualitativen Erklärung* des Verhaltens von Dingen.

---

8 Einige Bemerkungen in *Physik*, 219a14–15 legen nahe, dass Aristoteles davon ausgeht, dass die Strecke eine natürliche Gerichtetheit hätte. Doch seine Ausführungen sind mehrdeutig und nicht überzeugend. Dazu Inwood 1991, S. 172–174).

3.2.6.1 Fallstudie: Oresmes Beweis der Merton Rule

Die erste epistemische Funktion der Konfigurationen gründet auf der zwischen *linea summitis* und *linea subiectis* eingeschlossenen Fläche. Diese stellt, wie weiter oben diskutiert, ein Maß der Gesamtmenge, die Quantität einer Qualität in einem Subjekt dar. Die epistemische Funktion der Konfigurationen besteht darin, verschieden konstruierte Flächen miteinander zu vergleichen und aus dem Größenverhältnis der Flächen auf das Verhältnis der jeweiligen Gesamtmengen an Intensität zu schließen, die durch die Flächen dargestellt werden. Diagramme werden hier als Vergleichsinstrumente benutzt. Auffällig ist dabei, dass nur geometrisch, nicht aber numerisch verglichen wird (Molland 1968, S. 115). Diese Vergleiche nehmen vielfältige Formen an. Oresme untersucht etwa, wie sich die Quantität der Qualität bei Variation der Verteilungsform oder der Extension verändert. Ihn interessiert ebenfalls, wann verschiedene Intensitätsverteilungen die *gleiche* Gesamtmenge an Intensität haben (gleiche Extension vorausgesetzt). Und insbesondere vergleicht er verschiedenartige Qualitäten miteinander und rechnet sie geometrisch ineinander um. Es ist das letzte Verfahren, das ich im Folgenden analysieren möchte. Als Beispiel dient Oresmes berühmter Beweis der Merton Rule. Die Merton Rule ist nach dem Merton College der Universität von Oxford benannt, wo sie zuerst diskutiert wurde. Der erste, allerdings mit arithmetischen Mitteln geführte Beweis findet sich in Heytesburys *Regule solvendi sophismata* von 1335 (Schemmel 2014, S. 18).

Die Bedeutung der Merton Rule liegt darin, eine quantitative Beziehung zwischen gleichförmigen und gleichförmig beschleunigten Bewegungen herzustellen. Sie erlaubt es, gleichförmig beschleunigte Bewegungen in die einfacher zu handhabenden gleichförmigen Bewegungen umzuwandeln. Was besagt die Merton Rule? In Oresmes Worten: „Every quality, if it is uniformly difform, is of the same quantity as would be the quality of the same or equal subject that is uniform according to the degree of the middle point of the same surface“ (Oresme DC, III.vii). Jede uniform difforme Qualität hat die gleiche Quantität wie eine uniforme Qualität (gleiche Extension der Subjekte vorausgesetzt), deren Grad die Hälfte der maximalen Intensität der uniform difformen Qualität hat.

Oresmes Beweis umfasst drei Schritte: 1. Die Abbildung der einzelnen Qualitäten in Konfigurationen, 2. den Nachweis der Gleichheit der jeweiligen Flächen der Konfiguration, 3. den Schluss auf die quantitative Gleichheit der dargestellten Qualitäten. Schließlich kommt ein weiterer Schritt hinzu: die Anwendung des allgemeinen Ergebnisses auf den Fall der Geschwindigkeiten. Die methodische Pointe des Beweises besteht darin, zwei unterschiedliche Qualitätsverläufe durch zwei geometrische Figuren darzustellen, dann auf geometrische Weise die Flächengleichheit der Flächen zu demonstrieren und schließlich die Flächengleichheit wiederum als Ausdruck eines physikalischen Zusammenhangs zu begreifen. Betrachten wir den Beweis im Einzelnen (Abbildung 20).

Oresme beginnt mit der Konstruktion der beiden Figuren, die die jeweiligen unterschiedlichen Qualitäten – eine uniform, die andere uniform difform – repräsentieren: Das Dreieck ABC stellt die uniform difforme Qualität dar, die mit maximaler Intensität in Punkt C beginnt und mit einer Nullintensität in B endet. Sei nun F gerade die Hälfte der Anfangsintensität. Dann stellt das Rechteck AFGB eine uniforme Qualität dar, deren (konstanter) Grad gerade dem mittleren Grad der uniform difformen Qualität ABC entspricht. Der entscheidende Schritt in dem Beweis besteht nun darin, beide Figuren nicht nebeneinander, sondern übereinander auf der Fläche zu positionieren. Erst ihre Kombination in *einer* Konstruktion erlaubt die geometrische Ableitung der Gleichheit der beiden Flächen. Der Beweis gründet auf Euklid I, 26. Dieser Satz gibt die Winkel-Seite-Winkel-Kongruenz zweier Dreiecke an: Wenn zwei Dreiecke zwei gleiche Winkel und eine gleiche Seite aufweisen, wobei gilt, dass die gleiche Seite entweder zwischen den beiden Winkeln oder einem der beiden Winkel gegenüberliegt, dann sind die beiden Dreiecke kongruent. Die Überblendung der beiden Figuren ABC und AFGB lässt schnell erkennen, dass in diesem Fall die Voraussetzungen bei den zwei kleineren Dreiecken EFC und EGB gegeben sind. EFC und EGB sind mithin kongruent. Das bedeutet aber wiederum, dass auch die Flächen von ABC und AFGB gleich groß sind. Den Flächenbetrag, den ABC durch das Dreieck EFC ‚hinzubekommt', ‚verliert es' durch das Dreieck EGB wieder. Beide Flächen sind mithin gleich groß. Betrachtet man die Flächen als Repräsentationen der Quantitäten der Qualität, dann wird deutlich, dass diese Quantitäten gleich groß sind: „Therefore the qualitites imaginable by a triangle and a rectangle of this kind are equal" (Oresme DC, III.vii).

Schließlich geht es noch darum, das allgemein für alle intensiven Qualitäten geltende Ergebnis auf den Fall Geschwindigkeit anzuwenden. Dies geschieht vor allem dadurch, dass die Extensionslinie nicht mehr als räumlich, sondern als zeitlich gesehen wird (dazu Damerow et al. 1992, S. 16). Die entsprechenden Grundlagen hat Oresme im zweiten Kapitel seines Traktats gelegt, in dem er in strikter Analogie zum ersten Kapitel die Konfigurationsdoktrin für räumliche Extensionen auf den Fall zeitlicher Extension ausdehnt. Doch auch bei der Auffassung der Subjektlinie als zeitlicher Extension eines Vorgangs lässt sich der Satz noch anders verstehen. Man könnte etwa einen gleichbleibend warmen mit einem gleichmäßig abkühlenden Körper vergleichen (Palmerino 2010, S. 417). Im Falle von Geschwindigkeiten ist nun die Quantität der Qualität als *velocitas totalis* aufzufassen (Oresme DC, II.ix.), die wiederum – in aristotelischer Tradition – als zurückgelegte Strecke zu interpretieren ist. Dies gilt unabhängig davon, ob die Bewegung mit uniformer oder uniform difformer Geschwindigkeit erfolgt.

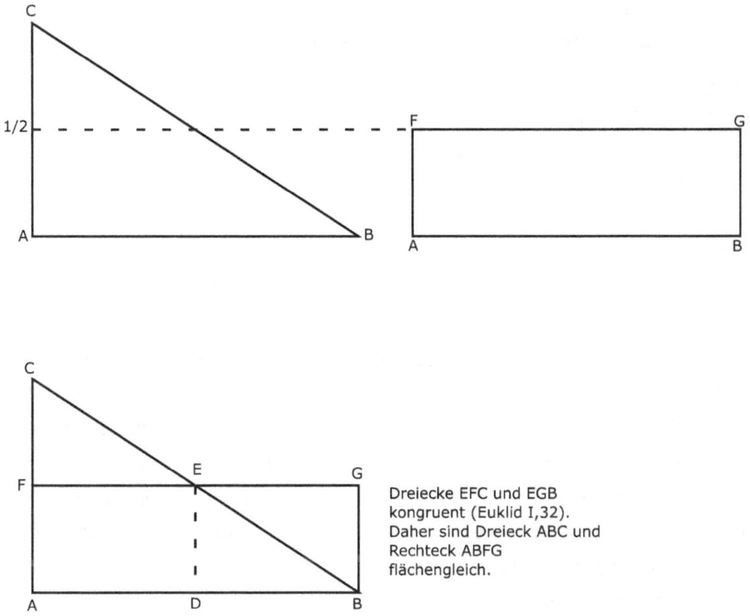

Abbildung 20: Oresmes Beweis der Merton Rule

3.2.6.2 Analyse des Beispiels

Im Folgenden soll ein dreistufiges Schema für das Vorgehen von Oresme vorgeschlagen werden. Die Darstellung ist an Hughes (1997) DDI-Modell angelehnt, lässt sich aber auch problemlos mit anderen Modelltheorien in Verbindung bringen. Der Fokus liegt dabei weniger auf der Frage der Modellierung von Qualitäten durch Konfigurationen denn auf der Frage, wie durch Operationen am Modell Wissen erzeugt wird.

1. Konstruktion eines geometrischen Modells

Zunächst werden die physikalischen Sachverhalte in eine geometrische Form übertragen. Dadurch entsteht ein geometrisches Modell der Naturvorgänge (Modell hier im Sinne Blacks (1962, S. 222): „An adequate analogue model will manifest a point-by-point correspondence between the relations it embodies in the original: every incidence of a relation in the original must be echoed by a corresponding relation in the analogue model.“).

2. Ableitung neuer Sachverhalte im Modell

Nachdem das Modell erstellt worden ist, kann es auf interne Implikationen – in diesem Fall also auf geometrische Implikationen – untersucht werden. Dies ist der Punkt, an dem Darstellung zu Analyse und das Diagramm zum Erkenntnisinstrument wird.[9] Dabei wird angenommen, dass sich nicht nur die Naturvorgänge geometrisieren lassen, sondern dass auch die Schlussfolgerungen auf die Natur rückübertragbar sind. Das Modell ist nicht nur struktur-, sondern auch verhaltensisomorph. Als Leitidee von Oresmes Beweis kann man daher die Behauptung einer Strukturähnlichkeit zwischen geometrischen und physikalischen Gesetzen erkennen. Mit Cheng könnte man hier von einem *Law Encoding Diagram* sprechen, d. h. einem „representational system, that captures the laws governing a particular class of phenomena using the internal geometrical, topological or spatial structure of its diagrams" (Cheng 1997, S. 85). Raum wird in den Diagrammen bei Oresme (und Galilei) nicht nur zur Repräsentation bestimmter zeitlicher, intensiver oder dynamischer Größen benutzt. Er übt eine zweite Funktion aus. Er ist das Hintergrundmedium, in das die Struktur gleichsam eingelassen wird und das dann diese Struktur den Gesetzen des jeweiligen Raumes unterwirft. Und diese Raumgesetze stehen in einer Ähnlichkeitsbeziehung zu den physikalischen Gesetzen. Die Grundidee findet sich bereits bei Cummins (1989) anlässlich einer Diskussion von Galileis Beweis der *Merton Rule:*

> Similarity [verstanden im Sinne eines ähnlichen Aussehens, J. W.] evidently gives us no handle on what makes Galileo's diagram a representation of mechanical magnitudes and their relations. What we need is something radically different. [...] The crucial point is that, given Galileo's interpretation of lines and volumes, the laws of Euclidean geometry discipline those representations in a way that mirrors the way the laws of mechanics discipline the representational magnitudes. That is, geometrical relationships among the symbols have counterparts in the natural relations among mechanical variables in such a way that computational transformations on the symbols track natural transformations of the system. That is what makes it correct to say that the symbols – lines and volumes – *represent* times, velocities, and distances (Cummins 1989, S. 95 u. 29.).

Die surrogative Verwendung von Geometrie basiert auf einer zentralen Idee: Der Behauptung einer Entsprechung zwischen der Struktur physikalischer Gesetze und der Struktur geometrischer Gesetze. Oresmes inferentieller, surrogativer Gebrauch der Konfigurationen gründet auf dem Prinzip einer Korrespondenz zwischen den Gesetzen der Geometrie und den Gesetzen der Natur. Es muss in diesem

9 Hughes (1997, S. 331) zufolge hat ein Modell „a life of its own [...] [T]he representation has an internal dynamic whose effects we can examine. From the behavior of the model we can draw hypothetical conclusions about the world over and above the data we started with".

Sinne nicht nur möglich sein, Natur geometrisch darzustellen. Ferner muss auch gesichert sein, dass die Schlüsse, die mittels geometrischer Gesetze am Modell gewonnen werden, auf das Objekt rückübertragbar sind. Es kann Fälle geben, wo die Annahme dieser Korrespondenz nicht sinnvoll ist. Oresme ist sich dessen bewusst und diskutiert mehrfach Fälle, in denen ein am geometrischen Modell gewonnener Schluss gerade nicht auf das Objekt übertragbar ist.[10]

3. Rückübertragung der Modellergebnisse auf das Bezugsobjekt
Der ganze Sinn der Ableitungen liegt nicht darin, etwas über geometrische Sachverhalte, sondern *mit* Geometrie etwas über Natur herauszufinden. Daher besteht der letzte konstitutive Schritt in der Rückübertragung auf die physikalischen Verhältnisse.

Oresmes Beweis führt ein bemerkenswertes Nachleben. Er findet sich in Galileis später Abhandlung *Dialogues Concerning Two New Sciences,* erstveröffentlicht im Jahre 1638. Dort diskutiert Galileo in Form eines Dialogs zwischen den Gesprächspartnern Salviati, Sagredo und Simplicio physikalische Probleme. Der Text weist aus heutiger Sicht zwei Besonderheiten auf: Das gedrängte Vorkommen geometrischer Diagramme einerseits und die nahezu völlige Abwesenheit algebraischer Gleichungen. Galilei betreibt Physik mit euklidischen Mitteln. An den ersten beiden der vier Tage des Dialogs verhandeln die Redner unter anderem grundsätzliche Fragen zum Verhältnis von mathematischer Darstellung und Natur, von Unendlichkeit und Kontinuum, von der Möglichkeit der Mathematisierbarkeit der Natur usw. Am dritten Tag wenden sie sich der Diskussion von Bewegung zu, erst von gleichförmiger Bewegung, dann von gleichmäßig beschleunigter Bewegung. Schließlich verliest Salviati folgenden Satz:

> The time in which a certain space is traversed by a moveable in uniformly accelerated movement from rest is equal to the time in which the same space would be traversed by the same moveable carried in uniform motion whose degree of speed is one-half the maximum and final degree of speed of the previous, uniformly accelerated, motion“ (Galilei 1914, S. 173).

---

10 Es ist jene Differenz zwischen geometrischem Modell und physikalischer Interpretation, die sich in der Nachfolge, insbesondere im 17. Jahrhundert als produktiv herausstellen sollte und aufgrund derer Schemmel (2014) Oresmes Diagramme als epistemische Katalysatoren bezeichnet. Denn in der Diskussion und dem Streit darüber, wie die geometrischen Beweise physikalisch angemessen zu interpretieren seien, entwickeln sich zentrale Grundlagen der neuzeitlichen Mechanik.

Der Satz weist die Struktur der Merton Rule auf. Noch deutlicher wird die Strukturgleichheit der beiden Sätze, wenn man die Diagramme betrachtet, mit denen sie bewiesen werden (Abbildung 21). Galileis Figur hat dieselbe geometrische Physiognomie wie Oresmes. Der einzige Unterschied ist, dass sie um 90° gedreht ist.

Der Beweis der Proposition verläuft ganz ähnlich wie Oresmes Beweis, allerdings mit einer wichtigen Abweichung.[11] Galilei konstruiert zwei Figuren, die jeweils die beiden unterschiedlichen Geschwindigkeitstypen repräsentieren. Mittels euklidischer Geometrie schließt er auf die Gleichheit der Flächen, die er wiederum als Gleichheit der zurückgelegten Strecke interpretiert. Die Abweichung besteht darin, dass Galilei komplexer für die Gleichheit der Flächen argumentiert. Grosholz nennt Galileis Vorgehen „a process like integration“ (Grosholz 1988, S. 241). Tatsächlich summiert Galilei die unendlich vielen einzelnen *momenta*, aus denen die beschleunigte Bewegung besteht, auf. Für Oresme folgt die Gleichheit der Bewegung hingegen *direkt* aus der Betrachtung der Flächen. Galileis Beweis zeigt damit deutlich höhere Sensibilität für die Probleme, die beim Arbeiten mit Unendlichkeiten entstehen können. Mehrere Teile des Gesprächs am ersten Tag des Dialogs kreisen denn auch um Probleme und Gefahren des Denkens mit Unendlichkeiten. Eine zweite Differenz besteht auch in der Referenzklasse des Beweises: Oresmes Beweis ist ungleich allgemeiner. Er gilt für alle Qualitäten. Galilei geht es stattdessen explizit um Probleme der Bewegung. Doch jenseits der spezifischen, wissenschaftshistorisch bedeutsamen Differenzen überwiegen die Ähnlichkeiten (zu den Differenzen auch Schemmel 2014).

Doch Oresmes Nachfolger verwenden nicht nur die gleiche Figur – sie entdecken ebenfalls, dass man mit Hilfe der gleichen Figur einen zweiten grundlegenden physikalischen Sachverhalt beweisen kann (dazu Lindberg 2007, S. 305). Der Beweis, der sich nicht in Oresmes *De Configurationibus* findet, steht etwa bei Galilei unmittelbar nach seinem Beweis der Merton Rule (Galilei 1914, S. 176 – 177. Varianten des Beweises finden sich auch bei Descartes und Beeckman, dazu Damerow et al. 1992, S. 8 – 67). Das bewiesene Theorem spezifiziert die Zunahme

11 Der Beweis in den Worten Galileis (1914, S. 173 – 174): „Since each and every instant of time in the time-interval AB has its corresponding point on the line AB, from which points parallels drawn in and limited by the triangle AEB represent the increasing values of the growing velocity, and since parallels contained within the rectangle represent the values of a speed which is not increasing, but constant, it appears, in like manner, that the momenta [momenta] assumed by the moving body may also be represented, in the case of the accelerated motion, by the increasing parallels of the triangle AEB, and, in the case of the uniform motion, by the parallels of the rectangle GB. For, what the momenta may lack in the first part of the accelerated motion (the deficiency of the momenta being represented by the parallels of the tringle AGI) is made up by the momenta represented by the parallels of the triangle IEF.“

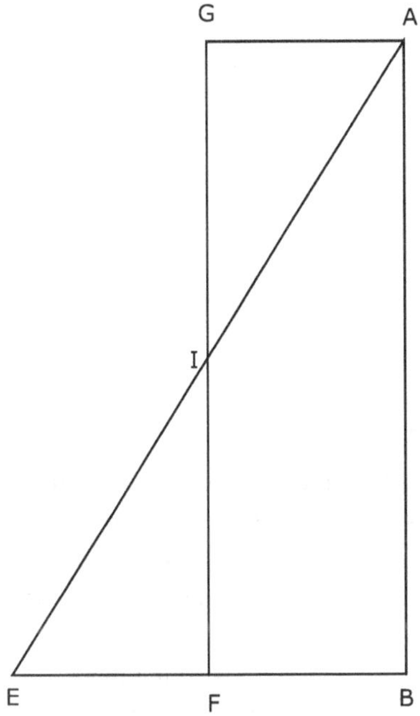

Abbildung 21: Galileis Beweis der Merton Rule

an zurückgelegter Strecke pro Zeiteinheit bei einer gleichmäßig beschleunigten Bewegung. Es antwortet auf die Frage: Wenn im ersten Zeitintervall eine bestimmte Strecke zurückgelegt wird, wie oft wird dann diese Strecke im zweiten Zeitintervall zurückgelegt?

Der Beweis basiert auf der gleichen geometrischen Konstruktion wie Oresmes Beweis der Merton Rule – entscheidend ist allerdings, dass der geometrische Sachverhalt auf eine andere Weise verwendet wird, wie wir sehen werden. Betrachten wir den Beweis. Er fällt etwas leichter, wenn wir eine andere Figur verwenden, die sich lediglich in der Orientierung von den beiden bisher gezeigten Diagrammen unterscheidet (Abbildung 22).

Im Zeitintervall AB legt ein gleichmäßig beschleunigter Körper eine Strecke zurück, die durch das Dreieck ABE repräsentiert wird.[12] Im Zeitintervall BC, wobei BC genau so lang dauert wie AB, legt er eine Strecke zurück, die durch das Viereck

12 Der Satz ist verkürzt ausgedrückt. Ausführlich müsste es heißen: Im Zeitintervall, das durch die Strecke AB dargestellt wird, legt der Körper eine Strecke zurück, die durch das Dreieck ABE dargestellt wird. Im Zeitintervall, das durch die Strecke BC dargestellt wird, legt der Körper eine Strecke zurück, die durch die Fläche BCGE dargestellt wird. Die Fläche BCGE ist aber gerade dreimal so groß wie das Dreieck ABE, daher kann man schließen, dass im zweiten Intervall die zurückgelegte Strecke dreimal so groß ist wie im ersten Zeitintervall.

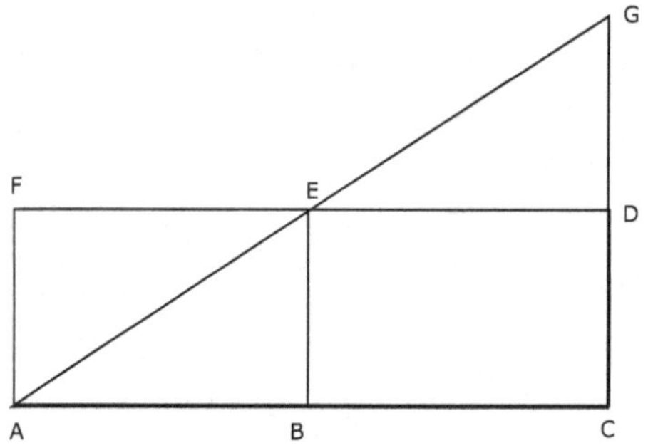

Abbildung 22: Gleiche Figur, neues Theorem.

BCGE repräsentiert wird. Nun passt das Dreieck ABE gerade dreimal in das Viereck BCGE hinein. Warum? Aus den gleichen geometrischen Gründen, wie wir sie im Falle der Merton Rule erläutert haben (auf eine Wiederholung der Herleitung verzichte ich daher). Es ist, als hätte man das Dreieck AEF einfach auf das Rechteck BCDE hinaufgeklappt. Das Ergebnis ist, dass sich die Strecken, die ein gleichmäßig beschleunigter Körper zurücklegt, zeitlich wie die Reihe der ungeraden Zahlen zur Reihe der natürlichen Zahlen verhalten, also: 1. Zeitintervall – 1 Streckeneinheit; 2. Zeitintervall – 3 Streckeneinheiten; 3. Zeitintervall – 5 Streckeneinheiten; und so weiter.

An dieser Stelle kommt es mir erneut weniger auf den Inhalt, denn auf die Form des physikalischen Beweises an. Bemerkenswert ist ja, dass hier an der gleichen Figur zwei verschiedene Sachverhalte demonstriert werden. Das ist aber gerade eine Form diagrammatischen *Aspektsehens* – allerdings haben wir es hier mit einem Fall von Aspektsehen zu tun, in dem nicht eine geometrische Figur zerlegt wird, sondern ein geometrischer Sachverhalt auf verschiedene Weise zur Analyse und Demonstration physikalischer Sachverhalte genutzt wird. Wir sehen zwei verschiedene *physikalische* Aspekte in der geometrischen Figur.

3.2.7 Wissensproduktion II: Konfigurationen als Erklärungsinstrumente

3.2.7.1 Oresmes Lehre der internen Konfiguration

Wir wollen die Konfigurationen, wie wir sie bisher diskutiert haben, im Folgenden als externe Konfigurationen bezeichnen (im Anschluss an Clagett 1968, S. 25). Das gezeichnete, partikulare Diagramm zählte bisher epistemisch nur, insofern es als Darstellung einer konfigurationalen Struktur begriffen wurde. Dies ändert sich in der nun zu betrachtenden zweiten Funktionsweise. Es handelt sich um die Lehre der *internen* Konfigurationen (wiederum im Anschluss an Clagett 1968, S. 25).

Oresme behauptet in dieser, dass die Art und Weise, mit der die Gesamtmenge an Intensität in einem Subjekt verteilt ist – also das *Wie* ihrer Verteilung –, ein wesentlicher Faktor in der Bestimmung des Verhaltens des Subjekts ist. Betrachten wir genauer, wie Oresme die internen Konfigurationen einführt:

> It is manifest that bodies can act in different ways as the result of a variation in the shapes of these bodies. For this reason the Ancients, positing bodies to be composed of atoms, have said that atoms of fire were pyramidal in shape because of its vigorous activity; thus bodies can penetrate either more or less depending on the differences existing in the pyramids. As the result of varying sharpness, it is certain that some can cut more strongly and others less strongly. It is the same for other actions and shapes. And since this is the case in regard to the shapes of bodies, it seems reasonable to speak in a conformable way concerning the previously described figurations of qualities. So, if there is a quality whose particles are proportional in intensity to small pyramids, it is accordingly more active, other things being equal, than an equal quality which is simply uniform, or which would be proportional to another figure not so penetrating (Oresme DC, I.xxii).

Während *externe Konfigurationen* zum *Vergleich* verschiedener Gesamtmengen an Qualität innerhalb eines Subjekts oder auch zwischen verschiedenen Subjekten dienen, werden *interne Konfigurationen* zur Erklärung des unterschiedlichen *Verhaltens* von Körpern verwendet. Die Wirkung einer Qualität hängt also nicht nur von der Intensitäts*quantität* ab, sondern auch von der Intensitäts*verteilung*. Und diese Verteilung wird gerade durch die diagrammatische Konfiguration dargestellt. Zwei Dinge können sich gemäß dieser Lehre in ihrem Verhalten auch dann unterscheiden, wenn sie aus den gleichen Elementen aufgebaut sind und die gleiche Menge an Intensität besitzen – dann nämlich, wenn sich die Art und Weise, wie sich die Intensitätsmenge über die verschiedenen Elemente verteilt, unterscheidet. Betrachten wir etwa zwei Qualitäten gleicher Art und gleicher (totaler) Quantität, eine mit einer Intensitätsverteilung in Gestalt einer Pyramide, eine mit einer uniformen Intensitätsverteilung, dann ist die mit der pyramidalen Verteilung aktiver als die andere.

Oresme benutzt die Lehre der internen Konfigurationen als Schlüssel zur Erklärung einer erstaunlichen Vielzahl erstaunlich heterogener Phänomene. Dazu zählen etwa die unterschiedlichen *virtutes naturalis* von Tieren – „For example, the natural heat of a lion is active in a different way than is the natural heat of an ass or an ox, and it has a different power, not only because it is more or less intense, or has some such difference, but also because it is otherwise or dissimilarly figured in regard to intensity“ (Oresme DC, I.xxiv) -, die Gründe für Freundschaft und Feindschaft zwischen den Arten, warum uns manche Dinge schön erscheinen, warum manche Menschen sich eher schöne und angenehme Dinge vorstellen, während andere zum Vorstellen hässlicher, obszöner oder deformierter Objekte neigen, Erklärungen von Unterschieden im kognitiven Vermögen. Ein wichtiges

Anliegen Oresmes besteht in der Kritik sich auf Magie oder Okkultismus berufender Erklärungen, für die er alternative, überzeugende Erklärungen anbieten will.

Sein Argumentationsschema ist dabei stets gleich: Oresme identifiziert die Verhaltensweise eines Subjekts, das er erklären will. Anschließend postuliert er eine interne Konfiguration in dem Subjekt, die das Phänomen erklärt. Die Lehre der internen Konfiguration ist damit ihrer Anlage nach ein allgemeines Prinzip zur Erklärung von Naturvorgängen unter Rekurs auf die Quantität und die Form einer Intensität: Sie ist dabei „all-embracing of physical and psychological phenomena" (Clagett 1968, S. 29). Durand spekuliert deshalb, ob Oresme als Vordenker der neuzeitlichen Idee begriffen werden müsse, derzufolge „all natural phenomena may be mathematically reduced to magnitude, figure and motion" (Durand 1941, S. 180).[13] Generell allerdings haftet Oresmes Lehre der internen Konfigurationen eine „curious penumbra of pseudo-science" an (Durand 1941, S. 181). Dies liegt an den Beispielen, die Oresme gibt. Sie erscheinen einem heutigen Leser oft bestenfalls merkwürdig, meistens eher bizarr. Es fällt mitunter schwer, nicht in ungläubiges Lächeln zu verfallen, angesichts der offenkundigen Absurdität mancher Vorschläge. Nehmen wir jenen Abschnitt, in dem Oresme erklärt, warum Schlangen vor manchen Menschen eine natürliche Abneigung hätten: „This is perhaps because of the configuration of some quality of those men which is dissimilar and disproportionate to the constitutional quality of the serpent" (Oresme DC, I.xxv). Die Abneigung gründet also auf einer Disproportionalität zwischen einer nicht näher bestimmten Qualität, die in Mensch und Schlange wirke.

Die Lehre der internen Konfigurationen hat denn auch, ganz anders als die Lehre der externen Konfigurationen, nahezu keine Wirkungen hinterlassen (Clagett 1968, S. 112–121). Allerdings sind, wenn man sie in einem geeigneten Licht betrachtet, manche Ideen – wie etwa die gleich näher skizzierte Idee einer geistigen Konfiguration – nicht so weit von späteren Theorien des Geistes entfernt. Doch um eine wissenschaftshistorische Einschätzung der einzelnen Erklärungen soll es im Folgenden nicht gehen. Worauf es mir ankommt, ist, inwiefern diese Gebrauchsweise eine *bildliche, visuelle, gestalthafte* Auseinandersetzung mit Diagrammen erfordert, inwiefern hier nicht mehr allein ihre Strukturalität interessiert. Betreibt Oresme an dieser Stelle eine *Mimetisierung* der Diagramme?

---

13 Fast wörtlich findet sich die Behauptung bei Dijksterhuis (1983, S. 220) wieder, demzufolge in Oresmes Arbeit „der Keim eines Teiles der später manifest gewordenen Tendenz beschlossen liegt, alle Naturerscheinungen mittels Begriffen wie Größe, Form und Bewegung zu behandeln, welche einer mathematischen Formulierung zugänglich sind".

3.2.7.2 Konfiguration des Geistes

In I.xxxi und I.xxxii gibt Oresme folgende Erklärung von Wahrnehmungs- und Denkvorgängen:

> [F]orms impressed in the exterior senses pass away immediately when the sensibles are withdrawn. But in the interior sense likenesses or forms remain even in the absence of the sensibles, just as an imprint remains in wax after the seal has been removed. However, the organ of the interior sense is not in itself differently shaped according to quantity by the impressed species or form but is only *figured qualitatively* in the same way that the corporeal figure of the eye is not in itself changed by receiving a species of color. Therefore, the interior sense or its organ is figured qualitatively in a variety of ways depending on the diversity of the forms or species which it receives" (Oresme DC, I.xxxi.)

Oresme unterscheidet hier zwischen einem äußeren und einem inneren Sinn der Wahrnehmung von Erfahrungsgegenständen (dazu Clagett 1968, S. 29–30). Während der äußere Sinn nur wahrnimmt, solange der Gegenstand materiell gegenwärtig ist, bleiben im inneren Sinn Ähnlichkeiten oder Formen („simulacra vel forme") auch bei materieller Abwesenheit des zugehörigen Gegenstandes präsent. Wie sollen wir uns den Vorgang der Formbewahrung durch den inneren Sinn genauer vorstellen? Oresme bemüht dazu die berühmte, schon von Platon und Aristoteles, später von Descartes verwendete Metapher des Eindrückens eines Siegels in Wachs. Der Abdruck eines Siegels bleibt auch bestehen, wenn der Stempel entfernt worden ist. Diese metaphorische Figur wendet Oresme nun auf den Fall des inneren Sinns an, mit folgendem Ergebnis: Es kommt bei der Speicherung der Form durch den inneren Sinn nicht auf die *Quantität* der Qualität an, die wahrgenommen wurde, sondern auf die charakteristische *Form* der Qualität. Diese charakteristische Form ist aber natürlich nichts anderes als die Konfiguration, die der innere Sinn einnimmt. Daher gilt auch: Je uniformer die Verteilung der wahrgenommenen Qualität gewesen ist, desto uniformer ist auch die Konfiguration des inneren Sinns. Umgekehrt gilt: Je difformer die Qualität, desto difformer der innere Sinn. Allerdings ist die Rede von einer Uniformität oder Difformität des inneren Sinns nur metaphorisch zu verstehen. Denn der innere Sinn ist nicht selber eine Qualität, wie Oresme betont, und kann daher eigentlich gar nicht durch eine Konfiguration dargestellt werden. Es ist nur in einem übertragenen Sinne möglich. Das ist eine höchst bemerkenswerte Behauptung: Oresmes Nachdenken über die kognitiven Konfigurationen markiert hier nämlich zugleich den Punkt der Metaphorisierung der Konfiguration. Oresme behauptet hier die Möglichkeit, konfigurationale Darstellungen und Verhaltenserklärungen auch von Dingen zu geben, die gar keine Qualitäten sind. Damit wird die Konfigurationsdoktrin endgültig ein universales Mittel zur Naturanalyse. Dies wird noch deutlicher, wenn wir uns den Übergang von dem inneren Sinn zur *potentia intellectiva* anschauen:

> And although intellective power is indivisible and inorganic and hence it is not figured properly either according to body or quality, still there can be improperly imagined in it, by some means, a certain spiritual configuration corresponding to the configuration of the sense [...]. Therefore, just as the interior sense sometimes approaches uniformity and evenness and sometimes is figured with great difficulty and, as it were, unevenness, so conformably we ought to speak of the power of the intellect in its own way (Oresme DC, I.xxxi).

Oresme hält zunächst fest, dass der *potentia intellectiva* gerade die Eigenschaften fehlen, aufgrund derer man sie *proprie* als Konfiguration vorstellen könne. Doch daraus folgt noch nicht die Unmöglichkeit der Konfiguration, ist diese doch immer noch *inproprie* möglich. Das Resultat ist eine Konfiguration des Geistes, eine *configuratio spiritualis*. Diese wird über eine Korrespondenz mit den Konfigurationen des äußeren und inneren Sinns begründet. Doch diese Korrespondenz besteht zwischen zwei ganz unterschiedlichen Dingen: Zwischen einer eigentlichen Konfiguration (Sinn) und einer höchstens metaphorischen Konfiguration (Geist). Oresme wendet seine Technik der Konfiguration nicht einfach auf psychologische Phänomene an. Er transformiert sie zugleich ins Metaphorische. Damit aber erweitert er das potentielle Anwendungsgebiet der Konfigurationsdoktrin dramatisch: Nicht nur das, was sich tatsächlich als Konfiguration repräsentieren lässt, sondern auch das, was sich *metaphorisch* als Konfiguration begreifen lässt, kann jetzt mit den gleichen Mitteln analysiert werden.

3.2.7.3 Das Scheitern der internen Konfigurationen

Im Folgenden soll die These vertreten werden, dass sich Oresme in seinen Erklärungen mittels interner Konfigurationen auf mehr als die in einem Diagramm realisierte Struktur beruft. Genauer gesagt: Oresme braucht die *Gestalt*, die visuelle *Erscheinung* der Konfigurationen. Hier ist es nicht mehr die *Fläche*, sondern die *Gestalt* der Konfiguration, die epistemisch zählt und die zum Universalschlüssel für die Erklärung einer umfangreichen, heterogenen Phänomenlandschaft wird. Es sind die Charakteristika der Gestalt einer Konfiguration – häufiges Ansteigen und Absinken, Grad der Steigung, einzelne herausragende Maxima usw. –, die Erklärungsnutzen aufweisen.[14]

---

14 Daher ist Dijksterhuis (1983, S. 219) zuzustimmen, der in der internen Konfiguration wesentlich mehr sieht als bloß „eine anschauliche Darstellung von Abhängigkeiten, die man auch arithmetisch behandeln kann [...]. Sie ist mehr als nur ein anschauliches Modell für die Art und Weise, wie die Intensität der betrachteten Qualität sich bei Verschiebung längs der *longitudo*

Der Mechanismus der internen Konfiguration besteht in der Übertragung visueller Attribute der räumlichen Darstellung auf die nicht räumlichen Eigenschaften des Objekts. Dies nun widerspricht aber dem Strukturalitätsprinzip. Erinnern wir uns: In Oresmes System kann, wie die Tauglichkeitsdoktrin aussagt, eine bestimmte Qualitätsverteilung prinzipiell durch *unendlich* viele Figuren dargestellt werden. Was an einer Konfiguration zählt, ist einzig die in ihr realisierte allgemeine Struktur. Doch die gestalthaften Attribute, wie etwa die Schärfe einer Pyramidenfigur, auf die Oresme dann seine Erklärungen des Verhaltens der untersuchten Objekte gründet, sind nicht Folge dieser invarianten Struktur, die jede Konfiguration gleichermaßen darstellt, sie hängen vielmehr an der partikularen Erscheinung einer bestimmten Konfiguration. Denn was in einer Konfiguration wie eine scharf gezackte Pyramide aussieht, kann in einer anderen Darstellung wie eine kaum merkliche Steigung aussehen. Die Attribute, die Oresme für die Erklärung des Objektverhaltens verwendet, hängen schließlich doch an der Erscheinungsweise der Konfigurationen.[15] Mehr noch: Die Lehre der internen Konfigurationen ist letztlich ein bildlicher Fehlschluss. Es ist kein naiver „Symbolismus des Mittelalters", wie Maier (1952, S. 307) abschätzig bemerkt. Doch Oresmes interne Konfigurationen sind indirekt bildlich, insofern sie die Erscheinung einer *bestimmten* Art von Darstellung als charakteristisch für eine Struktur nehmen, die auch durch andere Darstellungen korrekt wiedergegeben werden könnte, welche aber dann möglicherweise ganz andere Schlüsse nach sich ziehen.

Damit aber steht die Lehre der internen Konfiguration in direktem Widerspruch zur Tauglichkeitsdoktrin, die ihrerseits wiederum direkte Konsequenz des Prinzips der Strukturähnlichkeit war.[16] Dieser bildliche Fehlschluss ist in Oresmes System explanatorisch immens produktiv, wenn er auch historisch folgenlos bleibt. Doch er hat eine grundlegende systematische Konsequenz: Die beiden Formen der Wissensproduktion durch Diagramme, die Oresme vorschlägt, sind miteinander inkompatibel. Wir haben es hier daher mit folgendem Vorgang zu tun: (i) Zunächst führt Oresme Konfigurationen zu Zweck A ein (externe Konfigurationen). Diese Konfigurationen basieren auf dem Prinzip *rein struktural definierter*

ändert; sie ist in gewissem Sinne, nämlich hinsichtlich ihrer äußeren Gestalt, diese Qualität selbst, als Ganzes betrachtet, und diese wirkt denn auch anders, wenn sie die Form eines Rechtecks hat, als wenn sie eine andere Gestalt annimmt."

15 Einzig legitim wäre es, sehr allgemeine, darstellungsunabhängige Charakteristika wie etwa, ob eine gegebene Qualität linear oder gleichmäßig ansteigend ist, zur Erklärung der internen Eigenschaften heranzuziehen. Doch gibt es von diesen Merkmalen so wenige, dass sie keine sonderlich differenzierten Erklärungen erlauben.

16 Dies hat schon Maier (1952, S. 306, FN 39) gesehen, die bemerkt: „Dies ist einer der Fälle, wo die rein mathematische Seite seiner [d. h. Oresmes, J. W.] Lehre mit der metaphysischen nicht ganz in Einklang ist."

Analogie. (ii) Dann aber greift Oresme nicht mehr auf die Struktur, sondern auf die *Gestalt*, die *Erscheinung* des Typs A zurück und verwendet sie, um einen Diagrammtyp mit Zweck B (interne Konfiguration) zu schaffen. (iii) Damit aber untergräbt Diagrammtyp B die Voraussetzungen von Diagrammtyp A, auf denen er wiederum beruht. Oresmes interne Konfigurationen sind ab diesem Punkt zum Scheitern verurteilt. Ihr Scheitern ist eine Variante des Fehlschlusses der Überspezifikation, die im ersten Kapitel dieser Arbeit diskutiert worden ist. Sie entsteht, da zufällige visuelle Attribute fälschlich als semantisch relevant gewertet werden. In Oresmes Fall besteht der Fehlschluss darin, Eigenschaften des Diagramms für epistemische Zwecke zu verwenden, ohne dass es dafür Regeln im System gibt.

Die Einsicht in das Scheitern der internen Konfigurationen, in ihre Unverträglichkeit mit dem Prinzip reiner Strukturalität, auf dessen Grundlage die Konfigurationen überhaupt erst entstanden sind, ist von mehr als bloß historischem Interesse. Es zeigt einen systematischen Konflikt an, der bereits im Kapitel über „Überspezifikation" angedeutet wurde: Die große bildliche Verführungskraft von Diagrammen, die uns stets mehr in ihnen sehen lassen will als bloße Strukturen.

3.3 Analyse des Systems

In diesem Abschnitt soll eine vertiefte Analyse der bemerkenswertesten Punkte der Oresmeschen Konfigurationsdoktrin erfolgen. Meine Ausführungen sind in zwei Abschnitte unterteilt. Im ersten Teil stehen die epistemischen Leistungen und Alleinstellungsmerkmale von Oresmes Doktrin im Vordergrund. Der zweite diskutiert die Voraussetzungen, Eigenschaften und Folgen diagrammatischer Modellierungen, wie sie sich exemplarisch in Oresmes System zeigen.

3.3.1 Epistemische Leistungen

Die *epistemischen Leistungen* von Oresmes Konfigurationsdoktrin betreffen insbesondere zwei Merkmale: (i) Oresme überwindet das Verbot einer Metabasis, wie es von Aristoteles aufgestellt wurden, allerdings ohne intensive und extensive Größen ineinander kollabieren zu lassen; (ii) Oresme betreibt eine surrogative Revolution der Geometrie, deutlich vor Galilei, dem sie gemeinhin zugeschrieben wird.

3.3.1.1 Überwindung des Metabasis-Verbots

Das Verfahren, nicht räumliche Eigenschaften durch geometrische Figuren wiederzugeben, ist nicht neu. Die einzelne *linea intensionis* war in medizinischen Schriften lange vor Oresme bekannt (dazu z. B. Maier 1952, S. 290). Auch wurde seit dem 13. Jahrhundert verstärkt Geometrie als Instrument und Modell für die Optik eingesetzt (Crombie 1961, S. 147–150). Es ist also nicht die Verwendung von Linien, die Oresmes Traktat auszeichnet. Die Innovation liegt vielmehr, wie Maier betont, „in der Ausdehnung dieser Methode auf mehrdimensionale Grössen. Es wird nicht mehr eine einzelne Intensität graphisch durch eine Linie repräsentiert, sondern es wird eine Intensitätsverteilung in einem subjectum dargestellt" (Maier 1952, S. 291). Entscheidend ist dabei allerdings nicht die Mehrdimensionalität per se, sondern die Heterogenität der Größen, die in einem Graphen vereinigt werden: Intensität und Extensität. Darin liegt auch die eigentliche konzeptuelle Differenz zwischen Oresmes geometrischen Quantifizierungsbemühungen und dem parallelen Unternehmen einer arithmetischen bzw. algebraischen Quantifizierung von Natur durch die britischen *calculatores*. Die beiden Ansätze unterscheiden sich nicht bloß in der Wahl der Mittel.[17] Denn während die *calculatores* bei ihren Quantifizierungen ausschließlich die Intensitäten miteinander vergleichen, kombiniert Oresme gerade Intensität und Extensität, aber – und das ist die eigentliche Pointe – ohne beide in einander aufzulösen. Für die *calculatores*, vielleicht mit Ausnahme von Richard Swinesheads Überlegungen zu einer *multitudo formae*, war ein Produkt aus Intensität und Extensität ontologisch sinnlos (Sylla 1971, S. 34); Murdoch / Sylla 1978, S. 238–239). In Oresmes Lehre steht dieses unmögliche Produkt aber gerade im Zentrum der Überlegungen: als zwischen *linea summitis* und *linea subjectis* eingeschlossene Fläche, welche die *quantitas qualitatis* anzeigt. Châtelet zufolge hatte Oresme damit „succeeded in grasping intensities and extensities by means of a single intuition, without departing from a tradition that carefully distinguished them" (Châtelet 2000, S. 39–40). Oresme verbindet Intensität und Extensität, ohne ihre kategoriale Differenz aufzulösen. Vielmehr gelingt es ihm, in einem Diagramm sowohl die Unterschiedlichkeit der beiden Größen als auch ihre Verbindung darzustellen. Die paradoxe Pointe seiner Graphen ist es, einerseits zu ermöglichen, dass die heterogenen Größen von Intensität und Extensität getrennt bleiben können, andererseits aber zugleich ihrem Produkt *in der gleichen* Figur in Form der Fläche ein Maß zu geben.

---

17 Genauso wenig handelt es sich bei Oresmes Konfigurationsdoktrin um ein bloßes Explizitmachen von etwas, was schon in den Arbeiten der Calculatores angelegt ist, wie es Molland (1968, S. 114) vorschlägt.

3.3.1.2 Surrogative Revolution

Was ist das Bedeutende an Oresmes Beweis der Merton Rule? Es ist nicht der Beweis als solcher, trotz seiner großen historischen Bedeutung. Entscheidend – zumindest aus philosophischer Perspektive – ist das Prinzip, auf dem der Beweis ruht. Meine These lautet: Oresme benutzt Geometrie als Erkenntnisinstrument zur systematischen Analyse von Natur. Damit betreibt er eine surrogative Umwidmung der Geometrie. Er löst die Figuren aus ihrer Rolle, Gegenstände einer Untersuchung zu sein und macht sie zu Mitteln dieser Untersuchung. Oresmes Konfigurationsdoktrin ist das erste Dokument der Verwendung von Geometrie als formaler Sprache, die sich als Instrument zur Untersuchung ganz unterschiedlicher Referenten eignet.

Sie ist damit weit mehr als eine „Visualisierungsmethode" (Rottmann 2007, S. 291). Sie ist vor allem ein methodisches Prinzip zur Gewinnung neuen Wissens. Oresme beschreibt, insbesondere im dritten Kapitel seines *Tractatus,* wie man physikalische Sachverhalte durch geometrische Modelle untersuchen kann. Das berühmteste, aber bei weitem nicht das einzige Beispiel, ist sein geometrischer Beweis der Merton Rule. Geometrie funktioniert hier nicht primär als Repräsentation, sondern als ein *epistemisches Instrument*, das surrogative Schlüsse erlaubt. Die Bedeutung des diagrammatischen Systems, das von Oresme angedacht und dann später von Galilei weiterentwickelt wurde, liegt nicht in den spezifischen physikalischen Entdeckungen, welche es erlaubt. Natürlich ist es bemerkenswert, dass, wie Roche bemerkt, Oresmes graphischer Beweis der Merton Rule die „first totally conventional graphical representation of a law in physics" ist (Roche 1993, S. 207). Doch wichtiger noch als die Leistung, ein physikalisches Gesetz graphisch darzustellen, ist das Prinzip, auf dem sie gründet. Oresmes Konfigurationsdoktrin markiert aus diagrammatischer Perspektive einen kritischen Wendepunkt: Strukturen und Gesetze des Raumes sind nicht mehr *Gegenstand*, sondern *Instrument* einer Untersuchung. Es gilt bereits für Oresme, was Haugeland über Galileis geometrische Variante von Oresmes Beweis der Merton Rule schreibt:

> Galileo's main contribution is not the proof itself but the abstract representation in which such a proof could be given. [...] What made it really significant, though, was not any particular result but rather the fact that now all the familiar techniques of geometry could be used to establish all kinds of results. Euclid's whole deductive system could be abstracted away from geometric shapes and applied instead to motions (Haugeland 1985, S. 22).

Haugeland hat zwar systematisch Recht, doch historisch irrt er. Denn es war nicht Galilei, sondern Oresme, der den Grund für die Instrumentwerdung der Geometrie legte. Für ihn ist sie nicht mehr Wissenschaft *von* etwas, sondern Technik *zu etwas*, nämlich zur Erforschung der Natur, insbesondere derjenigen Teile von Natur, die nicht räumlich sind. Auf die eigentliche Revolution hat zuerst Funkenstein hingewiesen. Ihm zufolge lässt sich Oresmes Konfigurationsdoktrin als entscheidender Wendepunkt in der Entstehung von Geometrie als einer formalen, symbolischen Sprache begreifen: „Oresme's part in the later emergence of analytic geometry is contestable. But his part in the transformation of geometry into a formal language, capable of describing changing variables, is not" (Funkenstein 1989, S. 310). Wenn Grosholz über Galilei schreibt: „Galileo has wrested geometry from the geometer's preoccupation with extension, and put it in the service of the essentially temporal processes of physics" (Grosholz 1988, S. 242), dann trifft das tatsächlich bereits auf Oresme zu. Er ist die entscheidende Figur in der abendländischen Ablösung der Geometrie von ihrem natürlichen Referenten, dem Raum. Oresme weist dem *Instrument* Geometrie einen neuen, nicht räumlichen Gegenstandsbereich zu. Geometrische Figuren werden nicht länger exklusiv dazu verwendet, um *über* Geometrie nachzudenken. Sie dienen dazu, eine Vielzahl unterschiedlichster Phänomene, physikalische, psychische, theologische darstellbar und vor allem untersuchbar zu machen.

An dieser Stelle lässt sich folgender Einwand machen: Wurden denn geometrische Konstruktionen nicht immer schon als Instrumente zur Erforschung anderer Gegenstände eingesetzt, etwa in Astronomie, Geographie oder Mechanik? Das stimmt zwar. Der entscheidende Unterschied ist aber, dass hier mit geometrischen Mitteln stets *räumliche* Parameter verhandelt werden, wie es etwa in Archimedischer Mechanik der Fall ist (Mahoney 1985, S. 203 – 204). Oresme bricht damit, indem er Geometrie zur Verhandlung *intensiver*, nicht räumlicher Größen verwendet. Das verändert auch die Perspektive auf die spätmittelalterliche Geometrie. Geometrische Innovation lag im Mittelalter weniger in der Entdeckung neuer Gesetze – von denen es tatsächlich nur wenige gab (Molland 1968, S. 109) –, sondern in der Umwidmung von Geometrie zu einem universalen Darstellungs- und Erkenntnisinstrument.

3.3.2 Einsichten über diagrammatische Modellierung

3.3.2.1 Formatierung als Voraussetzung diagrammatischer Modellierung

Oresme ist sich bewusst, dass man Gründe dafür vorbringen muss, warum eine erstaunliche Bandbreite unterschiedlichster Prozesse und Strukturen diagrammatisch darstellbar und analysierbar sein sollte. Die Besonderheit seines Systems besteht daher nicht nur in der Technik und den epistemischen Möglichkeiten, die es bietet, sondern vor allem in der philosophischen Begründungsstrategie, die Oresme verfolgt. Das Abbildungsprinzip, auf dem die Konfigurationen beruhen, haben wir als Strukturanalogie bestimmt. Doch damit sind die Voraussetzungen der Modellierung noch nicht vollständig diskutiert. Denn Strukturähnlichkeit kann es nur geben, wenn Natur bereits selbst schon in einer Struktur vorliegt. Dazu aber müssen aus offenen, heterogenen Phänomenbereichen systematisierte Gegenstandsstrukturen werden. Dieser Prozess ist das Gegenstück zur Formatierung des Raumes, die wir im ersten Kapitel diskutiert haben. Wurden dort aus Inskriptionen Raumstrukturen qua Formatierung und Behandeln-als, so werden nun Phänomene zu Objektstrukturen formatiert. Die entscheidende Voraussetzung effektiver diagrammatischer Modellierung lautet also, dass die Phänomene in einer solchen Weise strukturiert werden, dass sie einer geometrischen Darstellung und Analyse zugänglich sind. Die Konfigurationen zeigen nicht Natur, sondern eine Sicht, eine Perspektive auf die Natur.[18]

Formatierung der Natur involviert im Allgemeinen zweierlei: Materielle Praktiken der Diskretisierung von Phänomen und philosophische Präsuppositionen über die Verfassung von Natur. Materielle Praktiken spielen bei Oresme keine Rolle. Gute diesbezügliche Analysen finden sich bei Latour (2002) in seiner Untersuchung des *Pedokomparators*. Bei diesem handelt es sich um eine „Menge kleiner, leerer Kartonschachteln, die eine quadratische Fläche bilden", und deren Aufgabe es ist, „die Welt der Dinge in Zeichen zu verwandeln" (Latour 2002, S. 61 u. S. 62). Dies geschieht, indem der Forscher Bodenproben in Schachteln tut, die Schachtel mit einer Nummer markiert, die Nummer samt einer Beschreibung in einem Heft notiert. Es handelt sich dabei, wie Latour bemerkt, um eine mit technischen Mitteln betriebene epistemische Zurichtung der Welt:

> Werfen wir einen Blick auf diesen Erdklumpen, den René [der Forscher, J.W.] mit den Fingern der rechten Hand vorsichtig festhält. An ihm haftet noch die ganze Materialität des Bodens. [...] Aber sobald er im Karton in seiner linken Hand liegt, wird er zum Zeichen, nimmt eine geometrische Form an, wird zum Träger einer Codenummer und wird bald durch eine Farbe definiert *sein (*Latour 2002, S. 64).

Latours materiell vollzogener *Artikulation* (2002, S. 64) entspricht bei Oresme eine epistemisch motivierte Präformatierung von Natur. Diese bündelt sich in der fundamentalen Annahme der Kontinuität qualitativer Größen. Erst unter dieser Voraussetzung kann er eine Ähnlichkeit zwischen der Struktur der Natur und der Struktur des geometrischen Raumes feststellen. Die Annahme der Kontinuität der Natur bildet daher, was man das *Prinzip der Repräsentierbarkeit*, auf dem Oresmes

---

18 Boehm (2001, S. 50) macht einen vergleichbaren Punkt hinsichtlich der Zeichnungen Leonardos: „Leonardo hat scientifische Darstellungstechniken entwickelt, die als bloße Ab- oder Nachbildungen falsch verstanden wären, sie arbeiten vielmehr wissenschaftliche Aspekte aus im Hinblick auf einen Begriff, den er sich zuvor von der Sache entworfen hatte. Das wird am Diagramm besonders deutlich, das zum Beispiel dazu dient, Strömungsdifferenzen in Flüssen zu verdeutlichen."

System gründet, nennen kann.[19] Dieses Prinzip ist nun bei Oresme epistemisch, nicht ontologisch motiviert. Wir können die Originalität seiner Antwort besser einschätzen, wenn wir sie mit einer anderen, historisch einflussreichen Antwortstrategie vergleichen, derzufolge die Welt tatsächlich strukturell so verfasst *ist* wie die geometrischen Darstellungen von ihr. Dies ist die Position diagrammatischer Realisten. Für sie ist die Welt intrinsisch diagrammatisch und Diagrammatik daher ontologisch gerechtfertigt: Weil die Welt selbst geometrisch ist, dürfen wir sie geometrisch darstellen. Die Annahme einer geometrischen Ontologie findet sich beispielsweise im „geometrical atomism" (Lindberg 2007, S. 40) von Platons *Timaios* (52e–57d). Oder in Galileis Physik, die von der Idee geprägt ist, „that the ultimate composition of physical magnitudes corresponds to that of geometrical objects", wie es Palmerino formuliert (2010, S. 445). Die interessanteste Wiederaufnahme eines diagrammatischen Realismus' in jüngerer Zeit stammt von Dipert, der in seinem Aufsatz „The Mathematical Structure of the World: The World as Graph" einen metaphysischen Relationalismus postuliert, demzufolge die Grundbestandteile der Welt symmetrische zweistellige Relationen sind. Daraus wiederum leitet Dipert eine Privilegierung diagrammatischer Darstellungen ab: „[T]he concrete world is a single, large structure induced by a single two-place, symmetric relation, and thus best analyzed as a certain sort of graph" (1997, S. 329). Auch bei Peirce und seinen diagrammatischen Interpreten, etwa bei Stjernfelt oder Shin, sind Tendenzen eines solchen Realismus' erkennbar.

Oresme behauptet demgegenüber gerade nicht, dass Natur intrinsisch geometrisch *ist* und wir sie deshalb in Form der Konfigurationen modellieren können. Es lässt sich ihm stattdessen folgendes Argument zuschreiben: (i) Um Natur quantitativ erkennen zu können, brauchen wir Maß und Verhältnis. (ii) Maß und Verhältnis finden sich zunächst allein im Räumlichen, in allen anderen Dingen nur per Übertragung. (iii) Daher müssen wir, was wir quantitativ erkennen wollen, in ein Verhältnis zum Raum setzen. (iv) In ein Verhältnis zum Raum setzen können wir nur, was die Fundamentaleigenschaft des Raumes aufweist: Kontinuität. (v) Also müssen Qualitäten als kontinuierlich angenommen werden.

19 In Anlehnung an Palmerino (2010, S. 446), wo der Ausdruck „principle of representability" im Hinblick auf Galileis geometrische Physik angewendet wird. Palmerinos Argument trifft aber schon auf Oresme zu. Bei Galilei argumentiert Palmerino, dass wir die Kontinuität des physikalischen Falls eines Körpers voraussetzen müssen, damit sich dieser Vorgang mit geometrischen Mitteln darstellen lässt: „If it is true that the speed of fall increases continously and that in each successive instant of time a falling body acquires a new degree of speed, then it must be possible to represent intervals of time and degrees of speed by means of proportional lines, and to represent acceleration by means of a continously growing surface like that of a triangle."

3.3.2.2 Universalismus und Komparatibilität

Eine Konsequenz der Formatierung der Natur ist die Möglichkeit einer universalen Ausweitung der Methode der Konfiguration. Bereits Oresmes Traktat hebt ja mit dem Satz an: „Every measurable thing except numbers is imagined in the manner of continuous quantity" (Oresme DC, I.1). Formeln der Allgemeingültigkeit – *universaliter, omnis* – fallen wiederholt. Für Oresme sind sämtliche qualitativen Naturvorgänge diagrammatisch darstellbar und analysierbar. Dies gilt um so mehr, wenn wir die problematische Lehre der internen Konfigurationen in unsere Betrachtung einbeziehen. Dieser universalistische Gestus kennzeichnet auch später viele diagrammatische Systeme. Er findet sich etwa in Lullus' Kombinatoriken, wir begegnen ihm aber auch in Peirces Diktum wieder, wonach alles notwendige Denken diagrammatisches Denken sei, ebenso wie in Diperts Vorschlag, Ontologie als Graphentheorie zu betreiben.

Interessanterweise findet Oresmes diagrammatischer Universalismus eine Parallele in seiner Geldtheorie, worauf Kaye (1988) zuerst aufmerksam gemacht hat. Die größte Leistung von Oresmes Konfigurationen ist Kaye zufolge, dass sie einen globalen Vergleichsmaßstab für die „extraordinary variety and variability in the qualities" bereitstellen (Kaye 1988, S. 265). Dies sei aber gerade, so Kaye, die Funktion, die auch Geld in Oresmes Denken ausübt. Auch diese kreise um die Figur eines Maßstabes, der heterogene Phänomene miteinander vergleichbar mache. Tatsächlich bezeichnet Oresme in seiner geldtheoretischen Schrift *De Moneta* Geld als *instrumentum equivalens* (zit. n. Kaye 1988, S. 258). Daher schließt Kaye: „[L]ines and figures function in relation to qualities as money functions in its relation to commodities" (Kaye 1988, S. 265).[20] Dabei repräsentieren beide nicht *absolute*, sondern nur *relative* Maßstäbe. Es zählt nicht die Länge der einzelnen Linie, sondern ihr Verhältnis zu anderen Linien. Und ebenso misst – Oresme zufolge – Geld nicht den absoluten Wert einer Sache, sondern nur den relativen Wert bezogen auf die menschlichen Bedürfnisse (Kaye 1988, S. 266). Es erfüllt damit die Funktion eines Wertmaßstabes, die zusammen mit der Funktion eines Tauschmittels und der eines Wertaufbewahrungsmittels auch noch von der modernen Wirtschaftswissenschaft als konstitutiv für Geld angesehen wird. Geld und Konfigurationen sind, Kaye zufolge, universale Mittel des Vergleichs. Der zentrale Unterschied allerdings zwischen Geld und Konfiguration ist, dass diese keine numerischen *Einheiten* kennen, während jenes gerade auf der Existenz solcher beruht, die Be- und Umrechnung von Geldbeträgen erlaubt.

---

20 Auch Latour (1990, S. 58 – 59) vergleicht die Funktion von Geld als universalem Tauschmittel mit der von Inskriptionen, die ebenfalls ineinander übersetzbar und vergleichbar machen. Explizit nennt er Geld ein „immutable mobile" (1990, S. 58).

Der universalistische Gehalt von Oresmes Doktrin macht eine Korrektur an der berühmten These Heideggers zur mathematischen Verfasstheit des neuzeitlichen Seins erforderlich. Heideggers Fassung des neuzeitlich mathematischen Entwurfs in *Die Frage nach dem Ding* hat ihre erste Schlüsselepisode erst in Galileis Technik des „Sich-im-Geiste-Denken“: „Galilei sagt: Mobile... mente concipio omni secluso impedimento – ‚ich denke mir im Geiste ein sich völlig selbst überlassenes Bewegbares‘“ (Heidegger 1962, S. 70). Heidegger bemerkt dazu:

> „Das Mathematische ist, als mente concipere, ein über die Dinge gleichsam hinwegspringender *Entwurf* ihrer Dingheit. Der Entwurf eröffnet erst einen Spielraum, darin die Dinge, d. h. die Tatsachen, sich zeigen. [...]. In einem solchen Anspruch beruht das Mathematische, d. h. die Ansetzung einer Bestimmung des Dinges, die nicht erfahrungsmäßig aus diesem selbst geschöpft ist und die gleichwohl aller Bestimmung der Dinge zugrunde liegt, sie ermöglicht und ihr erst den Raum schafft.“ (Heidegger 1962, S. 69 u. S. 71)

Der mathematische Entwurf der Dinge besteht insbesondere in einer Homogenisierung des Seienden hinsichtlich der Rolle, die sie im System der Natur spielen, und diese Homogenisierung steht wiederum in engstem Zusammenhang damit, dass alles, was ist, sich als messbar gibt: „Weil der Entwurf seinem Sinne nach eine Gleichmäßigkeit aller Körper nach Raum und Zeit und Bewegungsbeziehungen ansetzt, ermöglicht und fordert er zugleich als wesentliche Bestimmungsart der Dinge das durchgängig gleiche Maß, d. h. die zahlenmäßige Messung“ (Heidegger 1962, S. 72). Im mathematischen Entwurf erkennt Heidegger die seinsgeschichtliche Grundlage für den Erfolg der Physik Newtons und Galileis und die naturwissenschaftliche Homogenisierung von Raum, Zeit und Bewegung, also der Natur, die mit diesen einsetze. Die Vor- und Frühgeschichte dieses Entwurfs setzt allerdings früher an.[21] Und innerhalb dieser Geschichte spielt das 14. Jahrhundert eine herausragende Rolle (Clagett 1950, S. 131), eine Schlüsselepoche, in der Oresmes Konfigurationsdoktrin ein Schlüsselwerk darstellt.

Heidegger spricht von zahlenmäßigen Messungen. Davon ist bei Oresme nichts zu finden. Ihm geht es, wie überhaupt der mittelalterlichen Naturphilosophie, nicht um konkrete Bestimmung einzelner Qualitäten und Geschwindigkeiten. Die Konfigurationsdoktrin ist vielmehr Teil eines theoretischen, mit vielen Gedankenexperimenten geführten Diskurses über die Frage, wie Naturvorgänge

---

21 Heidegger (1962, S. 59) über den mathematischen Kern des neuzeitlichen Seins: „Das neuzeitliche Denken ist nicht mit einem Schlage da. Die Ansätze regen sich im 15. Jahrhundert in der Spätscholastik“. Man müsste diese Aussage nur um ein Jahrhundert nach vorne verlegen. Vgl. auch Roux (2010, S. 321).

prinzipiell mathematisch darstellbar und analysierbar sind.[22] Oresmes Rolle in der Geschichte der Quantifizierung ist mithin eine konzeptuelle. Die Konfigurationsdoktrin ist eine eindrucksvolle Verkörperung eines systematischen, umfassenden, dadurch aber allgemeinen Entwurfes der Natur als eines quantifizierten, homogenisierten und mathematisierten Bereiches. Molland nennt Oresmes Traktat eine „thoroughgoing mathematization of the world" (Molland 1987, S. 57). Diese Mathematisierung schließlich, das ist die große Differenz zu Heideggers Fassung des mathematisch-neuzeitlichen Seins, findet nicht mittels Zahlen, sondern mittels Strecken statt. Die Anfänge der mathematischen Welt sind, wie Oresme schreibt, Punkte, Linien und Flächen. Die analoge Revolution, die Schäffner (2010) für die frühe Neuzeit konstatiert, ist mindestens bis zu Oresme zurückzudatieren.

3.3.2.3 Mimetisierung

Oresmes System ist durch den Konflikt zwischen externer und interner Konfiguration, zwischen strukturaler und ästhetischer Rezeption der Konfiguration gekennzeichnet. Maier hat die internen Konfigurationen daher als „Symbolismus des Mittelalters" zurückgewiesen (1952, S. 307). Dies legt nahe, dass es sich um ein historisch bedingtes Phänomen handelt, das durch fortschreitende Aufklärung zum Verschwinden gebracht werden kann. Diese Auffassung wird prominent von Mahoney (1985) vertreten. Mahoney erzählt die Entwicklung der Mechanik als eine Geschichte fortschreitender Entbildlichung der Darstellungsmittel. Er wendet sich damit gegen Edgerton (1985), für den die technische und wissenschaftliche Revolution der frühen Neuzeit wenigstens teilweise eine Folge veränderter künstlerischer Praktiken, etwa der Einführung der Zentralperspektive, war (zur Mahoney-Edgerton-Debatte auch Hall (1996, S. 21–28) und Palmerino (2010, S. 411–414)). Doch, so Mahoney, nicht die Bilder von Maschinen führen zum Bau von Maschinen, sondern eine ins Bildlose strebende Mathematik. Der konkrete Vorwurf Mahoneys an Edgerton lautet, dass er das zentrale Moment der wissenschaftlichen Revolution im 17. Jahrhundert übersieht: Die Mechanik sei keine Wissenschaft des physikalischen Raumes gewesen, wie ihn die Kunst mit ihren Techniken einfangen wollte, ihr Raum daher kein anschaulicher, sondern ein begrifflicher Raum. Die Maschinen der Mechanik wurden nicht durch Bilder be-

22 Denn obwohl die Konfigurationsdoktrin „was concerned with representing the variation of qualities mathematically, and therefore seems connected to sense perception, it was really an abstract and hypothetical application of mathematics to imaginary qualitative changes that were connected to the real world only in the sense that most of the qualities existed in the real world" (Grant 2002, S. 161).

schrieben, sondern durch Differentialgleichungen (Mahoney 1985, S. 217). Die Geburt der Mechanik beinhalte wesentlich einen

> conscious move away from the visual, tactile world of immediate experience and into abstract, logical worlds of imaginative construction, where mathematical reasoning could operate free from the constraints of physical ontology, where the mind could summon into mathematical existence whatever composite quantitative relations it required to make systematic sense of the perceived world (Mahoney 1985, S. 217).

Bilder sind dieser neuen Wissenschaft nicht mehr angemessen, denn deren Begriffe und Zusammenhänge „could not be drawn; at best, they could be diagramed" (Mahoney 1985, S. 200). Mahoney erzählt die Geschichte der wissenschaftlichen Revolution als eine Ablösung des Bildes durch das Diagramm, woraufhin dieses immer begrifflicher, immer abstrakter wird, bis es schließlich seinerseits durch die Differentialgleichung überwunden wird (Mahoney 1985, S. 200). Vom Gemalten über das Diagrammatisierte zum Geschriebenen verläuft die Ablösung und Ersetzung des Anschaulichen durch das Begriffliche.

Mahoneys Erzählung kreist im Kern um zwei polare Diagrammgebräuche: einen bildlichen und einen mathematischen. Diese unterscheiden sich vor allem in zwei Punkten: (i) Bei bildlichen Diagrammen sind Raum der Darstellung und Raum des Dargestellten gleichartig, bei mathematischen Diagrammen ist hingegen der Raum des Dargestellten ein abstrakter, strukturaler, begrifflicher Raum. Bildliche Diagramme zeigen physischen Raum, mathematische Diagramme zeigen Relationen und Strukturen zwischen Begriffen (Mahoney 1985, S. 204). (ii) Auch die Art des Denkens mit Diagrammen ist jeweils unterschiedlich. Bei bildlichen Diagrammen findet Denken in Form eines Ablesens von Informationen statt. Alle Transformationsregeln des Diagramms haben die Form geometrischer Manipulationen, die unmittelbar am Diagramm vollzogen werden können. Daher gilt auch: „[A]t each stage the transformed diagram represents immediately an actual state of the physical system. One can ‚see' what is going on" (Mahoney 1985, S. 204). Ein mathematisches Diagramm hingegen *zeigt* seinen Inhalt nicht mehr einfach. Man denkt vielmehr *mit ihm*, dabei findet aber ein Großteil des Denkens außerhalb des Diagramms statt, hat keine genaue Entsprechung in geometrischen Veränderungen. Die begriffliche Arbeit am Diagramm reicht über die Geometrie hinaus. Die Gesetze, über die wir mit Hilfe des Diagramms nachdenken, die wir uns an ihm klarmachen, finden keine direkte räumliche Entsprechung. Damit steigen aber auch die Anforderungen an den Benutzer des Diagramms.

Die These Mahoneys ist scharf und schlicht. Die Differenzierung zwischen einem bildlichen und einem mathematischen Diagrammgebrauch, die Mahoney vorschlägt, ist wertvoll. Doch die darauf aufbauende Erzählung ist aus mehreren Gründen problematisch. Erstens ist Geometrie weit weniger einfaches Ablesen, als

Mahoney suggeriert. Zweitens ist die These historisch inakkurat. So wird sie der Komplexität der Oresmeschen Konfiguration nicht gerecht. Oresme beabsichtigt ja gerade keine naive Verschmelzung von geometrischem und physischem Raum. Er denkt nicht, dass in Körpern mit pyramidaler Qualitätsverteilung wirklich Pyramiden vorhanden sind, wie Maier suggeriert. Oresmes interne Konfigurationen sind vielmehr durch eine eher indirekte Bildlichkeit gekennzeichnet. Mahoneys These fehlt es an dieser Stelle an diskriminatorischer Schärfe.

Am wichtigsten ist aber schließlich ein dritter Kritikpunkt. Mahoney nimmt als historisches Phänomen an, was mir in Wirklichkeit ein inhärentes Potential von Diagrammen zu sein scheint. Es ist kein Zufall, dass bei Oresme ein anfangs rein strukturaler Diagrammgebrauch schließlich doch wieder ästhetisch aufgeladen wird, sondern es ist eine Folge der Tatsache, dass Diagramme räumliche und sinnliche Präsentationen von Strukturen sind. Dafür werden sie ja hergestellt, damit wird ihr epistemischer und kognitiver Nutzen begründet. Doch die Verräumlichung ruft Geister hervor, die sie nicht mehr los wird. Die Räumlichkeit der Diagramme kann ein ikonisches Eigenleben führen: dann nämlich, wenn doch Merkmale der Erscheinung als epistemisch relevant betrachtet werden und Diagramme damit mehr und anderes sind als Realisierungen von Strukturen. In diesen Fällen gebrauchen wir etwas mimetisch, bei dem allein die Struktur zählen sollte, und überschreiten damit den Bereich des Zulässigen. Dieses Potential zum falschmimetischen Gebrauch kann nun, contra Mahoney, nicht auf ein mittlerweile überwundenes historisches Faszinosum reduziert werden. Es ist vielmehr ein *inhärentes* Potential, das diagrammatischen Darstellungen insofern eignet, als sie räumlich-sinnlich verfasst sind, als sie einen unauflöslichen Rest an Bildlichkeit enthalten, der nicht umhin kann, „die Wahrnehmung anzusprechen, anzustacheln“ (Mersch 2005b, S. 341).

Daher stellen Fälle mimetischer Diagrammbenutzung auch gerade keine mittelalterliche Sonderlichkeit dar, sondern etwas, das auch später und sogar in vielen zeitgenössischen Gebrauchsweisen diagrammatischer Darstellungen zu finden ist. Die primäre Form, in der Mimetisierung dabei auftritt, ist derart, dass etwas als realistisches Abbild betrachtet wird, was tatsächlich nur Visualisierung einer Datenstruktur ist (Mersch 2006a, S. 111).[23] Es gibt dafür eine Reihe von Beispielen, wie man bei Kaiser lesen kann:

> Whether describing statigraphical columns in eighteenth-century geology, Michael Faraday's force lines in early nineteenth-century electromagnetism, chemical formulas in 1840s or-

23 Man kann dahinter ein legitimatorisches Motiv erkennen, wie es z. B. Bogen (2005, S. 170) tut: „Vermutlich reichern sich Diagramme immer dann mit Qualitäten eines Bildes an, wenn sie den letztlich (aussichtslosen) Versuch unternehmen, ihre eigene Anwendung formal zu legitimieren“.

> ganic chemistry, indicator diagrams from 1860s steam engines, pictures of antibodies in turn-of-the-century immunology, or models of the earth's crust in 1920s isostasy, representations that had been developed as convenient ways to talk about the world came to be treated by others as pictures of how the world really was. (Kaiser 2000, 69)

Kaisers historische Beispiele möchte ich durch jüngere Studien aus der Kognitionspsychologie ergänzen, die tatsächliche Gebrauchsweisen von Diagrammen untersuchen. Die Studien zeigen, dass auch noch gegenwärtiger Gebrauch formaler Notationen nicht nur und sogar nicht wesentlich im Befolgen syntaktisch und semantisch spezifizierter Regeln besteht, sondern im Ausführungen von Handlungen, die durch die visuospatiale *Erscheinungsweise* der gegebenen Inskriptionen suggeriert werden. Im Alltagsgebrauch werden Diagramme oft nicht als Strukturverkörperungen, sondern als weltliche Dinge begriffen, die einer Art Zeichenphysik gehorchen. Es ist gleichsam die Umkehrung der Verbegrifflichung von Zeichenexperimenten in geometrischen Axiomen. Jetzt sind es formale Regeln, die als Erfahrungsregeln begriffen werden, wie Landy beschreibt: „Learning mathematical rules involves learning a kind of commonsense physics—the physics of mathematical objects. That is, people often apply to mathematical forms reasoning processes which they typically apply to physical objects undergoing various kinds of change and motion" (Landy 2010, S. 161). Während theoretisch der Gehalt eines Diagramms – oder einer algebraischen Gleichung – allein durch die syntaktische Struktur bestimmt wird, behauptet Landy, dass in unserem tatsächlichen Umgang mit räumlichen Inskriptionen viel eher die visuospatialen Erscheinungen, also visuelle oder räumliche Muster, entscheidend für unsere Handlungen sind.

Die erscheinungsbasierten Handlungen verlaufen *oft*, aber längst nicht immer parallel zu den formal möglichen Handlungen. Die Erscheinung eines Diagramms oder einer Gleichung kann Handlungen ermöglichen oder suggerieren, die syntaktisch nicht gedeckt sind. Wir behandeln die visuospatiale Erscheinung als Quasi-Syntax. Das kann dazu führen, dass Handlungen durchgeführt werden, die zu falschen Ergebnissen führen, wenn Personen aus der Erscheinungsweise eines Diagramms etwas ableiten, was strukturell nicht gegeben ist (Kirshner / Awtry 2004), wie es bei Oresme der Fall ist. Landy (2010) leitet daraus die Forderung ab, Notationssysteme so zu gestalten, dass Erscheinungsweise und syntaktische Struktur maximal in Einklang stehen. Das klingt verlockend, dürfte aber kaum funktionieren. Aufgrund des Prinzips der raumbasierten Überschussproduktion wird das Erscheinungsbild stets mehr enthalten als intendiert war. Ein erfolgreicher Ausschluss mimetischer Fehlschlüsse kann daher nicht allein durch eine geeignete Formulierung syntaktischer und semantischer Regeln erreicht werden –

entscheidend ist vielmehr, dass diese Regeln im Gebrauch auch tatsächlich eingehalten werden.

3.4 Konklusion

Die Bedeutung von Oresmes Konfigurationsdoktrin liegt nicht bloß darin, dass in ihr Diagramme verwendet werden. Auch ohne Oresme war das Mittelalter eine ausgesprochen diagrammatische Zeit, wie Evans festhält: „The use of diagrammatic illustrations to expound theoretical ideas as well as scientific facts was characteristic of the Middle Ages" (Evans 1980, S. 32; auch Müller 2008). Allerdings gilt diese Aussage auch für viele andere Zeiten und Kulturen, vom alten Ägypten bis in die Gegenwart. Tatsächlich wäre es interessant zu erfahren, ob es eine Zeit und Kultur gegeben hat, für die Diagramme *keine* zentrale Rolle gespielt haben. Jedenfalls verwendet Oresme nicht bloß Diagramme, wie es viele andere auch tun. Der Wert seiner Ideen besteht darin, dass er ein diagrammatisches *System* begründet hat, d. h. (i) eine Technik, deren globales Prinzip darin besteht, mit *geometrischen Mitteln* sämtliche physikalischen und psychischen Phänomene nicht nur darstellbar, sondern vor allem: *analysierbar* zu machen, sowie (ii) eine philosophische Begründung dieser Technik. Oresmes System sticht durch seine Komplexität und Raffinesse sehr deutlich aus der Menge mittelalterlicher Diagramme heraus. Man muss daher Maiers Wertung – Oresme bleibe elementarer euklidischer Geometrie verhaftet und betreibe noch keine analytische Geometrie im cartesianischen Sinne – umdrehen: Ein diagrammatischer Blick zeigt, wie viel komplexer und folgenreicher Oresmes Konfigurationen im Vergleich etwa zu den beliebten Baumdiagrammen (Siegel 2009) sind.

Eine Betrachtung von Oresmes System macht zwei historiographische Korrekturen notwendig: Zum einen die Verschiebung der Anfänge der mathematischen Seinsordnung (Heidegger) bzw. des Beginns der abendländischen Krisis der Wissenschaft (Husserl) von der Neuzeit Galileis in die Spätscholastik Oresmes; zum anderen eine Revision der Geschichte der Diagrammatik, deren Anfänge oft erst viel später, bevorzugt etwa in den Schriften Playfairs aus dem 18. Jahrhundert verortet werden: „Graphs began to appear around 1770 and became common only around 1820" (Hankins 1999, S. 52–54, hier S. 52).

Bemerkenswert sind die Gründe, mit denen Oresme für die Verwendung von Konfigurationen argumentiert. Denn er betont nicht allein die kognitive Effizienz, die für den Gebrauch von Graphen zum Nachdenken über Natur spricht. Stattdessen verweist er darauf, dass Maß und Verhältnis zunächst allein in räumlichen Größen zu finden seien, in allen anderen Größen aber erst durch Analogiebildung zum Raum. Für Oresme ist es daher *notwendig*, Natur räumlich darzustellen, wenn man sie quantitativ erfassbar machen möchte. Diese Analogie buchstabiert Oresme in Form einer Strukturähnlichkeit aus. Dies ist möglich, indem die Darstellungsleistung der Konfigurationen nicht auf Ebene der Elemente (Linien und Intensitäten), sondern auf Ebene des *Verhältnisses zwischen Elementen* (Linienverhältnisse mit Intensitätsverhältnissen) stattfindet. Die Pointe dieses Prinzips ist (i) die mit ihm erreichte Überwindung des aristotelischen Metabasis-Verbots und (ii) die ermöglichte Kombination von Intensitäten und Extensionen. Oresmes Graphen vermögen es dadurch, die kategorial getrennten Bereiche von Qualität und Quantität zu verzeichnen, ohne ihre Differenzen einzuebnen und zugleich ihr Produkt aufzuzeigen.

Allerdings löst sich die reine Strukturalität der Oresmschen Diagramme auf, sobald die Lehre der internen Konfigurationen ins Spiel kommt. Hier zählt plötzlich doch, wenn auch nur indirekt, das Erscheinungsbild des Diagramms. Oresme widerspricht hier der Strukturalität, auf die er die Legitimität der Konfigurationen ursprünglich gegründet hat. Diese mimetische Aufladung der Diagramme, ihr Wechsel von Struktur zu Bild, ist von manchen Autoren als mittelalterliche Eigenart abgetan worden. Dagegen handelt es sich um ein diagrammatischen Darstellungen allgemein inhärentes Potential. Immer besteht die Versuchung, der spezifischen Erscheinung mehr entnehmen zu wollen, als durch die Struktur erlaubt ist.

Die überragende epistemische Pointe von Oresmes Konfigurationsdoktrin ist schließlich die darin betriebene Instrumentalisierung der Geometrie. Ein Satz von Wittgenstein bringt es auf den Punkt: „Wir beurteilen nicht die Bilder, sondern mittels der Bilder. Wir erforschen nicht sie, sondern mittels ihrer etwas anderes" (Wittgenstein BGM, IV-12). In Oresmes Arbeit finden wir einen der frühesten, wenn nicht sogar den frühesten Entwurf eines umfassenden Systems, das Geometrie als surrogatives Instrument einsetzt.

Konklusion

Die Kernthese meiner Arbeit lautet: Diagramme können Wissen darstellen, vor allem aber neues Wissen schaffen. Die spezifische Weise diagrammatischer Wissensproduktion beruht dabei auf der Kombination zweier Punkte: der Existenz raumbasierter Informationsüberschüsse und der strengen Normativität des Diagrammgebrauchs. Wenn man den Emergenzcharakter dieser Überschüsse übersieht, dann sind Diagramme nur noch gewöhnliche Repräsentationen, Illustrationen von Wissenszusammenhängen, die anderswo entstehen und nur in Diagramme projiziert werden. Vernachlässigt man hingegen die Normativität ihres Gebrauchs, dann öffnet man einer Lehre visueller Evidenz und Einsicht Tür und Tor, die noch immer weite Teile der diagrammatischen Debatte prägt. Nur wenn beides zusammen kommt, wenn Regeln und Überschüsse in geeigneter Weise verbunden sind, können Diagramme ihre erstaunliche wissensgenerierende Kraft entfalten. Dies wird von zeitgenössischen Diagrammatiken nur ungenügend beachtet. Sie vertreten oftmals entweder zu stark semiotische oder aber zu stark materialistische Positionen. Semiotische Ansätze, insbesondere in der Nachfolge von Peirce, reduzieren Diagramme auf abstrakte Schlussschemata oder Denkprozesse. Sie blenden dabei die epistemisch wichtige Intervention der Räumlichkeit in den informativen Gehalt des Diagramms aus. Auf der anderen Seite droht die Gefahr zu stark materialistischer Ansätze, paradigmatisch etwa bei Latour (1990), die Denken mit Diagrammen auf das einfache Handhaben und Betrachten von Dingen reduzieren. Materialistische Ansätze werden der Komplexität und Regelhaftigkeit diagrammatischen Denkens bei weitem nicht gerecht. In dieser Studie werden daher die Ansätze beider Welten kombiniert: Erst wenn Räumlichkeit und Normativität zusammen kommen, kann man epistemischen Diagrammgebrauch angemessen verstehen. Insgesamt entsteht damit ein komplexeres, aber realistischeres Bild von epistemischem Diagrammgebrauch. Diagramme sind vielschichtige, komplizierte, historisch gewachsene Objekte. Eine Theorie muss dem Rechnung tragen und darf sie nicht auf zu einfache Topoi wie visuelles Denken reduzieren. Das heißt umgekehrt natürlich nicht, dass sich diagrammbasiertes Denken und Erkennen einer philosophischen Analyse entzieht. Nur muss diese Analyse eben die Komplexität von Diagrammen beachten: ihre Verschränkung von Normativität und räumlichen Überschüssen, ihre Multifunktionalität, Multispatialität, Multimodalität, Historizität und Aspektivität.

Multifunktionalität

Diese Arbeit hat mehrfach darauf hingewiesen (und am Beispiel erarbeitet), dass es einen *Pluralismus diagrammatischer Funktionen* gibt. Diagramme können je nach Kontext ganz verschiedene Funktionen (Darstellung, Kalkulation, Speicherung, Veranschaulichung, Erklärung, Kommunikation usw.) ausüben (Schneider 2005, S. 15). Sie stehen hier hinter dem, was man mit Bildern oder mit Sprache tun kann, wenig oder gar nicht zurück. Die Multifunktionalität gilt bereits im engen Feld der Geometrie, in dem ich die beiden wichtigsten Funktionen diskutiert habe: Die extrasystemische, experimentelle Verwendung von Diagrammen als Verfahren zur Formulierung der Axiome und Begriffe des geometrischen Systems und die innersystemische Verwendung von Diagrammen zum Beweis geometrischer Sätze. Andere kommen hinzu: Die Verwendung von Diagrammen zum *Erklären* von Sätzen oder die Verwendung als Instrument zum *Auffinden* von Lösungswegen oder Beweisideen.

Multispatialität: Raum und Darstellung

Für eine korrekte Einschätzung diagrammatischer Wissensproduktion ist es unerlässlich, sich zunächst das Prinzip, auf dem ihre Darstellung basiert, genauer anzuschauen. Viele Arbeiten haben zu Recht darauf hingewiesen, dass dieses Prinzip in der Räumlichkeit von Diagrammen zu verorten ist. Anders als der Großteil bisheriger Arbeiten gehe ich allerdings davon aus, dass es nicht nur eine, sondern irreduzibel verschiedene Formen gibt, in denen Räumlichkeit in Diagrammen wirkt. Diagrammatische Räumlichkeit ist konstitutiv mehrdimensional.

Diese Prinzipien habe ich als vier unterschiedliche Formen der Raumnutzung analysiert: als Exteriorität, Strukturalität, Direktheit und Interventionalität. Diese erlauben eine präzise Bestimmung der Spezifika diagrammatischer Raumnutzung im Gegensatz etwa zu schriftlich-symbolischen Formen der Raumnutzung. Zugleich können sie alltägliche Erfahrungen im Umgang mit Diagrammen – etwa das Gefühl einer Transparenz hinsichtlich des dargestellten Objekts – erklären.

Die philosophisch interessanteste Form diagrammatischer Räumlichkeit habe ich Interventionalität genannt. Hinter diesem etwas sperrigen Begriff verbirgt sich die Tatsache, dass die Räumlichkeit nicht nur passives Medium ist, das bestimmte Informationen trägt, sondern dass sie selbst in das eingreift, was überhaupt dargestellt werden kann. Interventionalität rückt die erstaunliche und spezifische Eigenlogik diagrammatischer Darstellungen in den Blick: die Tatsache nämlich, dass sie aufgrund ihrer räumlichen Verfassung stets mehr und andere Informationen präsentieren als in ihre Konstruktion investiert wurden. Dieser grundlegende Effekt unterscheidet Diagramme von Schrift, verbindet sie allerdings mit Bildern. Interventionalität ist darüber hinaus die Basis, um eine Reihe bemerkenswerter Potentiale von Diagrammen erklären zu können. Wiederum haben wir es hier mit einem Pluralismus zu tun. Denn es gibt mehr als eine Weise, in der die Räumlichkeit in den Informationsgehalt interveniert. Zunächst haben wir es mit der erstaunlichen Leistung von Diagrammen zu tun, scheinbar selbständig *neues* Wissen produzieren zu können. Man kann das, in Anlehnung an Kant, ihre Synthetizität nennen. In vielen Fällen reicht es, wenn wir die Prämissen eines bestimmten Sachverhalts in einem Diagramm konstruieren – mit Abschluss der Konstruktion sind dann zugleich die Resultate gegeben.

Zugleich aber erklärt Interventionalität, warum Diagramme manche Dinge nicht oder nur falsch darstellen können. Diagramme, und das unterscheidet sie am meisten von anderen Darstellungssystemen, sind Informationsgeneratoren. Doch die Intervention der Räumlichkeit ist ihrerseits wiederum ein mehrdimensionales Phänomen. Es ist zugleich Gift und Heilmittel. Der räumliche Mehrwert kann zeigen, was wirklich gilt, kann aber auch falsche Schlüsse suggerieren. Was das Denken mit Diagrammen produktiv macht, indem es *free* rides erzeugt, nämlich Interventionalität, macht es zugleich gefährlich, wenn es zu einem nicht gerechtfertigten Schluss verführt: wenn es also einen Sachverhalt suggeriert, der auf die zur Diskussion stehenden Probleme oder Objekte nicht zutrifft.

Der Aspekt der informatorischen Interventionalität zeigt sich aber erst, wenn wir die Materialität und Dinglichkeit von Diagrammen in die Analyse einbeziehen. Denn der Prozess besteht gerade in der Einwirkung der „Dingseite" (Mersch 2003, S. 10) des Diagramms in seine Darstellungsseite. Der Einbruch von Natur und Physikalität in die Ebene des Zeichens, in die Ebene der Darstellung, ist entscheidend. Doch dieser ist in der jüngeren Diagrammatik kaum in den Blick geraten, nimmt diese ihren Ausgang doch zumeist von der rein funktionalen Peirceschen Semiotik.[1] Demgegenüber plädiert diese Arbeit dafür, dass allein eine materialitätssensible Perspektive die so überaus wichtigen, sogar begriffszentralen Effekte der Überschussproduktion und Undarstellbarkeit von Informationen aufzeigen und auch erklären kann.

Normativität: Die Strenge und Anschauungsbasiertheit der Geometrie

Spätestens seit der Axiomatik des 20. Jahrhunderts, häufig schon früher, hat die Philosophie den Gebrauch von Figuren in der Geometrie skeptisch beurteilt: Sie wären epistemisch unkontrollierbar und daher gefährlich. Die Skepsis gegenüber geometrischen Diagrammen hat dann wesentlich zur allgemeinen philosophischen Geringschätzung von Diagrammen überhaupt beigetragen. Daher dient ein

1 Für eine materialitätssensible Deutung der Peirceschen Semiotik vgl. Halawa (2008).

Großteil des zweiten Kapitels dem Nachweis, dass Diagramme in Euklids *Elementen,* dem notorischen Beispiel für die nicht zu tolerierende Beliebigkeit figurenbasierter Geometrie, keineswegs beliebig oder subjektiv funktionieren, sondern dass ihr Gebrauch durch strenge Normen geregelt ist. Die Pointe an Euklids Geometrie ist gerade, dass sie kombiniert, was von großen Teilen der Philosophie als wechselseitig ausschließend gedacht wurde: die Wahrnehmung diagrammatischer Eigenschaften und die Strenge der Beweisführung. Das zweite Kapitel hat die Regeln gezeigt, die dies möglich machen. Im Zentrum steht die Idee, solche und nur solche Eigenschaften als am Diagramm ablesbar zuzulassen, die eindeutig produzierbar, wiederholbar und allgemein sind. Eindeutig produzierbar meint, dass ein hinreichend kompetenter Kreis von Benutzern sich problemlos darüber einig ist, ob eine Eigenschaft dargestellt ist oder nicht. Mit Manders haben wir diese Eigenschaften als *ko-exakt* bezeichnet. Es handelt sich um die mereotopologischen Charakteristika von Diagrammen: Um allgemeine Verhältnisse der Lage, des Enthaltenseins, des Schneidens. Ich habe argumentiert, dass es in euklidischer Geometrie genaue Regeln gibt, die bestimmen, wann was von Diagrammen abglesen werden kann. Es sind diese Regeln, welche die Gültigkeit der geometrischen Erkenntnisse sichern. Sie bestimmen insbesondere, unter welchen Umständen emergente Eigenschaften von Diagrammen abgelesen werden dürfen. Erinnern wir uns an den ersten Beweis in den *Elementen*, in dem Euklid zeigt, dass die Konstruktion eines gleichseitigen Dreiecks ausgehend von einer beliebigen Grundlinie möglich ist. Ein unersetzbarer Bestandteil des Beweises ist die Verwendung eines Schnittpunktes zweier Kreise. Dieser Schnittpunkt scheint, wie viele Kommentatoren bemängelt haben, nicht durch explizite Regeln legitimiert. Sein Ablesen sei allein subjektiver Wahrnehmung geschuldet und dadurch der Beweis nicht mehr im strengen Sinne mathematisch gültig. Pasch zufolge hätte Euklid eine Regel angeben müssen, die sicherstellt, dass Euklid den Schnittpunkt aus der Figur ablesen darf. Pasch hat hier ganz Recht. Man braucht tatsächlich eine Regel. Doch, und das ist die eigentliche Pointe der Rekonstruktion euklidischer Geometrie, es gibt diese Regel. Sie ist Bestandteil all jener diagrammbezogenen Regeln, die sicherstellen, welche emergenten Eigenschaften abgelesen werden können.

Nun ist wiederholt darauf hingewiesen worden, dass sich in den *Elementen* keine expliziten Hinweise auf diese Regeln finden. Handelt es sich also um eine ungeschriebene Lehre, über die bestenfalls spekuliert werden könnte? Im Rückgriff auf Überlegungen Azzounis und Shabels habe ich stattdessen argumentiert, dass Euklids *erste Prinzipien* – die Definitionen, Postulate und Axiome – als eine, zugegebenerweise etwas versteckt formulierte Darlegung der diagrammatischen Regeln gelesen werden können. Damit legt das zweite Kapitel also eine Begründung für die Behauptung vor, dass Diagramme legitime epistemische Beiträge selbst in der strengen Wissenschaft der Geometrie leisten können. Dies ist nur deshalb möglich, weil eine normative Perspektive auf den Diagrammgebrauch eingenommen wurde. In einer solcherart normativ betriebenen Diagrammatik bleibt kein Platz mehr für Evidenz. Geometrische Sachverhalte sind nicht deshalb wahr, weil wir ihre Wahrheit oder den darin ausgesagten Sachverhalt auf irgendeine Weise ein*sehen*, sondern weil wir sie nach Regeln abgeleitet haben. Diese Regeln können zwar aus lebensweltlicher Erfahrung im Umgang mit Raumverhältnissen motiviert sein, doch das macht die mit ihnen bewiesenen Sätze nicht zu Erfahrungssätzen. Die Rückführung diagrammatischen Wissens auf Evidenzeffekte scheint mir eine Folge jener Verwechslung zwischen dem Gebrauch eines Diagramms als präziser Zeichnung und dem Gebrauch als symbolisches Instrument zu sein, die von Wittgenstein beschrieben worden ist. Wir bemühen uns üblicherweise – etwa, weil wir dazu in der Schule angehalten werden -, geometrische Figuren in Beweisen möglichst präzise zu zeichnen. Doch wir irren, wenn wir daraus schließen, dass der Beweis an der Präzision der Zeichnung hinge. Das tut er genauso wenig wie ein geschriebener Beweis daran hängt, ob wir die Buchstaben fein oder krakelig schreiben. Natürlich gibt es Einsatzgebiete von Diagrammen, wo es auf Präzision ankommt, etwa in Ingenieurszeichnungen oder Bauplänen. Aber geometrische Beweise zählen nicht dazu. Wenn man wollte, könnte man daraus sogar eine pädagogische Empfehlung ableiten: Dass im Zentrum einer Pädagogik der Geometrie nicht die präzise Zeichnung, sondern die mereotopologische Struktur, gleichsam das Gesicht des Beweises stehen sollte.

Multimodalität

Dies ist zugleich der systematische Grund für die erstaunliche Tatsache, dass Diagramme nahezu immer eingebettet sind in umfassendere, multimodal funktionierende Systeme. Auch dort, wo es keine expliziten Zeichen, Symboliken und Legenden gibt, wird die grafische Inskription durch andere Zusätze mitgeregelt. Dies muss deshalb so sein, weil Darstellungssysteme in sehr unterschiedlichem Maße dazu geeignet sind, bestimmte Eigenschaften zu zeigen. Die grundsätzliche Endlichkeit menschlicher Inskriptionsvorgänge sorgt dafür, dass exakte Größen eben nicht in Diagrammen darstellbar sind. Daraus wurde schon in der Antike auf die Untauglichkeit von Figuren für die Geometrie geschlossen. Die anschließende Geschichte der Verteidigung diagrammbetriebener Geometrie entbehrt nicht einer gewissen Tragik. Denn sie versucht den Vorwurf zumeist durch den Nachweis zurückzuweisen, dass es eben doch eine exakte Anschauung von Diagrammen gebe (als allgemeine, abstrakte Vorstellung, vor einem inneren Auge, als kontinuierliche Variation der Phantasie, als Wesensschau). Dies ist genau der falsche Weg. Der bessere Weg besteht darin, Diagramme das und nur das leisten zu lassen, was sie auch leisten können: nämlich endliche, finite, übersichtliche Konfigurationen darzustellen. Das reicht aber nicht für Geometrie, die ja von exakten Winkel- und Seitenverhältnissen handelt. Für die exakten Größen reichen Diagramme nicht, daher werden sie in einem geeigneteren Darstellungsformat verhandelt: Text. Nimmt man die Funktion der Schrift hinzu, welche die Diagramme begleitet, dann sieht man eine genaue Arbeitsteilung: Das Diagramm ist für die finiten mereotoplogischen Merkmale zuständig, der Text für die exakten metrischen Verhältnisse. So erzeugen Diagramm und Text gemeinsam strenge, lückenlose und synthetische Geometrie. Also: Nicht das Diagramm alleine erzeugt geometrische Erkenntnis, aber eben auch nicht nur ein formal verstandener Text – sondern erst wenn beides auf eine genau geregelte Weise zusammenwirkt, ineinandergreift, entsteht neues Wissen. Es geht in der Geometrie also nicht um Übertragungsketten, in denen Sachverhalte beständig von einem Format in ein anderes transkribiert werden, wie es Latour (2002) beschrieben hat. Nicht auf die Sukzession der Formate, sondern auf ihre abgestimmte Interaktion in einer epistemischen Situation kommt es an.

Aspektsehen

Ich habe die Eigenart des geometrischen Schließens mit Diagrammen als eine Form von Aspektsehen bestimmt. Es handelt sich dabei aber nicht um die bekannte, am Paradigma von Vexier-Bildern wie dem Hasen-Enten-Kopf gewonnene Variante von Aspektsehen. Geometrisches Aspektsehen unterscheidet sich davon deutlich, sowohl was seinen Gegenstand, als auch was seine epistemische Ausrichtung betrifft: es ist nicht holistisch; und es funktioniert nur innerhalb eines begrifflich-normativen Systems. Wie äußert sich geometrisches Aspektsehen? Im Gegensatz zur Arbeit mit satzbasierten Systemen vollzieht sich die Arbeit an aspektstarken Diagrammen in Form einer Serie imaginärer mereotopologischer Zerlegungen und Deutungen, die an *einem* übergeordneten Diagramm vorgenommen werden. Ein Beweis ist ein virtuelles Durchlaufen möglicher diagrammatischer Konfigurationen. An dieser Stelle zeigt sich auch eine größere Freiheit im Gebrauch von Diagrammen gegenüber linearen Darstellungsformaten. In vielen (aber längst nicht allen diagrammatischen Systemen) kann der Benutzer verschiedene, gleichermaßen mögliche Lektürepfade einschlagen. Er ist nicht in eine vorgeschriebene Leserichtung gezwungen, so wie es sequentiell ausgerichtete Systeme fordern.

Entscheidend ist allerdings, dass nur solche Zerlegungen *Aspekte* darstellen, die auch inferentiellen Wert haben, die es erlauben, mit ihnen neue Erkenntnisse zu gewinnen. Ein Aspekt ist die Wahrnehmung einer Figur *und* die Wahrnehmung dessen, was ich mit dieser Figur machen, was ich aus ihr schließen kann. Aspekte sind also *handlungsorientierte* Wahrnehmungen. Außerdem ist die Wahrnehmung von Aspekten *begriffsgeleitet:* Es kommt nicht auf die visuelle Erfahrung an, sondern darauf, zu wissen, welche Rolle eine bestimmte Figur im Spiel der Geometrie ausübt. Um geometrische Aspekte sehen zu können, muss man kein besonderes visuelles Talent haben, sondern die Technik der Geometrie beherrschen. Die Wahrnehmung von Aspekten ist normativ.

Eine so verstandene Theorie des Aspektsehens kann die Eigenart geometrischer Beweispraxis beschreiben. Aspekte sind aber auch in anderen Diagrammsystemen am Werk. Explizit gezeigt habe ich das an Peirces Alpha-Graphen (in der Interpretation von Shin). Insgesamt lässt sich daraus folgende Hypothese extrapolieren: Aspektsehen ist charakteristisch für die Arbeit aller hinreichend komplexen diagrammatischen Systeme.

Historizität: Surrogativer Gebrauch

Das dritte Kapitel hat Antworten auf eine fundamentale Frage der Diagrammatik vorgeschlagen: Warum und wie stellen räumliche Strukturen nicht räumliche Dinge dar, und warum kann man durch Operation mit diesen Darstellungen Erkenntnisse über das Dargestellte erhalten? Die Antworten bauen dabei auf den Erkenntnissen über das Funktionieren der Geometrie auf. Erst wenn man weiß, wie Überschüsse und Regeln in euklidischer Geometrie zusammenwirken, lässt sich verstehen, wie Oresmes Geometrie dazu verwendet werden kann, um über nicht räumliche Dinge, Bereiche, Strukturen oder Prozesse nachzudenken. Dabei gilt, dass auch diese verräumlichende Verwendung natürlich Normen folgt. Dies ist daran deutlich geworden, dass Oresmes System am Ende einen Gebrauch von Diagrammen vorschlägt, der die für das System konstitutiven Regeln verletzt. Oresmes interne Konfigurationen untergraben ihre eigene Bedingung der Möglichkeit und scheitern daran.

Deutlich wurde dabei, dass diagrammatische Verräumlichung eine weitere Komplexitätsstufe erreicht. Sie setzt neben der Normativität ebenfalls voraus, dass es eine geeignete Formatierung desjenigen Phänomenbereiches gibt, der diagrammatisiert werden soll. Es kann nur diejenige Seite der Natur geometrisch dargestellt werden, die sich einem geometrischen Schema fügt. Die Welt muss, mit Heidegger (1950) gesprochen, bereits Bild sein, damit wir sie abbilden können. Bei Oresme ist diese Bildlichkeit geometrisch bestimmt. Diese ursprüngliche Geometrisierung der Welt kann nun auf zwei Weisen begründet werden. Man kann einmal dem Phänomenbereich eine natürliche Räumlichkeit zuschreiben oder man kann diese Zuschreibung als erkenntnispragmatisch motivierte fiktive Annahme begreifen. Das ist der Unterschied zwischen einem diagrammatischen

Realismus, wie er sich bei Platon und Galilei findet, und einem diagrammatischen Instrumentalismus, wie ihn Oresme vertritt.

Oresmes Legitimation der Verräumlichung macht die überragende Leistung der Konfigurationsdoktrin möglich: die instrumentelle Umwidmung der Geometrie. Bei Oresme dienen geometrische Figuren nicht mehr dazu, geometrische Erkenntnisse zu gewinnen. Zwar wurden schon vor Oresme, in der Antike und im Mittelalter, Linien zur Darstellung nicht räumlicher Sachverhalte eingesetzt. Doch Oresme ist der erste, der flächige geometrische Figuren als Erkenntnisinstrument für Naturvorgänge einsetzt – also nicht allein zur Darstellung, sondern vor allem zur Analyse. Diese Idee wird häufig Galilei zugeschrieben. Und tatsächlich setzt Galilei das Prinzip in ungleich komplexerem Maße ein, als es Oresme tut. Erst bei Galilei kann eine geometrische Physik ihre volle Macht entfalten. Doch das eigentliche Prinzip eines surrogativen Gebrauchs der Geometrie zur quantitativen Untersuchung von Natur findet sich bereits drei Jahrhunderte früher bei Oresme.

Tatsächlich geraten die Konfigurationen für Oresme zum universalen Schlüssel, zum allumfassenden Prinzip, um das Ganze der Naturvorgänge, physischer, psychischer, ästhetischer, kognitiver Natur zu entschlüsseln. Fläche und Gestalt der Konfigurationen sind die beiden Dinge, mit denen Oresme überzeugt ist, das Verhalten der Natur aufschließen zu können. Darin nun weisen Oresmes Konfigurationen ein gleichermaßen irritierendes wie faszinierendes Schwanken auf, zwischen mathematischer Strukturalität einerseits und visueller Erscheinung andererseits. Wir haben gesehen, dass die Verwendung der *Gestalt* der Figuren, ihrer visuellen Erscheinung, den exklusiv strukturalen Grundlagen, auf denen Oresme sein System aufbaut, widerspricht. Hier offenbart sich in einer frühen Schlüsselepisode abendländischer Diagrammatik ein Konflikt zwischen Mimesis und Struktur, zwischen Visualität und Mathematizität, der noch aktuelle Systeme durchzieht. Der Konflikt inhäriert Diagrammen, insofern sie zwei widerstreitende Aspekte in sich vereinen: Sie wollen nichts als eine rein relationale Struktur darstellen, kommen aber nicht umhin, dies mit sinnlichen Mitteln zu tun. Sie sind in diesem Sinne tatsächlich *Strukturbilder* – doch daraus ergibt sich eben auch, dass dem Bildlichen an ihnen immer wieder Tribut gezollt wird dergestalt, dass etwas als relevant gewertet wird, was es tatsächlich nicht ist.

Insgesamt macht die Betrachtung der Oresmeschen Konfigurationen eine epistemische Komplexitätseskalation sichtbar. Es geht hier nicht mehr um die Nutzung von Raum zu dem Zweck, Raum zu verstehen, sondern um die Nutzung des ganzen komplexen Systems der Geometrie, um etwas darzustellen und zu analysieren, was selber nicht von der Natur des Raumes ist. Wir erleben hier die philosophische Begründung einer Technik, die in unserem heutigen Alltag so ubiquitär ist, dass sie kaum mehr als bemerkenswert wahrgenommen wird. Doch gerade ein Phänomen wie das Aspektsehen höherer Ordnung zeigt die Komplexitätsexplosion, die in Oresmes System in potentia vorhanden ist und dann von Galilei aktualisiert werden wird. Erinnern wir uns: Galilei verwendet die gleiche geometrische Beweisfigur, den gleichen geometrischen Sachverhalt, um zwei verschiedene physikalische Sachverhalte zu beweisen. Dies allein zeigt deutlich, was für eine komplexe Angelegenheit und historische Errungenschaft die Verwendung von Diagrammen zum Nachdenken über nicht räumliche Objekte darstellt.

Was sind Diagramme?

Ich möchte auf die Frage zurückkommen: Was sind Diagramme? Aufbauend auf meiner Arbeit möchte ich eine Verknüpfung normativer, funktionaler und materialer Komponenten vorschlagen. Von vornherein möchte ich meine Überlegungen auf externe Inskriptionen eingrenzen und lasse die Frage, ob es Sinn haben könnte, von internen, mentalen Diagrammen zu sprechen, außen vor. Damit möchte ich als These aufstellen: Eine externe Inskription ist in dem Maße diagrammatisch zu nennen, in der sie (i) auf *komplexe, intelligente* und *wesentliche* Weise Raumrelationen nutzt, (ii) insofern das Arbeiten mit ihr *regelgeleitet, normativ* ist, (iii) und der Verfolgung epistemischer Zwecke dient.

Inskriptionen, die nicht normativ verwendet werden, sind keine eigentlichen Diagramme. Das betrifft etwa Skizzen. Diese Einschränkung von Diagrammen ist eine bewusst getroffene terminologische Entscheidung. Man kann Diagramme auch anders definieren. Die hier vorgeschlagene Definition leistet zwei Dinge: Erstens hebt sie die aus meiner Sicht wesentlichen Merkmale von Diagrammen hervor, die auch für ihre epistemische Nutzung entscheidend sind. Zweitens erlaubt sie zwar keine absolut trennscharfe, aber dennoch eine vergleichsweise präzise Klassifizierung von Darstellungsformaten, die nur einen begrenzten Teil von ihnen als Diagramme begreift. Sie vermeidet also die Gefahr des Pandiagrammatismus, also der Tendenz, zu viele oder gar alle Inskriptionen als letztlich diagrammatisch zu begreifen (etwa bei Stjernfelt (2007) zu beobachten). Demgegenüber erlaubt mein Definitionsvorschlag, Diagramme als ein inskriptionales Format mit begrenztem Umfang zu verstehen. Die Definition, die ich vorschlage, betont neben der Räumlichkeit die Normativität von Diagrammen. Diese Normativität ist unablässige Bedingung für die Wiederholbarkeit und Eindeutigkeit von Diagrammen. Wo sie fehlt, haben wir es nicht mit einem Diagramm zu tun. Allerdings sind die Grenzen, die durch diese Bestimmung gezogen werden, nicht absolut trennscharf. Denn was ist mit jenen experimentellen Diagrammen, die nicht innerhalb eines geometrischen Systems stehen, sondern die empirischen Objekte sind, die erst *zum Aufbau* des Regelsystems führen? Was ist mit Leonardos Zeichnungen der Wasserwirbel? Normativität kommt in Graden. Je stärker aber eine Inskription auf Eindeutigkeit und Wiederholbarkeit abzielt, desto *diagrammatischer* ist sie tendentiell.

Damit möchte ich zugleich die Irreduzibilität diagrammatischer Formate behaupten. Diagramme sind nicht auf angrenzende Formate, weder auf Bilder noch auf Schriften reduzierbar. Zwar weisen sie Ähnlichkeiten mit diesen auf, doch sind die Merkmale in einer jeweils spezifisch diagrammatischen Weise realisiert. Dies bestätigt eine frühe Idee Bogens und Thürlemanns (2003). Drei entscheidende Merkmale trennen Diagramme von Bildern. Gegenüber von Kunstbildern unterscheiden sich Diagramme erstens durch die Tatsache, dass sie strengen Regeln unterliegen, zweitens durch ihre Nutzung als epistemisches Instrument. Diagramme werden gelesen und ausgewertet, nicht betrachtet oder erfahren. Von typischen epistemischen Bildern wiederum, wie Nebelkammeraufnahmen, Röntgenbilder oder Klimavisualisierungen, unterscheiden sie sich durch ihre mathematische Strukturiertheit (dazu Mersch 2005b, S. 337–339). Doch Diagramme lassen sich auch nicht den Schriften zurechnen. Ein entscheidender Unterschied besteht in der Weise und dem Ausmaß der jeweiligen Formen von Raumnutzung. Diagramme sind strukturisomorphe, oftmals direkte Darstellungen. Vor allem aber interveniert in ihnen die Räumlichkeit in den dargestellten Informationsgehalt. Es ist daher eine unzulässige Verkürzung, in der *Linearität* von Schrift im Gegensatz zur *Zweidimensionalität* von Diagrammen die entscheidende Differenz auszumachen. Worauf es ankommt, ist nicht, wie eine Inskription *notiert* wird, sondern wie sie *gebraucht* wird. In der Diskussion des Aspektsehens im Falle von Alpha-Graphen hat sich ja gerade gezeigt, dass auch linear notierte Symbolfolgen multidimensionale Aspektivität zulassen.

Wie weiter?

Die Studie wirft eine Reihe weiterer Fragen auf. Zunächst müsste die hier in Grundzügen entwickelte Theorie an weiteren diagrammatischen Systemen erprobt, erweitert und korrigiert werden. Genauer zu untersuchen ist auch weiterhin, inwiefern es eine eigenständige Form geometrischen oder sogar mathematischen Aspektsehens gibt. Der Begriff Aspektsehen ist zugleich eine Brücke zwischen der hier vorgenommenen epistemischen Untersuchung von Diagrammen zu einer verstärkten Einbeziehung leiblicher, gestischer und zeitlicher Dimensionen. Ausgehend von Merleau-Pontys Beobachtungen wäre nach der Möglichkeit einer Phänomenologie der Geometrie oder gar Mathematik zu fragen. Zwar werden Phänomenologie und Geometrie zumeist als Gegensätze begriffen, doch das betrifft nur die (gerechtfertigte) Zurückweisung einer primären geometrischen Raumfassung durch die Phänomenologie. Doch schon Merleau-Ponty selbst hat betont, wie essentiell es für das Projekt einer existenz-, einer leibbasierten Philosophie ist, auch wissenschaftliches und mathematisches Denken angemessen beschreiben zu können. Kann er hier keine überzeugende Beschreibung anbieten, so befürchtet Merleau-Ponty, „fände sich alles bisher Gesagte wieder in Frage gestellt: so wenig erschiene das Denken als eine Weise des Existierens, daß vielleicht mehr doch unser Sein selber sich gänzlich als Denken erwiese" (Merleau-Ponty 1965, S. 437).

Schließlich ist natürlich weiterhin darüber nachzudenken, welche Rolle ästhetische Dimensionen im epistemischen Diagrammgebrauch spielen. Das betrifft einerseits etwa Themen wie die Schönheit geometrischer Systeme oder einzelner geometrischer Beweis (Netz 2005). Andererseits aber interessiert mich ein Phänomen, das ich vorsichtig als sekundäre, nachträgliche Ästhetisierung kennzeichen möchte. Die Hypothese hier lautet: Wenn wir wissenschafts- oder bildhistorisch über Diagramme oder andere epistemische Instrumente nachdenken, wenn wir Diagramme in Ausstellungen oder Präsentationen zeigen, dann betreiben wir oft eine nachträgliche ästhetische Aufladung. Die Wissenschaft vom Diagramm kann ästhetische Effekte entdecken, die in mit Diagrammen betriebener Wissenschaftspraxis zumindest bewusst keine Rolle spielen. Herausgelöst aus Gebrauchszusammenhängen wird etwa eine flüchtige, unbedeutende Diagrammskizze zu einem entzeitlichten, faszinierenden Bild, das ausgiebig analysiert werden kann. Interessanterweise kann die Betrachtung eines Diagramms dabei gerade dann ästhetische Wirkung entfalten, wenn wir mit seiner Funktionsweise nicht vertraut sind, wenn wir es nicht verstehen. Dann erzeugt die kognitive Undurchdringlichkeit des Diagramms bei gleichzeitigem Wissen um seine verborgene Lesbarkeit eine Art epistemisches Erhabenes.

Literaturverzeichnis

Zitierschema

Literatur wird standardmäßig nach folgendem Schema zitiert:
<Nachname des Autors> <Jahr der Veröffentlichung>, <Seitenzahl>

Siglenverzeichnis

Bei kanonischen Texten wird hingegen per Sigle zitiert. Statt der Seitenzahl wird dann die kanonische Zitationsweise benutzt (bei Wittgensteins *Philosophischen Untersuchungen* wird etwa nach Paragraphen, bei Kants *Kritik der reinen Vernunft* nach A-/B-Ausgabe zitiert). Die Siglen finden sich in eckigen Klammern am Ende des jeweiligen Eintrags im Literaturverzeichnis. Werke von Platon und Aristoteles werden mit kanonischen Titeln bzw. Titelkürzeln angegeben. Oresme wird nach der besten und kanonischen englischen Übersetzung von Marshall Clagett zitiert.

Zitierte Literatur

Abrahamsen, Adele / Bechtel, William (2015): „Diagrams as Tools for Scientific Reasoning", in: *Review of Philosophy and Psychology* 6/1, S. 117 – 131.

Arbib, Michael A. (1990): „A Piagetian Perspective on Mathematical Construction", in: *Synthese* 84, S. 43 – 58.

Aristoteles (1995): *Philosophische Schriften in sechs Bänden*, Hamburg: Meiner.

Auerbach, Felix (1914): *Die graphische Darstellung*, Leipzig: Teubner.

Avigad, Jeremy (2008): „Understanding Proofs", in: Paolo Mancosu (Hrsg.): *The Philosophy of Mathematical Practice*, Oxford: Oxford University Press, S. 317 – 353.

Avigad, Jeremy (2009): „Marcus Giaquinto. Visual Thinking in Mathematics: An Epistemological Study", in: *Philosophia Mathematica* 17/1, S. 95 – 108.

Avigad, Jeremy / Dean, Edward / Mumma, John (2009): „A Formal System for Euclid's Elements", in: *The Review of Symbolic Logic* 2/4, S. 700 – 768.

Azzouni, Jody (2004): „Proof and Ontology in Euclidean Mathematics", in: Tinne Hoff Kjeldsen / Stig Andur Pedersen / Lise Mariane Sonne-Hansen (Hrsg.): *New Trends in the History and Philosophy of Mathematics*, Odense: Syddansk Universitetsforlag, S. 117 – 133.

Azzouni, Jody (2005): „Is There Still a Sense in which Mathematics Can Have Foundations", in: Giandomenico Sica (Hrsg.): *Essays on the Foundations of Mathematics and Logic*, Mailand: Polimetrica, S. 9 – 47.

Bartels, Andreas (2006): „Defending the Structural Concept of Representation", in: *Theoria* 55, S. 7 – 19.

Barwise, Jon / Etchemendy, John (1995): „Heterogeneous logic", in: Balakrishnan Chandrasekaran / Janice Glasgow / N. Hari Narayanan (Hrsg.): *Diagrammatic Reasoning: Cognitive and Computational Perspectives*, Menlo Park: AAAI Press, S. 209 – 232.

Barwise, Jon / Etchemendy, John (1996): „Visual Information and Valid Reasoning", in: Gerard Allwein / Jon Barwise (Hrsg.): *Logical Reasoning with Diagrams*, New York, Oxford: Oxford University Press, S. 3 – 25.

Bauer, Matthias / Ernst, Christoph (2010): *Diagrammatik. Einführung in ein kultur- und medienwissenschaftliches Forschungsfeld*, Bielefeld: Transcript.

Baz, Avner (2000): „What's the Point of Seeing Aspects?", in: *Philosophical Investigations* 23/2, S. 97–121.

Bender, John / Marrinan, Michael (2010): *The Culture of Diagram*, Stanford: Stanford University Press.

Berkeley, George (1949): *The Principles of Human Knowledge*, in: Ders.: The Works of George Berkeley Bishop of Cloyne, Bd. 2, hg. von Arthur Aston Luce und Thomas Edmund Jessop, London: Nelson.

Bernhard, Peter (2001): *Euler-Diagramme. Zur Morphologie einer Repräsentationsform in der Logik*, Paderborn: Mentis.

Bertin, Jacques (1974): *Graphische Semiologie. Diagramme, Netze, Karten*, Berlin: De Gruyter.

Black, Max (1962), *Models and Metaphor: Studies in Language and Philosophy*, Ithaca: Cornell University Press.

Boehm, Gottfried (2001): „Zwischen Auge und Hand. Bilder als Instrumente der Erkenntnis", in: Bettina Heintz / Jörg Huber (Hrsg.): *Mit dem Auge denken. Strategien der Sichtbarmachung in wissenschaftlichen und virtuellen Welten*, Zürich u. a.: Voldemeer, Springer, S. 43–54.

Bogen, Steffen (2005): „Schattenriss und Sonnenuhr. Überlegungen zu einer kunsthistorischen Diagrammatik", in: *Zeitschrift für Kunstgeschichte* 68/2, S. 153–176.

Bogen, Steffen / Thürlemann, Felix (2003): „Jenseits der Opposition von Text und Bild. Überlegungen zu einer Theorie des Diagramms und des Diagrammatischen", in: Alexander Patschovsky (Hrsg.): *Die Bildwelt der Diagramme Joachims von Fiore. Zur Medialität religiös-politischer Programme im Mittelalter*, Ostfildern: Thorbecke, S. 1–22.

Brandom, Robert (1994): *Making it Explicit. Reasoning, Representation and Discursive Commitment*, Cambridge, Mass.: Harvard University Press.

Broad, Charlie Dunbar (1941): „Kant's Theory of Mathematical and Philosophical Reasoning", in: *Proceedings of the Aristotelian Society* 41, S. 1–24.

Brown, James Robert (1997): „Proofs and Pictures", in: *The British Journal for the Philosophy of Science* 48/2, S. 161–180.

Brown, James Robert (1999): *Philosophy of Mathematics: A Contemporary Introduction to the World of Proofs and Pictures*, New York: Routledge.

Brüning, Jochen (2003): „Wissenschaft und Sammlung", in: Sybille Krämer / Horst Bredekamp (Hrsg.): *Bild, Schrift, Zahl*, München: Fink, S. 87–113.

Burwick, Frederick (1999): „Lessing's ‚Laokoon' and the Rise of Visual Hermeneutics", in: *Poetics Today* 20/2, S. 219–272.

Brunner, Martin (2015); „Diagrammatische Realität und Regelgebrauch", in: Gert Kadunz (Hrsg.): *Semiotische Perspektiven auf das Lernen von Mathematik*, Berlin, Heidelberg: Springer, S. 9–32.

Bryant, David / Tversky, Barbara (1999): „Mental Representations of Perspective and Spatial Relations From Diagrams and Models", in: *Journal of Experimental Psychology: Learning, Memory, and Cognition* 25/1, S. 137–156.

Cancik-Kirschbaum, Eva / Mahr, Bernd (2003): „Anordnung und ästhetisches Profil. Die Herausbildung einer universellen Kulturtechnik in der Frühgeschichte der Schrift", in: *Kunsthistorisches Jahrbuch für Bildkritik* 3/1, S. 97–114.

Cantor, Moritz (1900): *Vorlesungen über Geschichte der Mathematik. Vom Jahre 1200 bis zum Jahre 1668*, Stuttgart: Steiner.

Carter, Jessica (2010): „Diagrams and Proofs in Analysis“, in: *International Studies in the Philosophy of Science* 24/1, S. 1–14.
Casati, Roberto / Varzi, Achille (1999): *Parts and Places. The Structures of Spatial Representation*, Cambridge, Mass.: MIT Press.
Cassirer, Ernst (1907): „Kant und die moderne Mathematik. (Mit Bezug auf Bertrand Russells und Louis Couturats Werke über die Prinzipien der Mathematik)“, in: *Kant-Studien* 12/1–3, S. 1–49.
Cassirer, Ernst (2001): *Philosophie der symbolischen Formen. Erster Teil. Die Sprache*, in: Ders.: Gesammelte Werke, Bd. 11, hg. v. Birgit Recki, Hamburg: Meiner; Darmstadt: Wissenschaftliche Buchgesellschaft.
Catton, Philip / Montelle, Clemency (2012): „To Diagram, to Demonstrate: To Do, To See, and To Judge in Greek Geometry“, in: *Philosophia Mathematica* 20/1, S. 25–57.
Chandrasekaran, Balakrishnan (2011): „When Is a Bunch of Marks on Paper a Diagram? Diagrams as Homomorphic Representations“, in: *Semiotica* 186, S. 69–87.
Chase, William / Simon, Herbert (1973): „Perception in Chess“, in: *Cognitive Psychology* 4/1, S. 55–81.
Châtelet, Gilles (2000): *Figuring Space. Philosophy, Mathematics and Physics*, Dordrecht u. a.: Kluwer.
Chemla, Karine (2005): „Geometrical Figures and Generality in Ancient China and Beyond. Liu Hui and Zhao Shuang, Plato and Thabit ibn Qurra“, in: *Science in Context* 18, S. 123–166.
Cheng, Peter (1997): „Components of a Cognitive Theory of Problem Solving and Discovery with Law Encoding Diagrams“, in: Michael Anderson (Hrsg.): *Reasoning with Diagrammatic Representations II: Papers from the 1997 Fall Symposium*, Menlo Park: AAAI Press, S. 85–93.
Clagett, Marshall (1950): „Richard Swineshead and Late Medieval Physics: I. The Intension and Remission of Qualities“, in: *Osiris* 9, S. 131–161.
Clagett, Marshall (1968): *Nicole Oresme and the Medieval Geometry of Qualities and Motions: A Treatise on the Uniformity and Difformity of Intensities Known as Tractatus de configurationibus qualitatum et motuum*, Madison: University of Wisconsin Press.
Clark, Andy (1997): *Being There. Putting Brain, Body, and World Together Again*, Cambridge, Mass.: MIT Press.
Clark, Andy / Chalmers, David (1998): „The Extended Mind“, in: *Analysis* 58/1, S. 7–19.
Coliva, Annalisa (2012): „Human diagrammatic reasoning and seeing-as“, in: *Synthese* 186, S. 121–148.
Contro, Walter (1976): „Von Pasch zu Hilbert“, in: *Archive for History of Exact Sciences* 15/3, S. 283–295.
Coope, Ursula (2005): *Time for Aristotle. Physics IV. 10–14*, Oxford: Oxford University Press.
Corfield, David (2003): *Towards a Philosophy of Real Mathematics*, Cambridge: Cambridge University Press.
Cummins, Robert (1989): *Meaning and Mental Representation*, Cambridge, Mass.: MIT Press.
Crombie, Arthur (1961): „Quantification in Medieval Physics“, in: *Isis* 52/2, S. 143–160.
Crombie, Arthur (1967): *Medieval and Early Modern Science. Science in the Later Middle Ages and Early Modern Times. XIII-XVII Centuries*, Cambridge, Mass.: Harvard University Press.
Damerow, Peter et al. (1992): *Exploring the Limits of Preclassical Mechanics. A Study of Conceptual Development in Early Modern Science. Free Fall and Compounded Motion in the Works of Descartes, Galileo, and Beeckman*, New York, Berlin u. a.: Springer.

Derrida, Jacques (1983): *Grammatologie*, übers. v. Hans-Jörg Rheinberger u. Hanns Zischler, Frankfurt a. M.: Suhrkamp.

Derrida, Jacques (1987): *Husserls Weg in die Geschichte am Leitfaden der Geometrie. Ein Kommentar zur Beilage III der „Krisis"*, übers. v. Rüdiger Hentschel u. Andreas Knob, München: Fink.

Descartes, René (1979): *Regeln zur Ausrichtung der Erkenntniskraft*, hg. u. übers. v. Lüder Gäbe, Hamburg: Meiner.

Dijksterhuis, Eduard (1983): *Die Mechanisierung des Weltbildes*, übers. v. Helga Habicht, Berlin u. a.: Springer.

Dipert, Randall (1997): „The Mathematical Structure of the World: The World as Graph", in: *The Journal of Philosophy* 94/7, S. 329–358.

Dotzler, Bernhard (1998): „Historio-Graphie des Wissens", in: *Verstärker. Von Strömungen, Spannungen und überschreibenden Bewegungen* 3/3, http://www.culture.hu-berlin.de/verstaerker/vs003/dotzler_koord.html (letzter Zugriff am 26. 3. 2012).

Dretske, Fred (1981): *Knowledge and the Flow of Information*, Cambridge, Mass: MIT Press.

Duhem, Pierre (1984): *Les précurseurs parisiens de Galilée*, in: Ders.: *Études sur Léonard de Vinci*, Bd. 3, Paris: Édition des Archives Contemporaines.

Durand, Dana (1941): „Nicole Oresme and the Mediaeval Origins of Modern Science", in: *Speculum* 16/2, S. 167–185.

Edgerton, Samuel Y. (1985): „The Renaissance Development of Scientific Illustrations", in: John Shirley / David Hoeniger (Hrsg.): *Science and the Arts in the Renaissance*, Washington: Folger, S. 168–197.

Euklid (1956): *The thirteen books of the elements*, hg. v. Sir Thomas Heath, New York: Dover.

Evans, Michael (1980): „The Geometry of the Mind", in: *Architectural Association Quaterly* 12/4, S. 32–55.

Frege, Gottlob (2008): „Über Sinn und Bedeutung", in: Ders.: *Funktion – Begriff – Bedeutung*, hg. v. Günther Patzig, Göttingen: Vandenhoeck & Ruprecht.

Freksa, Christian (1988): „Intrinsische vs. extrinsische Repräsentation zum Aufgabenlösen oder die Verwandlung von Wasser in Wein", in: Gerhard Heyer / Josef Krems / Günther Görz (Hrsg.): *Wissensarten und ihre Darstellung. Beiträge aus Philosophie, Psychologie, Informatik und Linguistik*, Berlin, Heidelberg: Springer, S. 155–165.

Friedman, Michael (1985): „Kant's Theory of Geometry", in: *The Philosophical Review* 94/4, S. 455–506.

Funkenstein, Amos (1986): *Theology and the Scientific Imagination from the Middle Ages to the Seventeenth Century*, Princeton: Princeton University Press.

Funkhouser, H. Gray (1937): „Historical Development of the Graphical Representation of Statistical Data", in: *Osiris* 3, S. 269–404.

Galilei, Galileo (1914): *Dialogues Concerning Two New Sciences*, übers. v. Henry Crew u. Alfonso de Salvio, New York: Dover.

Gattis, Meredith / Holyoak, Keith (1996): „Mapping Conceptual to Spatial Relations in Visual Reasoning", in: *Journal of Experimental Psychology: Learning, Memory, and Cognition* 22/1, S. 231–239.

Giaquinto, Marcus (1993): „Diagrams. Socrates and Meno's Slave", in: *International Journal of Philosophical Studies* 1/1, S. 81–97.

Giaquinto, Marcus (2005): „Mathematical Activity“, in: Paolo Mancosu / Klaus Frovin Jorgensen / Stig Andur Pedersen (Hrsg.): *Visualization, Explanation and Reasoning Styles in Mathematics*, Dordrecht: Springer, S. 75–87.
Giaquinto, Marcus (2007): *Visual Thinking in Mathematics: an Epistemological Study*, Oxford, New York: Oxford University Press.
Giaquinto, Marcus (2008): „Visualizing in Mathematics“, in: Paolo Mancosu (Hrsg.): *The Philosophy of Mathematical Practice*, Oxford: Oxford University Press, S. 22–42.
Giaquinto, Marcus (2011): „Crossing Curves: A Limit to the Use of Diagrams in Proofs“, in: *Philosophia Mathematica* 19/3, S. 281–307.
Giardino, Valeria (2010): „Intuition and Visualization in Mathematical Problem Solving“, in: *Topoi* 29, S. 29–39.
Giardino, Valeria (2011): *A Practice-based Approach to Diagrams*, unveröffentlichtes Manuskript.
Gombrich, Ernst (1975): „Mirror and Map: Theories of Pictoral Representation“, in: *Philosophical Transactions of the Royal Society of* London, Series B, Biological Sciences 270/903, S. 119–149.
Gombrich, Ernst (1996): *Die Geschichte der Kunst*, erweiterte 16. Auflage, Berlin: Phaidon.
Gooding, David C. (2006): „From Phenomenology to Field Theory: Faraday's Visual Reasoning“, in: *Perspectives on Science* 14/1, S. 40–65.
Goodman, Nelson (1976): *Languages of Art. An Approach to a Theory of Symbols*, Indianapolis: Hackett.
Goodwin, William (2009): „Visual Representation in Science“, in: *Philosophy of Science* 76, S. 372–390.
Gormans, Andreas (2000): „Imaginationen des Unsichtbaren. Zur Gattungstheorie des wissenschaftlichen Diagramms“, in: Hans Holländer (Hrsg.): *Erkenntnis – Erfindung – Konstruktion. Studien zur Bildgeschichte von Naturwissenschaften und Technik vom 16. bis zum 19. Jahrhundert*, Berlin: Akademie, S. 51–71.
Grant, Edward (2007): *A History of Natural Philosophy. From the Ancient World to the Nineteenth Century*, Cambridge: Cambridge University Press.
Greaves, Mark (2002): *The Philosophical Status of Diagrams*, Stanford: CSLI.
Grosholz, Emily (1988): „Geometry, Time and Force in the Diagrams of Descartes, Galileo, Torricelli and Newton“, in: *Proceedings of the Biennial Meeting of the Philosophy of Science Association*, Bd. 2, S. 237–248.
Grube, Gernot / Kogge, Werner (2005): „Zur Einleitung: Was ist Schrift?“, in: Gernot Grube / Werner Kogge / Sybille Krämer (Hrsg.): *Schrift: Kulturtechnik zwischen Auge, Hand und Maschine*, München: Fink, S. 9–21.
Günther, Siegmund (1877): „Die Anfänge und Entwicklungsstadien des Koordinatenprinzips im Altertum und Mittelalter“, in: *Abhandlungen der naturhistorischen Gesellschaft Nürnberg* VI.
Günzel, Stephan (2009): „Bildlogik – Phänomenologische Differenzen visueller Medien“, in: Martina Heßler / Dieter Mersch (Hrsg.): *Logik des Bildlichen. Zur Kritik der ikonischen Vernunft*, Bielefeld: Transcript, S. 123–138.
Gurr, Corin / Lee, John / Stenning, Keith (1998): „Theories of Diagrammatic Reasoning: Distinguishing Component Problems“, in: *Minds and Machines* 8, S. 533–557.
Halawa, Mark (2008): „Widerständigkeit als Quellpunkt der Semiose. Materialität, Präsenz und Ereignis in der Semiotik von Charles Sanders Peirce“, in: *Kodikas/Code: Ars Semiotica – An International Journal of Semiotics* 32/1–2, S. 11–24.

Hall, Bert (1996): „The Didactic and the Elegant: Some Thoughts on Scientific and Technological Illustrations in the Middle Ages and Renaissance", in: Brian Scott Baigrie (Hrsg.): *Picturing Knowledge: Historical and Philosophical Problems Concerning the Use of Art in Science*, S. 3 – 39.

Hammer, Eric (1994): „Reasoning with Sentences and Diagrams", in: *Notre Dame Journal of Formal Logic* 35/1, S. 73 – 87.

Hammer, Eric (1995): *Logic and Visual Information*, Stanford: CSLI.

Hankins, Thomas (1999): „Blood, Dirt, and Nomograms: A Particular History of Graphs", in: *Isis* 90/1, S. 50 – 80.

Haugeland, John (1985): *Artificial Intelligence: the very Idea*, Cambridge, Mass.: MIT Press.

Heath, Thomas L. (1956): *Introduction to and Commentary of Euclid's Elements*, New York: Dover.

Hegel, Georg Wilhelm Friedrich (1981): *Wissenschaft der Logik*, Bd. 2: *Die subjektive Logik*, in: Ders.: *Gesammelte Werke*, Bd. 12, hg. v. Friedrich Hogemann u. Walter Jaeschke, Hamburg: Meiner.

Heidegger, Martin (1950): „Die Zeit des Weltbildes", in: Ders.: *Holzwege*, Gesamtausgabe Bd. 5, Frankfurt a. M.: Klostermann, S. 75 – 113.

Heidegger, Martin (1962): *Die Frage nach dem Ding. Zu Kants Lehre von den transzendentalen Grundsätzen*. Tübingen: Niemeyer.

Helly, Eduard (1923): „Über Mengen konvexer Körper mit gemeinschaftlichen Punkten", in: *Jahresbericht Deutsch. Math. Verein* 32, S. 175 – 176.

Heßler, Martina / Mersch, Dieter (2009): „Einleitung: Bildlogik oder Was heißt visuelles Denken?", in: Dies. (Hrsg.): *Logik des Bildlichen. Zur Kritik der ikonischen Vernunft*, Bielefeld, S. 8 – 60.

Hilbert, David (2004): *David Hilbert's Lectures on the Foundations of Geometry, 1891 – 1902*, hg. v. Michael Hallett, Ulrich Majer u. Wilfried Sieg, Berlin, Heidelberg, New York u. a.: Springer.

Hoffmann, Christoph (2008): „Festhalten, Bereitstellen. Verfahren der Aufzeichnung", in: Ders. (Hrsg.): *Daten sichern. Schreiben und Zeichnen als Verfahren der Aufzeichnung*, Zürich, Berlin: Diaphanes, S. 7 – 20.

Hoffmann, Michael (2005): *Erkenntnisentwicklung: ein semiotisch-pragmatischer Ansatz*, Frankfurt a. M.: Klostermann.

Hughes, R. I. G. (1997): „Models and Representation", in: *Philosophy of Science* 64, S. 325 – 336.

Hume, David (1886): *A Treatise of Human Nature*, Bd.1, in: Ders.: The Philosophical Works, Bd. 1, hg. v. Thomas Hill Green u. Thomas Hodge Grose, London: Longmans, Green.

Husserl, Edmund (1987): „Der Ursprung der Geometrie", in: Jacques Derrida: *Husserls Weg in die Geschichte am Leitfaden der Geometrie. Ein Kommentar zur Beilage III der „Krisis"*, München: Fink, S. 204 – 232.

Inwood, Michael (1991): „Aristotle on the Reality of Time", in: Lindsay Judson (Hrsg.): *Aristotle's Physics: a Collection of Essays*, Oxford: Clarendon Press, S. 151 – 178.

Jonas, Hans (1997): „Der Adel des Sehens. Eine Untersuchung zur Phänomenologie der Sinne", in: Ralf Konersmann (Hrsg.): *Kritik des Sehens*, Leipzig: Reclam, S. 247 – 271.

Kaiser, David (2000): „Stick-Figure Realism: Conventions, Reification, and the Persistence of Feynman Diagrams, 1948 – 1964", in: *Representations* 70, S. 49 – 86.

Kant, Immanuel (1998): *Kritik der reinen Vernunft*, hg. v. Jens Timmermann, Hamburg: Meiner [= KrV].

Kant, Immanuel (2001): *Prolegomena zu einer jeden künftigen Metaphysik, die als Wissenschaft wird auftreten können*, hg. v. Konstantin Pollok, Hamburg: Meiner [=Prol.].
Kaye, Joel (1988): „The Impact of Money on the Development of Fourteenth-Century Scientific Thought", in: *Journal of Medieval History* 14, S. 251–270.
Kirsh, David (1990): „When is Information Explicitly Represented?", in: Philip P. Hanson (Hrsg.): *Information, Language and Cognition*, Vancouver: University of British Columbia Press, S. 340–365.
Kirsh, David (1995): „The intelligent use of space", in: *Artificial Intelligence* 73, S. 31–68.
Kirsh, David (1996): „Adapting the Environment Instead of Adapting Oneself", in: *Adaptive Behavior* 4/3–4, S. 415–452.
Kirshner, David / Awtry, Thomas (2004): „Visual Salience of Algebraic Transformations", in: *Journal for Research in Mathematics Education* 35/4, S. 224–257.
Kitcher, Philip (1975): „Kant and the Foundations of Mathematics", in: *The Philosophical Review* 84/1, S. 23–50.
Kitcher, Philip (1983): *The nature of mathematical knowledge*, New York, Oxford.
Klein, Ursula (2005): „Visualität, Ikoniztät, Manipulierbarkeit. Chemische Formeln als ‚Paper Tools'", in: Gernot Grube / Werner Kogge / Sybille Krämer (Hrsg.): *Schrift. Kulturtechnik zwischen Auge, Hand und Maschine*, München: Fink, S. 237–251.
Koedinger, Kenneth (1992): „Emergent Properties and Structural Constraints. Advantages of Diagrammatic Representations for Reasoning and Learning", in: N. H. Narayanan / N. Hari (Hrsg.): *AAAI Spring Symposium on Reasoning with Diagrammatic Representations*, Stanford: AAAI Press, S. 151–156.
Koedinger, Kenneth / Anderson, John (1989): „Perceptual Chunks in Geometry Problem Solving: A Challenge to Theories of Skill Acquisition", in: *Procedings of the 11th Annual Conference of the Cognitive Science Society*, Hillsdale: Erlbaum.
Koedinger, Kenneth / Anderson, John (1990): „Abstract Planning and Perceptual Chunks: Elements of Expertise in Geometry", in: *Cognitive Science* 14/4, S. 511–550.
Kogge, Werner (2005): „Erschriebene Denkräume: Grammatologie in der Perspektive einer Philosophie der Praxis", in: Gernot Grube / Werner Kogge / Sybille Krämer (Hrsg.): *Schrift. Kulturtechnik zwischen Auge, Hand und Maschine*, München: Fink, S. 137–169.
Koriako, Darius (1999): *Kants Philosophie der Mathematik: Grundlagen, Voraussetzungen, Probleme*, Hamburg: Meiner.
Krämer, Sybille (1991): *Berechenbare Vernunft. Kalkül und Rationalismus im 17. Jahrhundert*, Berlin, New York: De Gruyter.
Krämer, Sybille (2005): „‚Operationsraum Schrift': Über einen Perspektivenwechsel in der Betrachtung der Schrift", in: Gernot Grube / Werner Kogge / Sybille Krämer (Hrsg.): *Schrift. Kulturtechnik zwischen Auge, Hand und Maschine*, München: Fink, S. 23–61.
Krämer, Sybille (2009): „Operative Bildlichkeit. Von der ‚Grammatologie' zu einer ‚Diagrammatologie'? Überlegungen über erkennendes Sehen", in: Martina Heßler / Dieter Mersch (Hrsg.): *Logik des Bildlichen. Zur Kritik der ikonischen Vernunft*, Bielefeld: Transcript, S. 94–122.
Krämer, Sybille (2010): „Epistemology of the Line. Reflections on the Diagrammatical Mind", in: Olga Pombo / Alexander Gerner (Hrsg.): *Studies in Diagrammatology and Diagram Praxis*, London: College Publications, S. 13–38.
Krämer, Sybille (2014): „Zur Grammatik der Diagrammatik: eine Annäherung an die Grundlagen des Diagrammgebrauches", in: *Zeitschrift für Literaturwissenschaft und Linguistik: Lili* 176, S. 11–30

Kulvicki, John (2010): „Knowing with Images: Medium and Message", in: *Philosophy of Science* 77/2, S. 295–313.
Künne, Wolfgang (1983): *Abstrakte Gegenstände. Semantik und Ontologie*, Frankfurt a. M.: Suhrkamp.
Lackner, Michael (2000): „Was Millionen Wörter nicht sagen können. Diagramme zur Visualisierung klassischer Texte im China des 13. bis 14. Jahrhunderts", in: *Zeitschrift für Semiotik* 22, S. 209–237.
Lakoff, George (1989): „A Suggestion For a Linguistics With Connectionist Foundations", in: David Touretzky / Geoffrey Hinton / Terrence Sejnowski (Hrsg.): *Proceedings of the 1988 Connectionist Models Summer School*, San Mateo: Morgan Kaufmann, S. 301–314.
Landy, David (2010): „Toward a Physics of Equations", in: Ashok Goel / Mateja Jamnik / N. Hari Narayanan (Hrsg.): *Diagrammatic Representation and Inference*, Berlin, Heidelberg: Springer, S. 160–166.
Larkin, Jill / Simon, Herbert (1987): „Why a Diagram Is (Sometimes) Worth Ten Thousand Words", in: *Cognitive Science* 11/1, S. 65–100.
Larvor, Brendan (2012): „How to think about informal proofs", in: *Synthese* 187, S. 715–730.
Latour, Bruno (1990): „Drawing Things Together", in: Michael Lynch / Steve Woolgar (Hrsg.): *Representation in Scientific Practice*, Cambridge, Mass.: MIT Press, S. 19–68.
Latour, Bruno (2002): „Zirkulierende Referenz. Bodenstichproben aus dem Urwald am Amazonas", in: Ders.: *Die Hoffnung der Pandora. Untersuchungen zur Wirklichkeit der Wissenschaft*, Frankfurt a. M.: Suhrkamp, S. 36–95.
Lauer, David (2008): „Anamorphotische Aspekte. Wittgenstein über Techniken des Sehens", in: Markus Rautzenberg / Kyung-Ho Cha (Hrsg.): *Der entstellte Blick*, München: Fink, S. 230–244.
Leibniz, Gottfried Wilhelm (1915): *Neue Abhandlungen über den menschlichen Verstand*, hg. u. übers. v. Ernst Cassirer, Leipzig: Meiner.
Lessing, Gotthold Ephraim (1996): „Laokoon", in: Ders.: *Werke*, Bd. 6, hg. v. Herbert G. Göpfert, Darmstadt: Wissenschaftliche Buchgesellschaft, S. 7–188.
Lennox, James (1980): „Aristotle on Genera, Species, and ‚The More and the Less'", in: *Journal of the History of Biology* 13/2, S. 321–346.
Lindberg, David (2007): *The Beginnings of Western Science. The European Scientific Tradition in Philosophical, Religious, and Institutional Context, Prehistory to A. D. 1450*, Chicago, London: University of Chicago Press.
Lindberg, David (2010): „The Fate of Science in Patristic and Medieval Christendom", in: Peter Harrison (Hrsg.): *The Cambridge Companion to Science and Religion*, Cambridge: Cambridge University Press, S. 21–38.
Lindsay, Robert (1988): „Images and Inference", in: *Cognition* 29/3, S. 229–250.
Locke, John (1975): *An Essay Concerning Human Understanding*, hg. v. Peter Nidditch, Oxford: Clarendon Press.
Lomas, Dennis (2002): „What Perception Is Doing, and What It Is Not Doing, in Mathematical Reasoning", in: *British Journal for the Philosophy of Science* 53, S. 205–223.
Lopes, Dominic McIver (2004): „Directive Pictures", in: *The Journal of Aesthetics and Art Criticism* 62/2, S. 189–196.
Luengo, Isabel (1996): „A Diagrammatic Subsystem of Hilbert's Geometry", in: Gerard Allwein / Jon Barwise (Hrsg.): *Logical Reasoning with Diagrams*, New York, Oxford: Oxford University Press, S. 149–176.

Lüthy, Christoph / Smets, Alexis (2009): „Words, Lines, Diagrams, Images: Towards a History of Scientific Imagery“, in: *Early Science and Medicine* 14/1–3, S. 398–439.
Macbeth, Danielle (2009): „Meaning, Use, and Diagrams“, in: *Etica & Politica, Ethics & Politics* XI/1, S. 369–384.
Macbeth, Danielle (2010): „Diagrammatic Reasoning in Euclid's Elements“, in: Bart Van Kerkhove/ Jonas De Vuyst / Jean Paul Van Bendegem (Hrsg.): *Philosophical Perspectices on Mathematical Practice*, London: College Publications, S. 235–267.
Macbeth, Danielle (2012): „Seeing How It Goes: Paper-and-Pencil Reasoning in Mathematical Practice“, in: *Philosophia Mathematica* 20/1, S. 58–85.
Mach, Ernst (1926): *Erkenntnis und Irrtum. Skizzen zur Psychologie der Forschung*, 5. Aufl., Leipzig: Barth.
Mac Lane, Saunders (1986): *Mathematics: Form and Function*, Berlin: Springer.
Mahoney, Michael (1985): „Diagrams and Dynamics: Mathematical Perspectives on Edgerton's Thesis“, in: John W. Shirley / F. David Hoeniger (Hrsg.): *Science and the Arts in the Renaissance*, Cranbury, NJ, London: Associated University Press, S. 198–220.
Maier, Anneliese (1952): *An der Grenze von Scholastik und Naturwissenschaft: Die Struktur der materiellen Substanz, das Problem der Gravitation, die Mathematik der Formlatituden*, 2. Aufl. Rom: Edizioni di Storia e Letteratura.
Majetschak, Stefan (2005): „Sichtvermerke. Über Unterschiede zwischen Kunst- und Gebrauchsbildern“, in: Ders. (Hrsg.): *Bild-Zeichen. Perspektiven einer Wissenschaft vom Bild*, München: Fink, S. 97–121.
Mancosu, Paolo (2005): „Visualization in Logic and Mathematics“, in: Paolo Mancosu / Klaus Frovin Jorgensen / Stig Andur Pedersen (Hrsg.): *Visualization, Explanation and Reasoning Styles in Mathematics*, Dordrecht: Springer, S. 13–30.
Manders, Ken (2008a): „Diagram-Based Geometric Practice“, in: Paolo Mancosu (Hrsg.): *The Philosophy of Mathematical Practice*, Oxford: Oxford University Press, S. 65–79.
Manders, Ken (2008b): „The Euclidean Diagram (1995)“, in: Paolo Mancosu (Hrsg.): *The Philosophy of Mathematical Practice*, Oxford: Oxford University Press, S. 80–133.
Matoušek, Jiri / Nesetřil, Jaroslav (1998): *Invitation to discrete mathematics*, Oxford: Oxford University Press.
Meikle, Laura / Fleuriot, Jacques (2003): „Formalizing Hilbert's Grundlagen in Isabelle/Isar“, in: David Basin / Burkhart Wolff (Hrsg.): *Theorem Proving in Higher Order Logics*, Berlin, Heidelberg: Springer, S. 319–334.
Merleau-Ponty, Maurice (1965): *Phänomenologie der Wahrnehmung*, Berlin: De Gruyter.
Merleau-Ponty, Maurice (1984): *Die Prosa der Welt*, hg. von C. Lefort, München: Fink.
Mersch, Dieter (2003): „Einleitung: Wort, Bild, Ton, Zahl – Modalitäten medialen Darstellens“, in: Ders. (Hrsg.): *Die Medien der Künste. Beiträge zur Theorie des Darstellens*, München: Fink, S. 9–49.
Mersch, Dieter (2005a): „Die Geburt der Mathematik aus der Struktur der Schrift“, in: Gernot Grube / Werner Kogge / Sybille Krämer (Hrsg.): *Schrift. Kulturtechnik zwischen Auge, Hand und Maschine*, München: Fink, S. 211–233.
Mersch, Dieter (2005b): „Das Bild als Argument. Visualisierungsstrategien in der Naturwissenschaft“, in: Christoph Wulf / Jörg Zirfas (Hrsg.): *Ikonologien des Performativen*, München: Fink, S.322–344.
Mersch, Dieter (2006a): „Visuelle Argumente. Zur Rolle der Bilder in den Naturwissenschaften“, in: Sabine Maasen / Torsten Mayerhauser / Cornelia Renggli (Hrsg.): *Bilder als Diskurse – Bilddiskurse*, Weilerswist: Velbrück, S. 95–116.

Mersch, Dieter (2006b): „Wittgensteins Bilddenken“, in: *Deutsche Zeitschrift für Philosophie*, 54/6, S. 925–942.

Meyer-Krahmer, Benjamin (2012): „My brain is localized in my inkstand. Zur graphischen Praxis von Charles Sanders Peirce“, in: Sybille Krämer / Eva Cancik-Kirschbaum / Rainer Totzke (Hrsg.): *Schriftbildlichkeit – Wahrnehmbarkeit, Materialität und Operativität von Notationen*, Berlin: Akademie, S. 401–414.

Meyer-Krahmer, Benjamin / Halawa, Mark (2012): „Pragmatismus auf Papier – Über den Zusammenhang von Peirce' graphischer Praxis und pragmatistischem Denken“, in: Franz Engel / Moritz Queisner / Tullio Viola (Hrsg.): *Das bildnerische Denken: Charles S. Peirce*, Berlin: Akademie, S. 273–302.

Meynen, Gloria (2010): „Falsche Bilder“, in: *Bildwelten des Wissens. Kunsthistorisches Jahrbuch für Bildkritik* 7/2, S. 43–61.

Michell, Joel (2006): „Psychophysics, Intensive Magnitudes, and the Psychometricians' Fallacy“, in: *Studies in History and Philosophy of Science Part C: Studies in History and Philosophy of Biological and Biomedical Sciences* 37/3, S. 414–432.

Molland, George (1968): „The Geometrical Background to the ‚Merton School'. An Exploration into the Application of Mathematics to Natural Philosophy in the Fourteenth Century“, in: *The British Journal for the History of Science* 4/2, S. 108–125.

Molland, George (1991): „How Different was Quantitative Science from Qualitative Science?“, in: Albert Zimmermann / Andreas Speer (Hrsg.): *Mensch und Natur im Mittelalter*, Bd.1, Berlin, New York: De Gruyter, S. 302–307.

Mueller, Ian (1969): „Euclid's Elements and the Axiomatic Method“, in: *The British Journal for the Philosophy of Science* 20/4, S. 289–309.

Mueller, Ian (1981): *Philosophy of Mathematics and Deductive Structure in Euclid's Elements*, Cambridge, Mass: MIT Press 1981.

Müller, Kathrin (2008): *Visuelle Weltaneignung: Astronomische und kosmologische Diagramme in Handschriften des Mittelalters*, Göttingen: Vandenhoeck & Ruprecht.

Mumma, John (2006): *Intuition formalized: ancient and modern methods of proof in elementary geometry*, Dissertation, Carnegie-Mellon University.

Mumma, John (2010): „Proofs, Pictures, and Euclid“, in: *Synthese* 175, S. 255–287.

Mumma, John (2012): „Constructive geometrical reasoning and diagrams“, in: Synthese 186, S. 103–119.

Murdoch, John, Edith Sylla (1978): „The Science of Motion“, in: David C. Lindberg (Hrsg.): *Science in the Middle Ages*, Chicago: University of Chicago Press, S. 206–264.

Netz, Reviel (2005): „The Aesthetics of Mathematics: A Study“, in: Paolo Mancosu / Klaus Frovin Jorgensen / Stig Andur Pedersen (Hrsg.): *Visualization, Explanation and Reasoning Styles in Mathematics*. Dordrecht: Springer, S. 251–293.

Netz, Reviel (1999): *The Shaping of Deduction in Greek Mathematics*. Stanford: Stanford University Press.

O'Brien, Gerard / Opie, Jonathan (2004): „Notes Toward a Structuralist Theory of Mental Representation“, in: Hugh Clapin / Phillip James Staines / Peter Slezak (Hrsg.): *Representation in Mind: New Approaches to Mental Representation*, Amsterdam: Elsevier, S. 1–20.

Oresme, Nicole (1968): „Tractatus de configurationibus qualitatum et motuum.“, in: *Nicole Oresme and the Medieval Geometry of Qualities and Motions: A Treatise on the Uniformity and Difformity of Intensities Known as Tractatus de configurationibus qualitatum et motuum*, hg. v. Marshall Clagett, Madison: University of Wisconsin Press. [= DC]

Palmerino, Carla Rita (2010): „The Geometrization of Motion: Galileo's Triangle of Speed and its Various Transformations", in: *Early Science and Medicine* 15, S. 410–447.
Palmer, Stephen (1978): „Fundamental Aspects of Cognitive Representation", in: Eleanor Rosch / Barbara Llyod (Hrsg.): *Cognition and Categorization*, Hillsdale, New Jersey: Lawrence Erlbaum, S. 259–303.
Pasch, Moritz (1882): *Vorlesungen über neuere Geometrie*, Leipzig: Teubner.
Pasch, Moritz (1917): „Grundfragen der Geometrie", in: *Journal für die reine und angewandte Mathematik (Crelle's Journal)* 147, S. 184–190.
Peacocke, Christopher (1987): „Depiction", in: *The Philosophical Review* 96/3, S. 383–410.
Peirce, Charles Sanders (1931ff): *Collected Papers of Charles Sanders Peirce*, hg. von Charles Hartshorne, Paul Weiss u. Arthur W. Burks, Cambridge, Mass.: Harvard University Press. [= CP]
Peirce, Charles Sanders (1976): *The New Elements of Mathematics*, Bd. 4, *Mathematical Philosophy*, hg. v. Carolyn Eisele.
Perini, Laura (2005): „Explanation in Two Dimensions: Diagrams and Biological Explanation", in: *Biology and Philosophy* 20, S. 257–269.
Pietarinen, Ahti (2006): *Signs of Logic. Peircean Themes on the Philosophy of Language, Games, and Communication*, Dordrecht: Springer.
Pietarinen, Ahti (2010): „Is Non-visual Diagrammatic Logic Possible?", in: Olga Pombo / Alexander Gerner (Hrsg.): *Studies in Diagrammatology and Diagram Praxis*, London: College Publications, S. 73–81.
Platon (1991): *Sämtliche Werke*, nach d. Übers. v. Friedrich Schleiermacher, ergänzt durch Übersetzungen von Franz Susemihl u. a., Frankfurt a. M.: Insel.
Playfair, William (1786): *The Commercial and Political Atlas; Representing, by Means of Stained Copper-Plate Charts, the Exports, Imports, and General Trade of England, at a Single View. To Which are Added, Charts of the Revenue and Debts of Ireland, Done in the Same Manner by James Corry*, London: Debrett, Robinson, Sewell.
Poincaré, Henri (1963): *Mathematics and Science: Last Essays*, New York: Dover.
Pollard, Stephen (2010): „‚As if' Reasoning in Vaihinger and Pasch", in: *Erkenntnis* 73, S. 82–95.
Potter, Dennis (2006): „Diagrammatic Representation in Geometry", in: *dialectica* 60/4, S. 369–382.
Pribbenow, Simone (1995): „Räumliche Inferenzen und Bilder", in: Klaus Sachs-Hombach (Hrsg.): *Bilder im Geiste: zur kognitiven und erkenntnistheoretischen Funktion piktorialer Repräsentationen*, Amsterdam: Rodopi, S. 215–234.
Radke-Uhlmann, Gyburg (2009): „Über eine vergessene Form der Anschaulichkeit in der griechischen Dichtung", in: *Antike und Abendland* 55, S. 1–22.
Rehkämper, Klaus (1995): „Analoge Repräsentationen", in: Klaus Sachs-Hombach (Hrsg.): *Bilder im Geiste: zur kognitiven und erkenntnistheoretischen Funktion piktorialer Repräsentationen*, Amsterdam: Rodopi, S. 63–105.
Reichenbach, Hans (1928): *Philosophie der Raum-Zeit-Lehre*, Berlin: De Gruyter.
Reichenbach, Hans (1931): „Zum Anschaulichkeitsproblem der Geometrie. Erwiderung auf Oskar Becker", in: *Erkenntnis* 2/1, S. 61–72.
Reichert, André (2013): *Diagrammatik des Denkens: Descartes und Deleuze*. Bielefeld: transcript.
Resnik, Michael (1997): *Mathematics as a Science of Patterns*, Oxford: Oxford University Press.
Roberts, Don (1973): *The Existential Graphs of Charles S. Peirce*, The Hague: Mouton.

Roche, John J. (1993), „The Semantics of Graphs in Mathematical Natural Philosophy", in: Renato Mazzolini (Hrsg.): *Non-Verbal Communication in Science Prior to 1900*, Florenz: Olschki.

Rottmann, Michael (2007): „Das digitale Bild als Visualisierungsstrategie der Mathematik", in: Ingeborg Reichle / Steffen Siegel / Achim Spelten (Hrsg.): *Verwandte Bilder. Die Fragen der Bildwissenschaft*, Berlin: Kadmos, S. 281–296.

Roux, Sophie (2010): „Forms of Mathematization (14th-17th Centuries)", in: *Early Science and Medicine* 15, S. 319–337.

Russell, Bertrand (1954): „Mathematics and the Metaphysicians", in: Ders.: *Mysticism and Logic*, Harmandsworth: Penguin.

Russell, Bertrand (1988): „Vagueness", in: Ders.: *Essays on Language, Mind, and Matter, 1919–26, The Collected Papers of Bertrand Russell*, Bd. 9, hg. v. John Slater u. Bernd Frohmann, London: Unwin Hyman, S. 147–154.

Scaife, Mike / Rogers, Yvonne (1996): „External Cognition: How do Graphical Representations Work?", in: *International Journal of Human-Computer Studies* 45/2, S. 185–213.

Schreiber, Peter / Scriba, Christoph (2010): *5000 Jahre Geometrie – Geschichte, Kulturen, Menschen*, Berlin, Heidelberg, New York: Springer.

Schäffner, Wolfgang (2000): „Die Geschwindigkeit des Denkens. Zur diagrammatischen Operation der Logik im 18. Jahrhundert", in: Inge Baxmann / Michael Franz / Wolfgang Schäffner (Hrsg.): *Das Laokoon-Paradigma. Zeichenregime im 18. Jahrhundert*, Berlin: Akademie, S. 339–358.

Schäffner, Wolfgang (2010): „Euklids Zeichen. Zur Genese des analogen Codes in der Fruhen Neuzeit", in: *Bildwelten des Wissens. Kunsthistorisches Jahrbuch für Bildkritik* 7/2, S. 62–73.

Schemmel, Matthias (2014): „Medieval Representations of Change and Their Early Modern Application", in: *Foundations of Science* 19, S. 11–34.

Schlimm, Dirk (2010): „Pasch's Philosophy of Mathematics", in: *The Review of Symbolic Logic* 3/1, S. 93–118.

Schlimm, Dirk / Neth, Hansjörg (2008): „Modeling Ancient and Modern Arithmetic Practices: Addition and Multiplication with Arabic and Roman Numerals", in: Vladimir Sloutsky / Brad Love / Ken McRae (Hrsg.): *Proceedings of the 30th Annual Meeting of the Cognitive Science Society*, Austin: Cognitive Science Society, S. 2007–2012.

Schmidt-Burkhardt, Astrit (2009): „Wissen als Bild. Zur diagrammatischen Kunstgeschichte", in: Martina Heßler / Dieter Mersch (Hrsg.): *Logik des Bildlichen. Zur Kritik der ikonischen Vernunft*, Bielefeld: Transcript, S. 163–187.

Schmidt-Burkhardt, Astrit (2014): *Die Kunst der Diagrammatik: Perspektiven eines neuen bildwissenschaftlichen Paradigmas*, Bielefeld: transcript.

Schopenhauer, Arthur (2002): *Die Welt als Wille und Vorstellung*, hg. von Ludger Lütkehaus, München: DTV.

Seidenberg, Abraham (1975): „Did Euclid's Elements, Book I, Develop Geometry Axiomatically?", in: *Archive for History of Exact Sciences* 14/4, S. 263–295.

Shabel, Lisa (1998): *Mathematics in Kant's Critical Philosophy. Reflections on Mathematical Practice*, Dissertation, University of Pennsylvania.

Shabel, Lisa (2008): „Kant's Argument from Geometry'", in: *Journal of the History of Philosophy* 42/2, S. 195–215

Shepard, Roger / Chipman, Susan (1970): „Second-order Isomorphism of Internal Representations: Shapes of States", in: *Cognitive Psychology* 1/1, S. 1–17.

Sherry, David (1999): „Construction and Reductio Proof“, in: *Kant-Studien* 90/1, S. 23 – 39.
Sherry, David (2009): „The Role of Diagrams in Mathematical Arguments“, in: *Foundations of Science* 14/1, S. 59 – 74.
Shimojima, Atshushi (1996): *On the Efficacy of Representation*, Dissertation, Indiana University.
Shimojima, Atshushi (2001): „The Graphic-Linguistic Distinction“, *Artifical Intelligence Review* 15 (2001), S. 5 – 27.
Shin, Sun-Joo (1994): *The Logical Status of Diagrams*, Cambridge: Cambridge University Press.
Shin, Sun-Joo (2002): *The Iconic Logic of Peirce's Graphs*, Cambridge, Mass.: MIT Press.
Shin, Sun-Joo (2011): „Peirce's Alpha Graphs and Propositional Languages“, in: *Semiotica* 186, S. 333 – 346.
Shin, Sun-Joo / Lemon, Oliver (2008): „Diagrams“, in: *Stanford Encyclopedia of Philosophy*, http://plato.stanford.edu/archives/win2008/entries/diagrams/.
Siegel, Steffen (2009): *Tabula. Figuren der Ordnung um 1600*, Berlin: Akademie.
Sloman, Arthur (1971): „Interactions between Philosophy and AI: the Role of Intuition and Non-Logical Reasoning in Intelligence“, in: *Artificial Intelligence* 2, S. 209 – 225.
Spengler, Oswald (1923): *Der Untergang des Abendlandes. Umrisse einer Morphologie der Weltgeschichte*, München: Beck.
Steiner, Mark (1996): „Wittgenstein: Mathematics, Regularities, and Rules“, in: Adam Morton / Stephen Stich (Hrsg.): *Benacerraf and his Critics*, Oxford: Oxford University Press, S. 190 – 212.
Steiner, Mark (2000): „Mathematical Intuition and Physical Intuition in Wittgenstein's Later Philosophy“, in: *Synthese* 125/3, S. 333 – 340.
Stenning, Keith (2000): „Distinctions with Differences: Comparing Criteria for Distinguishing Diagrammatic from Sentential Systems“, in: Michael Anderson / Peter Cheng / Volker Haarslev (Hrsg.): *Theory and Application of Diagrams*, Berlin, Heidelberg: Springer, S. 132 – 148.
Stenning, Keith / Lemon, Oliver (2001): „Aligning Logical and Psychological Perspectives on Diagrammatic Reasoning“, *Artificial Intelligence Review* 15, S. 29 – 62.
Stetter, Christian (2005): „Bild, Diagramm, Schrift“, in: Gernot Grube / Werner Kogge / Sybille Krämer (Hrsg.): *Schrift. Kulturtechnik zwischen Auge, Hand und Maschine*, München: Fink, S. 115 – 135.
Sterelny, Kim (2010): „Minds: Extended or Scaffolded?“, in: *Phenomenology and the Cognitive Sciences* 9, S. 465 – 481.
Stjernfelt, Frederik (2000): „Die Vermittlung von Anschauung und Denken. Semiotik bei Kant, Cassirer und Peirce“, in: *Zeitschrift für Semiotik* 22/3 – 4, S. 341 – 368.
Stjernfelt, Frederik (2006): „Two Iconicity Notions in Peirce's Diagrammatology“, in: Henrik Schärfe / Pascal Hitzler / Peter Øhrstrøm (Hrsg.): *Conceptual Structures: Inspiration and Application*, Berlin, Heidelberg: Springer, S. 70 – 86.
Stjernfelt, Frederik (2007): *Diagrammatology: an Investigation on the Borderlines of Phenomenology, Ontology, and Semiotics*, Dordrecht: Springer.
Suthers, Daniel / Girardeau, Laura / Hundhausen, Christopher (2003): „Deictic Roles of External Representations in Face-to-Face and Online Dollaboration“, in: B. Wasson / S. Ludvigsen / U. Hoppe (Hrsg.): *Designing for Change in Networked Learning Environments*, Dordrecht: Kluwer, S. 173 – 182.
Swoyer, Chris (1991): „Structural Representation and Surrogate Reasoning“, in: *Synthese* 87/3, S. 449 – 508.

Sylla, Edith (1971): „Medieval Quantifications of Qualities: The ‚Merton School'", in: *Archive for History of Exact Sciences* 8/1, S. 9–39.
Sylla, Edith (2002): „Space and Spirit in the Transition from Aristotelian to Newtonian Science", in: Cees Leijenhorst / Christoph Lüthy / Johannes M.M.H. Thijssen (Hrsg.): *The Dynamics of Aristotelian Natural Philosophy from Antiquity to the Seventeenth Century*, Leiden: Brill, S: 249–287.
Sylla, Edith (2003): „Quantity and Quality in Scholastic Aristotelian Natural Philosophy: John Dumbleton's Summa Logicae et Philosophiae Naturalis", in: Erwin Neunschwader (Hrsg.): *Wissenschaft zwischen Qualitas und Quantitas*, Basel: Birkhäuser, S. 49–75.
Tappenden, Jamie (2005): „Proof Style and Understanding in Mathematics I: Visualization, Unification and Axiom Choice", in: Paolo Mancosu / Klaus Frovin Jorgensen / Stig Andur Pedersen (Hrsg.): *Visualization, Explanation and Reasoning Styles in Mathematics.* Dordrecht: Springer, S. 147–214.
Tetens, Holm (2006): „Selbstreflexive Physik. Transzendentale Physikbegründung am Beispiel des Strukturenrealismus", in: *Deutsche Zeitschrift für Philosophie* 54/3, S. 431–448.
Vorms, Marion (2009): „Théorie, Modes D'Emploi. Une Perspective Cognitive sur L'Activité Theorique dans les Sciences Empiriques", Dissertation, Universität Paris-I (Sorbonne).
Vorms, Marion (2010): „The Theoretician's Gambits: Scientific Representations, Their Formats and Content", in: *Studies in Computational Intelligence* 314, S. 533–558.
Wellbery, David (1984): *Lessing's Laocoon. Semiotics and Aesthetics in the Age of Reason*, Cambridge: Cambridge University Press.
Wiesing, Lambert (2005): „Ornament, Diagramm, Computerbild – Phänomene des Übergangs. Ein Gespräch der Bildwelten des Wissens mit Lambert Wiesing (Interview mit Birgit Schneider, Margarete Pratschke, Violeta Sánchez)", in: Birgit Schneider (Hrsg.): *Diagramme und bildtextile Ordnungen*, Berlin (=Bildwelten des Wissens. Kunsthistorisches Jahrbuch für Bildkritik, 3/1), S. 115–128.
Wildgruber, Gerald (2007): „Das Schließen der Augen in der Mathematik.", in: Gottfried Boehm / Gabriele Brandstetter / Achatz von Müller (Hrsg.): *Figur und Figuration. Studien zu Wahrnehmung und Wissen*, München: Fink, S. 205–235.
Wilharm, Heiner (1992): „‚Ein Bild sagt mehr als tausend Worte'. Über Begriff und Verwendung diagrammatischer Darstellungen in Philosophie und Wissenschaft", in: Petra Gehring u. a. (Hrsg.): *Diagrammatik und Philosophie*, Amsterdam: Rodopi, S. 121–159.
Witte, Georg (2007): „Die Phänomenalität der Linie – graphisch und graphematisch", in: Werner Busch / Oliver Jehle / Carolin Meister (Hrsg.): *Randgänge der Zeichnung*, München: Fink, S. 29–54.
Wittgenstein, Ludwig (1984a): *Tractatus logico-philosophicus*, in: Werkausgabe, Bd. 1, Frankfurt a. M.: Suhrkamp 1984. [= T]
Wittgenstein, Ludwig (1984b): *Philosophische Untersuchungen*, in: Werkausgabe, Bd. 1, Frankfurt a. M.: Suhrkamp 1984. [= PU]
Wittgenstein, Ludwig (1984c): *Philosophische Bemerkungen*, in: Werkausgabe, Bd. 2, Frankfurt a. M.: Suhrkamp 1984 [= PB]
Wittgenstein, Ludwig (1984d): *Bemerkungen über die Grundlagen der Mathematik*, hg. v. G. E. M. Anscombe, Rush Rhees, G. H. von Wright, in: Werkausgabe, Bd. 3, Frankfurt a. M.: Suhrkamp. [= BGM]
Wittgenstein, Ludwig (1984e): *Bemerkungen über die Philosophie der Psychologie*, in: Werkausgabe, Bd. 7, Frankfurt a. M.: Suhrkamp 1984 [= BPP]

Wittgenstein, Ludwig (1989): *Lectures on the Foundations of Mathematics. Cambridge, 1939*, hg. v. Cora Diamond, Chicago, London: The University of Chicago Press. [= LFM]

Wittgenstein, Ludwig (2005): *The Big Typescript TS 213*, kritische zweisprachige Ausgabe, Deutsch-Englisch, hg. u. übers. v. Grant Luckhardt und Maximilian A. E. Aue, London: Blackwell. [= BT]

Wöpking, Jan (2010): „Space, Structure, and Similarity. On Representationalist Theories of Diagrams", in: Olga Pombo / Alexander Gerner (Hrsg.): *Studies in Diagrammatology and Diagram Praxis*, London: College Publications, S. 39 – 55.

Sachregister

FSC
www.fsc.org
MIX
Papier | Fördert gute Waldnutzung
FSC® C083411

Kolibri 360 GmbH
Ferdinand-Jühlke-Straße 7
99095 Erfurt, Deutschland
produktsicherheit@kolibri360.de